Robert Harsieber

Quantenlogik und Lebenswelt

Wege zu einem neuen Denken

W0064296

Robert Harsieber

Quantenlogik und Lebenswelt

Wege zu einem neuen Denken

Ibera / European University Press

Die Deutsche Bibliothek-CIP Einheitsaufnahme
Copyright © 2021 by European University Press VerlagsgmbH / Ibera, Wien
1. Auflage
Robert Harsieber
Quantenlogik und Lebenswelt
Wege zu einem neuen Denken

Wien, European University Press VerlagsgmbH, Ibera Verlag
ISBN 978-3-85052-399-8

Hergestellt in der EU
Bild-Cover: © panthermedia.net /Kantver

INHALT

Philosophie

Religion

Lebenswelt

Weltbilder

Vorwort

Mein Lebensweg ist – ohne Anspruch auf Vollständigkeit – quasi weltumspannend. Nach einer Karriere als katholischer Ministrant kam ich im Gymnasium durch meinen Philosophie-Professor Peter Neusiedler mit der östlichen Weltanschauung (Yoga, Buddhismus, Taoismus) in Berührung. Nach der Matura kämpfte ich ein Jahr lang mit mir, ob ich Philosophie oder Psychologie studieren sollte. Ich entschied mich dann für Philosophie, weil es Tiefenpsychologie, wie ich sie mir vorstellte, an der Universität nicht gab. Den Präsenzdienst verbrachte ich mit dem „Tibetischen Totenbuch" unter dem Kopfpolster.

Parallel zum Philosophie-Studium war ich in einer Yogagemeinschaft, mein Guru Ananda war die Enkelin eines chassidischen Wunderrabbis, zum Christentum übergetreten und Schülerin eines Ramakrishna-Schülers. Das Studium des Yoga war intensiver als das an der Universität. Im Yoga beschäftigten wir uns auch mit C.G. Jung, mit Träumen und allem, was so an Spirituellem in der Welt passiert. Meine Dissertation war dann ein Vergleich zwischen östlicher und westlicher Weltanschauung: „Zum Yogaverständnis aus der Sicht westlichen Denkens". Darin versuchte ich, den indischen Philosophen und Yogi Sri Aurobindo mit dem modernen westlichen Denken zu vergleichen. Im Zuge dieser Arbeit begann ich mich auch mit der Quantentheorie zu beschäftigen, in der die aristotelische Logik überschritten werden musste.

Danach beschäftigte ich mich für einige Zeit mit dem Sufismus, dann einige Jahre mit tibetischem Buddhismus. Nach Jahrzehnten kam ich über Umwege wieder in unsere Kultur zurück und absolvierte den Theologischen Kurs der Erzdiözese Wien. Durch meine Bekanntschaft mit den großen Kulturen der Welt sind mir deren Stärken und Schwächen vertraut, und durch diese Sicht von außen lernte ich auch unsere Kultur viel besser kennen, als es von innen her möglich gewesen wäre. Durch meine Beschäftigung mit Physik und Psychologie kamen noch wichtige Aspekte und Perspektiven hinzu, sodass alles das zusammen ein rundes Bild ergibt.

Mein Berufsleben führte mich in die Welt des Journalismus (Wissenschaft, Wirtschaft, Medizin) und ich widmete mich immer auch einem „ganzheitlichen Denken", dem ganzheitlichen Management und seit 1987 der Ganzheitsmedizin. Aber erst nach drei Jahrzehnten verstand ich endlich, was das ganzheitliche Denken wirklich ist. Als ich einen Vortrag von Hans-Peter Dürr las, den ich später auch persönlich kennenlernen durfte, ging es mir blitzartig auf: Der berühmte Satz: „Das Ganze ist mehr als die Summe seiner Teile", der dazu (ver)führt, von den Teilen zum Ganzen überzugehen, ist irreführend. Es gibt (in der Natur oder in der Welt – die sind grenzenlos) nur das Ganze, die Teile sind nachträgliche menschliche Einteilungen, die für ein Verstehen allerdings notwendig sind. (Der Satz stammt ursprünglich von Aristoteles und besagt schon dort, dass das Ganze etwas *anderes* ist als die Summe seiner Teile.)

Damals – in den 1960er und 1970er Jahren – tauchte der Begriff des Paradigmenwechsels auf. Mein erstes Buch beschäftigte sich mit diesem neuen Denken: „Das neue Weltbild" (htp-Verlag 1988), das zweite mit Ganzheitsmedizin: „Jenseits der Schulmedizin" (Edition VaBene, 1993). Danach konzentrierte ich mich immer mehr auf die Quantentheorie. Ich konnte den Schock der Beteiligten, Einstein, Heisenberg, Bohr, Schrödinger, Pauli usw., nachvollziehen, die sich angesichts der Absurdität der Mikrowelt fühlten, als wäre ihnen der Boden unter den Füßen weggezogen worden[1].

Immer mehr beschäftigte mich auch die Frage, warum diese neue Logik nahezu ein Jahrhundert danach noch keinerlei Spuren in einem allgemeinen Weltbild hinterlassen hat. Das Weltbild Newtons ist uns in Fleisch und Blut übergegangen und hat ein naturalistisches Weltbild generiert, in dem wir heute noch leben. Die Quantentheorie hat ein neues Denken gleichsam erzwungen, und nahezu niemand hat es bemerkt. Der Sprung ist anscheinend zu groß. Das aristotelische Entweder-Oder-Denken (Satz vom ausgeschlossenen Dritten) ist seit mehr als zwei Jahrtausenden prägend und müsste jetzt vom komplementären Denken abgelöst werden. Das taucht zwar zeitgleich in der Psychologie C.G Jungs ebenfalls auf, ist aber ein zu großer Sprung, als dass er allgemein nachvollziehbar wäre.

---

[1] „Ich erinnere mich an viele Diskussionen mit Bohr, die bis in die Nacht dauerten und fast in Verzweiflung endeten. Und wenn ich am Ende solcher Diskussionen noch allein einen kleinen Spaziergang im benachbarten Park unternahm, wiederholte ich mir immer und immer wieder die Frage, ob die Natur wirklich so absurd sein könne, wie sie uns in diesen Atomexperimenten erschien." Werner Heisenberg in „Quantentheorie und Philosophie", Reclam 1979, S 19

Die Descartes'sche Subjekt-Objekt-Spaltung hat Außen- und Innenwelt getrennt, letztere zu einem abstrakten Punkt des Subjekts marginalisiert. „Real" ist nur das Äußere, das sich in Seiendem, in Dingen und Objekten zeigt. Dass diese „Realität" eine Kastration der Wirklichkeit ist, eine Reduktion auf eine Welt, in der das Subjekt und damit wir selbst nicht mehr darin vorkommen, wird uns nicht bewusst.

Und dann kommt die Quantenphysik, die auf den ersten Blick völlig absurd erscheint. Teilchen (Massenpunkte) und Wellen (unendlich ausgebreitet) sind ein einziges Phänomen, auch wenn wir es nicht zusammen denken können; die Elementarteilchen sind keine Teilchen, aber auch keine Wellen; die Messung verändert das Gemessene; Einzelereignisse sind nicht Gegenstand der Physik; statt Kausalität nur noch Wahrscheinlichkeit; wenn wir den Ort eines Teilchens messen, ist die Geschwindigkeit unbestimmt (und umgekehrt); vor der Messung hat ein Teilchen gar keine Eigenschaften, usw.

Wenn man sich länger damit beschäftigt, taucht irgendwann die Frage auf: Ist denn unsere Alltagswelt tatsächlich so, wie wir sie uns bisher vorgestellt haben? Ist uns bewusst, dass auch die Psychologie nicht der aristotelischen Logik folgt? Ist unser Menschsein wirklich mit dem Newtonschen Weltbild erklärbar? Physik ist nicht die Beschreibung der Welt, sondern unseres Sehens der Welt (Heisenberg). Müssten wir daher nicht die Welt und uns selbst heute durch die Augen der Quantenphysik sehen und nicht mehr durch die der klassischen Physik? Müssten wir den Wandel des Denkens und Wahrnehmens auch in unserer Makro- oder Lebenswelt mitmachen? Müssten sich das veränderte Denken und Wahrnehmen nicht ganz allgemein auswirken? Darum geht es in diesem Buch. Allerdings nicht in der Form der Gleichsetzung von Quanten und Bewusstsein, wie das vielfach propagiert wird, was bloß ein Kurzschuss des Denkens wäre, mit dem niemand geholfen ist.

Die einzelnen Kapitel können auch als einzelne Essays gelesen werden, ohne sich an die Reihenfolge zu halten.

***

Einleitung

Der Arzt, Theologe, Philosoph und Priester Matthias Beck strich bei einer Tagung in Wien einmal den Unterschied zwischen Ost und West, Christentum und asiatischer Kultur, hervor. Wir haben ein personales Verständnis, das der Osten so nicht kennt. Wir denken in Subjekt und Objekt, der Osten sieht eher das, was „dazwischen" ist. Die japanische Sprache kennt kein Ich und Du, die uns so wichtig sind. Beck erzählte, dass er einmal einen Japaner fragte, wie sie dann „Ich liebe dich" ausdrücken? Der Japaner entgegnete: „Das können wir nicht." – „Aber wie sagt ihr jemand, dass ihr ihn liebt?" – „Wir sagen: Es ist Liebe im Raum."

Was für uns ein wenig absurd klingt, ist gar nicht so eigenartig. Ost und West sind komplementär aufeinander bezogen. Für uns gibt es Subjekte und Objekte, Ich und Du, und mit „Ich liebe dich" meinen wir diese zwei Personen. Der Japaner sieht nur die Beziehung, nicht eine Beziehung von jemand – und sieht damit etwas, das dem Europäer sehr oft verborgen bleibt.

Es ist aber nicht die eine Sicht richtig, die andere falsch, vielmehr brauchen wir beide Sichten, um der Wirklichkeit nahezukommen. Beide Sichten haben auch ihre Schattenseiten. Die östliche „übersieht", dass es um zwei konkrete Personen geht, die westliche übersieht, dass Liebe nicht machbar ist, dass sie vielmehr etwas „dazwischen" ist, dass sie da ist oder nicht, ohne dass ein Ich oder Du etwas dazu tun kann. Dass es nicht nur zwei isolierte Personen, sondern auch ein Feld dazwischen gibt. Wir brauchen beides.

Wir im Westen sind gewohnt, uns als Subjekt, als Ich einer Welt von Objekten gegenüber zu sehen. Das liegt in unserer Sprache, in unserer Grammatik, in unserem Weltbild. Aber ist es wirklich so? Wer ist dieses Subjekt? Wo beginnt es und wo hört es auf? Mit dieser Frage kommt alles ins Wanken. Ich bin nicht meine Gedanken und Gefühle, und ich höre auch nicht an der Hautoberfläche auf. Da gibt es z.b. noch die Atmung, die Wärmestrahlung, selbst physikalisch ist kein Gegenstand wirklich begrenzt. Wo im Körper ist dieses Ich oder das Bewusstsein lokalisiert? Psychologisch ist das Ich Zentrum des Bewusstseins, das nur die Spitze des Eisbergs der Persönlichkeit bildet; darunter oder umgeben vom Unterbewussten und

Unbewussten, dessen Zentrum und Umfang das Selbst bildet. Diese Struktur hat keine Grenze, sondern nur einen Horizont.

Hans-Peter Dürr, Nachfolger an Heisenbergs Institut, pflegte seine Vorträge mit den Worten zu beginnen: *„Ich habe als Physiker 50 Jahre lang – mein ganzes Forscherleben – damit verbracht zu fragen, was eigentlich hinter der Materie steckt. Das Endergebnis ist ganz einfach: Es gibt keine Materie!"*[2] Was heißt, sie ist ganz anders, als wir sie uns bisher und in der klassischen Physik vorgestellt haben. Alle unsere gewohnten Begriffe verlieren ihre Bedeutung. Statt Kausalität Wahrscheinlichkeit, Statistik und Indeterminiertheit, also objektiver Zufall; statt eindeutige Position Nicht-Lokalität; statt Gleichzeitigkeit relative Bezogenheit; statt Raum und Zeit als „Behälter" von Ereignissen Quantengravitation, nicht *in* Raum und Zeit, sondern sie *ist* Raum und Zeit; statt leerer Raum Quantenfluktuation, ein dynamisches Gewimmel; unsere Lebenswelt inklusive Kausalität ein statistisches Phänomen von Wahrscheinlichkeiten.

„Kann die Welt wirklich so absurd sein?", fragten die Ahnherren der Quantenmechanik, Werner Heisenberg und Niels Bohr, bei ihren nächtlichen Spaziergängen in Kopenhagen. *„Wer die Quantentheorie verstanden hat, hat sie nicht verstanden!"*, behauptete sinngemäß pointiert Richard Feynman. Es gibt da nämlich für das gewohnte Denken und die gewohnte Logik nichts zu verstehen. Die Physik segelt mit der Quantentheorie über die klassische, von Aristoteles begründete Entweder-Oder-Logik hinaus.

Allerdings – bei genauerem Hinsehen war diese Logik auch nie geeignet, unser Leben zu beschreiben. *„Leben ist das, was den Widerspruch in sich enthält, und ihn aushält."* So formulierte es Georg Wilhelm Friedrich Hegel sinngemäß. Das Entweder-Oder gilt vielleicht für tote Materie, nicht aber für Lebendiges. Ludwig Wittgenstein konkretisiert das noch weiter in seinem Tractatus 6.52 (Das Zitat wird uns noch öfter begegnen): *„Wir fühlen, dass, selbst wenn alle möglichen wissenschaftlichen Fragen beantwortet sind, unsere Lebensprobleme noch gar nicht berührt sind."* Wobei mit Wissenschaft die Naturwissenschaft, und mit letzterer die klassische Physik gemeint ist, die dann durch die Quantenphysik abgelöst wurde, die etwas völlig anderes, aber – und das ist wichtig – immer noch Physik ist.

---

[2] Hans-Peter Dürr, Das Lebende lebendiger werden lassen. In: Lebensimpulse. Wege aus Abhängigkeiten. 8. Symposium der Paracelsus Akademie Villach. RHVerlag 2007

Mit dem Lebendigen beschäftigt sich eine andere Wissenschaft: die Psychologie, genauer die Tiefenpsychologie. Da geht die Eindeutigkeit im Ineinander von Ich, Es und Über-Ich (Sigmund Freud) unter. Konflikte sind kaum je in einem Entweder-Oder zu lösen (Léon Wurmser), Archetypen und Symbole sind nicht eindeutig, sondern mehrdeutig und vielschichtig, und mit dem kollektiven Unbewussten hat der Mensch Anteil an der Geschichte der Menschheit (C. G. Jung), psychische Probleme sind generationenübergreifend (Leopold Szondi). Der Mensch existiert nicht als isoliertes Ich oder Subjekt, sondern immer in Beziehung. Die moderne Physik ist nur deshalb so unverständlich, weil wir unser Weltbild zu eng an die klassische Physik angelehnt haben. Wenn wir aber unser Leben vom Standpunkt unserer Innenwelt betrachten, dann ist es der Quantenphysik sogar näher als der klassischen Physik. Dann werden Quantenphysik und Lebenswelt sogar verständlicher als im gewohnten Weltbild.

In der Philosophie ging und geht es immer um die wesentlichen Fragen, um Sein und Werden, um ein statisches oder dynamisches, ein fragmentiertes oder ganzheitliches Weltbild. Das beginnt bei Parmenides und Heraklit, setzt sich fort bei Aristoteles und Platon, heute sind es Rationalität und Religiosität. Am Beginn der Naturwissenschaft im 17. Jahrhundert standen sich so Isaac Newton und Gottfried Wilhelm Leibniz gegenüber. Die Naturwissenschaft setzte den Weg der antiken Atomisten fort, die Monaden des Leibniz sind so etwas wie die Atome der Innenwelt[3]. Auch hier werden wir beides brauchen. Die heutige Philosophie muss sich auch mit Quantenphysik und Tiefenpsychologie beschäftigen, will sie wirklich an einem zeitgemäßen Weltbild arbeiten. Sie kehrt damit quasi zu ihren Wurzeln zurück, als Wissenschaft und Philosophie noch nicht getrennt waren. Und sie wird die widerstreitenden Strömungen (Sein – Werden, Statik – Dynamik), die sich durch die europäische Geschichte ziehen, vereinen müssen. Wir brauchen beides.

Die Naturwissenschaft war als Methode dermaßen erfolgreich, dass man völlig übersah, dass der Begriff des Atoms als „Baustein" der Welt ein Widerspruch in sich ist. Theoretisch ist Materie ad infinitum teilbar, und was nicht mehr teilbar ist, entspricht nicht mehr unserer Vorstellung von Materie. Den Griechen war das ein bekanntes Problem, den Physikern im 19. Jahrhundert anscheinend nicht.

---

[3] Robert Harsieber: Leibniz, Quantentheorie, Psychologie und Ganzheitsmedizin. In: Ganzheitsmedizin 2017, 1-3, Facultas Verlag, Wien

Naturwissenschaft ist noch in anderer Hinsicht eine methodische Beschränkung, nämlich bezogen auf die Philosophie. Carl Friedrich von Weizsäcker hat das ganz deutlich ausgesprochen: *„Das Verhältnis der Philosophie zur sogenannten positiven Wissenschaft lässt sich auf die Formel bringen: Philosophie stellt diejenigen Fragen, die nicht gestellt zu haben die Erfolgsbedingung des wissenschaftlichen Verfahrens war. Damit ist also behauptet, dass die Wissenschaft ihren Erfolg unter anderem dem Verzicht auf das Stellen gewisser Fragen verdankt. Diese sind insbesondere die eigenen Grundfragen des jeweiligen Fachs."*[4]

Im gängigen Weltbild hat die Überidentifikation mit der klassischen Physik dazu geführt, dass wir unsere Lebendigkeit verloren, die Innenwelt (Psychologie) verdrängt und den Horizont (die Religiosität) vernebelt haben. Dabei könnte uns die Quantenphysik zu der Idee führen, dass es auch in der Spiritualität nicht um Dinge und Objekte geht, sondern um „Felder" einer Innenwelt. Denn so wie die Quantenphysik eine neue oder erweiterte Logik verlangt, so wurde Spiritualität in der alten, klassischen Logik zu einem Fantasiegebilde und könnte in einer neuen oder erweiterten Logik aus einer ganz anderen Sicht erfasst werden. Wenn Hans-Peter Dürr sagt, dass es in der Welt der Elementarteilchen nicht mehr um Teilchen oder Dinge geht, sondern um Beziehung, aber nicht um Beziehung von etwas, sondern nur um Beziehung, dann erinnert das frappant an die theologische Definition der Trinität als reines Beziehungsgeschehen.

Wir brauchen eine neue Sprache, eine neue Grammatik, um die (Außen- und Innen-)Welt zu buchstabieren. Wolfgang Pauli suchte nach einer „neutralen Sprache", die man auf Physik und Psychologie, Materie und Psyche anwenden kann, weil die sogenannten Archetypen hinter beidem stehen. Es ist auch eine Sprache, in der es nicht mehr um abstrakte Teilchen, Dinge und Objekte geht, sondern um Felder, um Wechselwirkung und Beziehung. Allerdings ist das ein drastischer Einschnitt in unser Denken, weshalb das gängige Weltbild mit der Wissenschaft nicht mehr Schritt halten konnte. Was im 20. Jahrhundert in Physik und Psychologie passiert ist, hat uns auch 100 Jahre danach noch nicht verändert. Und selbst viele Wissenschaftler in so manchen Fachgebieten haben diesen Paradigmenwechsel noch nicht mitgemacht.

---

[4] Carl Friedrich v. Weizsäcker: Deutlichkeit. Beiträge zu politischen und religiösen Gegenwartsfragen. Hanser Verlag 1978, S. 167

WORUM GEHT ES?

„Die größten Barrieren liegen immer im Kopf.
Das Schwierigste am Lernen ist das Verlernen.
Ich muss das Alte aus dem Schädel rauskriegen!"
Stephan Schulmeister

Das Doppelspaltexperiment –
Schlüsselexperiment unserer Weltanschauung

Licht und Sehen hängen irgendwie zusammen. Daher meinte Goethe, dass das Auge „sonnenhaft" sei, sonst könnte es die Sonne oder Licht nicht wahrnehmen. Wir würden heute sagen, dass das Nervensystem inklusive Gehirn auch eine nicht unwesentliche Rolle spielt, aber das lassen wir vorerst einmal weg.

Zunächst die Frage: Was ist Licht?

1703 behauptete Isaac Newton, dass Licht aus einem Strom von Partikeln besteht. Er hatte nämlich beobachtet, dass Licht sich entlang gerader Linien ausbreitet und dass es an Spiegeln in definierter Weise reflektiert wird, so wie das auch Partikeln wie etwa Gewehrkugeln oder Billardkugeln zu tun pflegen. So funktioniert Wissenschaft: Man beobachtet und interpretiert diese Beobachtungen. Es geht also nicht bloß um „Fakten", sondern auch um deren Interpretation.

Hundert Jahre später, 1804, widersprach Thomas Young: Licht hat Welleneigenschaften, da es an Hindernissen gebeugt wird und dabei Interferenzmuster erzeugt. Ebenfalls eine Beobachtung, die aber zur gegenteiligen Interpretation führte.

Wer hatte nun Recht, Newton oder Young? Besteht Licht aus Teilchen oder ist es wellenförmig? Um es gleich vorwegzunehmen: Beide haben Recht! Die Methode der Naturwissenschaft ist das Experiment, und je nachdem, wie man das Experiment anlegt, zeigt das Licht Teilchen- oder Welleneigenschaften. Licht und, nach Einstein ganz allgemein Elementar-„Teilchen", sind sowohl Teilchen als auch Welle – und auch das stimmt nicht, denn sie sind nicht beides, nicht sowohl als auch, sondern etwas anderes, das uns nur entweder als Teilchen oder als Welle erscheint, je nachdem, wie wir das

Experiment anlegen, wie wir hinschauen. Mit anderen Worten: Was wir sehen, hängt vom Experiment ab, basierend auf einer Hypothese. Es gibt dabei zwei Möglichkeiten (des Hinschauens), die einander ausschließen, aber doch nur ein Phänomen betreffen.

Dies wird ganz deutlich in dem berühmten Doppelspaltexperiment: Als die Technik imstande war, einzelne Lichtquanten abzuschießen, konnte man das folgende Experiment durchführen: Man schießt diese einzelnen Lichtquanten in rascher Folge durch einen Doppelspalt und beobachtet dahinter an einer fotografischen Platte das entstehende Muster. Natürlich erwartete man dahinter zwei Lichtstreifen, dasselbe Muster, das man finden würde, wenn man mit einem Maschinengewehr auf den Doppelspalt schießt. Zur größten Verwunderung war dem aber nicht so, sondern es zeigte sich ein Interferenzmuster, also eine ganze Reihe von hellen und dunklen Streifen, in der Mitte ganz hell und zu den Rändern hin mit abnehmender Helligkeit.

Ein solches Muster könnte man erwarten, wenn das Licht aus Wellen besteht, die hinter dem Doppelspalt zwei Wellen bilden, die interferieren. Wellenberge und Wellentäler verstärken einander, kommen Wellenberg und Wellental zusammen, dann löschen sie einander aus. Daher die abwechselnd hellen und dunklen Streifen. Man hatte aber einzelne Lichtquanten, also „Teilchen", durch den Doppelspalt geschickt und erwartet, dass diese nur entweder links oder rechts durchgehen können und daher auf der Fotoplatte dahinter nur zwei Streifen bilden. Lichtquanten verhalten sich aber in diesem Experiment wellenartig, das heißt, sie interferieren, und da sie als „Teilchen" einzeln durch die Spalten gehen, scheint es so, als würden sie mit sich selbst interferieren. So, als wären sie nicht links oder rechts, sondern links UND rechts durchgegangen, um mit sich selbst zu interferieren! Genau genommen ist es nicht möglich zu sagen, welchen Weg die Teilchen genommen haben. Danach zu fragen hat gar keinen Sinn. Die Frage nach dem Weg wäre der Teilchensicht entnommen, die nicht imstande ist, das Geschehen zu interpretieren.

Die Teilchen haben sich auch nicht unterwegs von Teilchen in Wellen umgewandelt, denn es wurden „Teilchen", Quanten abgeschossen, und es sind auch Teilchen an der Fotoplatte angekommen. Es zeigen sich nämlich zunächst Punkte auf der Fotoplatte und erst nach unzähligen „Einschüssen" bildet sich das Interferenzmuster. Das heißt, die Teilchen kommen so an, als wären sie Wellen. Das Entweder (Teilchen) – Oder (Welle) funktioniert nicht.

Natürlich versuchten die überraschten Experimentatoren herauszubekommen, was am Doppelspalt „wirklich" passiert. Also brachten sie hinter dem Doppelspalt Detektoren an, die messen sollten, wo die „Teilchen" jeweils hindurchgegangen sind. Es folgte die nächste Überraschung: Die Teilchen wurden tatsächlich entweder links oder rechts gemessen – und das Interferenzmuster war weg! Zu sehen waren die zwei Linien, die bei Teilchen zu erwarten sind. Was war passiert? Durch das Messen an den Spalten sind die „Teilchen", die sich vorher noch wie Wellen verhalten haben, tatsächlich zu Teilchen geworden. Genauer: Sie verhalten sich jetzt wirklich wie Teilchen.

Was bedeutet das alles?

Quantenteilchen muss man durch eine Wellenfunktion beschreiben. Dieser Teilchen-Welle-Dualismus entspricht der Quanten-Wirklichkeit. In unserer Anschauung sind Teilchen und Welle extreme Gegensätze. Elementarteilchen wären fast auf einen Punkt konzentrierte Materie, Wellen wären sich nach allen Seiten ausbreitende Energie oder ein Feld, das sich theoretisch bis unendlich erstreckt. In der Quantenwelt verhält sich das nicht gegensätzlich oder einander ausschließend, sondern komplementär, d.h. wir brauchen beide Beschreibungen, um die Wirklichkeit als Ganze zu erfassen.

Es sind zwei verschiedene Experimente, die zu je unterschiedlichen Ergebnissen führen. Lassen wir die Lichtquanten ungestört durch die Spalte gehen, registrieren wir deren Wellennatur. Wollen wir messen, welchen Weg die Teilchen gegangen sind, registrieren wir deren Teilchennatur. Es hängt vom Experiment ab, es hängt davon ab, wie wir hinsehen, es hängt davon ab, ob eine Information vorliegt, welchen Weg die Lichtquanten genommen haben. Und genau darauf kommt es an: Gibt es eine Information über den Weg oder gibt es diese Information nicht?

Nach-Denken

Wie kommt Erkenntnis zustande? Hinter dem Kant'schen „Was kann ich wissen?" steht unbarmherzig dieses „Wie". Es ist sicher nicht falsch anzunehmen, dass sich Sprache an der (äußeren) Wahrnehmung orientiert und strukturiert hat. Was bei Definitionen wie „homo sapiens", „animal rationale" usw. verloren geht, ist aber die Geschichtlichkeit dieses Wesens und auch der Sprachentwicklung. Das Dynamische wird ausgeblendet. Der Mensch ist nicht irgendetwas Eingrenzbares (Definierbares), sondern er ist im Werden. Der Mensch ist nicht, sondern wird. Die Sprache hat ihm dieses Werden ermöglicht, aber die Struktur der aktuellen Sprache ist genauso wie das Definieren diesem Gewordensein und Werden heute hinderlich.

Das wird ganz besonders deutlich in der Quantenphysik. Mathematisch eindeutig, widerspricht sie unseren Vorstellungen und unserer Sprachstruktur. Die Trennung von Subjekt und Objekt ist nicht aufrechtzuerhalten, und das Prädikat (die Eigenschaft von Quantenphänomenen) *„wird durch die Messung nicht festgestellt, sondern hergestellt"*[5] (Pietschmann). Ein Quantenphänomen hat vor der Messung keine Eigenschaften. Beim Doppelspaltversuch werden einzelne Elektronen durch einen Doppelspalt geschossen, dahinter ergibt sich – völlig unerwartet – ein Interferenzmuster, so als wären es nicht Teilchen, sondern Wellen. Misst man aber an den Spalten die durchkommenden Teilchen, verschwindet das Interferenzmuster, als hätten wir jetzt Teilchen. In „Wirklichkeit" handelt es sich nicht um Teilchen oder Wellen, sondern um Quantenphänomene, die sich unserer Vorstellung entziehen, und die – je nachdem, wie wir messen – sich so oder anders zeigen. Was sie vor der Messung, sozusagen vor dem Doppelspalt, sind, darüber ist keine Aussage möglich.

Auch Naturwissenschaft ist ein Teilaspekt der Frage „Was ist der Mensch?" in der Form des „Wie können wir etwas wissen?". Da Naturwissenschaft nur eine Spezifizierung unseres Sehens ist, können wir durchaus analog von einem Teilchen- und Wellenbild der Erkenntnis sprechen. Durch das Hinschauen (das „Messen" mit Hilfe unseres Sinnes-, Erkenntnis- und Sprachapparats) ergibt sich ein (das gewohnte) Teilchenbild der Welt – der Welt der isolierten Dinge und Objekte. Ohne dieses Messen an den Spalten des Entwe-

---

[5] Herbert Pietschmann: „Das Ganze und seine Teile. Neues Denken seit der Quantenphysik". Ibera / European University Press 2013, S. 87

der-Oder hätten wir ein zusammenhängendes Wellenbild. Da wäre nichts, was isolierten Teilchen oder Objekten entspricht. Das, was hinter dem Doppelspalt geschieht, entzieht sich unserer Vorstellung, ist sozusagen die metaphysische Seite der Erkenntnis. Die (objektiv feststellbare) Welt hängt davon ab, wie wir (subjektiv) hinschauen. Die objektive statische Teilchenwelt ist nur die „halbe" Welt, weil sie die zusammenhängende feldartige und dynamische Wellennatur ausblendet. Als Wellensicht könnten wir die Psychologie bezeichnen, die zwar eine „objektive" Sicht der „Innenwelt" zulässt, aber keine Objekte oder Dinge kennt. Die Außenwelt ist immer so, wie wir sie von innen her sehen. Die sogenannte „objektive" (besser intersubjektive) Welt ist das, was für alle Menschen in gleicher Weise gültig ist, sozusagen der kleinste gemeinsame Nenner. Ausgeschlossen davon ist das Individuelle, Subjektive, Kreative usw. – das, was genau genommen unser Leben viel mehr ausmacht als das „Objektive". Aber das Subjektive ist auch in der Außenwelt präsent und kann gar nicht davon getrennt werden. Die „Wellennatur" der Psyche trennt nicht zwischen isolierten Phänomenen, auch nicht zwischen außen und innen. Die Sprache der Psychologie ist damit zur Sprache der „objektiven Wirklichkeit" diametral oder besser komplementär, und das ist wohl der Grund, warum die Psychologie – bis auf ein paar Schlagwörter – in das Alltagserleben auch noch nicht Eingang gefunden hat.

Wir erleben mehr, als wir denken und begreifen. Das wird sogar durch die Physik heute immer klarer. (Hans-Peter Dürr schrieb sogar ein Buch über dieses Thema[6].) Denken ist immer ein Nach-Denken. Das, worüber wir denken können, geht dem Denken immer voraus. Darüber kann – analog dem Quantenphänomen vor dem Doppelspalt – nichts ausgesagt werden, weil das Aussagen bereits eine Messung und eine Fest-stellung wäre, die das Phänomen verändert und in die Struktur der Sprache und der statischen Sicht zwängt.

Im Teilchen-Denken ist alles „objektiv" und isoliert, auch fein säuberlich in „innen" und „außen" separiert, ohne das (komplementäre) Ineinandergreifen thematisieren zu können. Selbst abstrakte Begriffe bekommen einen objektiven Charakter. So wird „Wahrheit" zur Übereinstimmung mit der objektiven Realität, und Wahrheit selbst wird zur objektiven Größe, unabhängig von der Innen-

6 Hans-Peter Dürr, Marianne Oesterreicher: Wir erleben mehr als wir begreifen. Quantenphysik und Lebensfragen. Herder Spektrum, 5. Aufl. 2001

welt. Allerdingst geht damit das, was wir intuitiv als „Wahrheit" empfinden, verloren. Wahrheit wird zur Halbwahrheit, weil sich der Begriff an der Objektivität orientiert und das Subjektive ausklammert. Wo aber bleibt die ganze Wahrheit, wenn sie die halbe Welt ausklammert? Wahrheit ist dann nicht mehr die Übereinstimmung des Denkens mit der (äußeren) Realität, sondern das Zusammenwirken von Innen und Außen, das ein (untrennbares und nicht fest-stellbares) Gemeinsames ergibt.

All das wären rein philosophische Überlegungen, hätte nicht ausgerechnet die „exakte" Naturwissenschaft in Form der Quantenmechanik dem ausschließlichen Teilchenbild des Denkens und der klassischen Physik ein Ende gesetzt. Das Messen/Hinschauen verändert das Gemessene, die (subjektive) Fragestellung bestimmt die Antwort (der Natur), das Teilchen-Denken ist nur die „halbe Realität", die durch die Wellensicht ergänzt werden muss, und die Wirklichkeit ist nochmal etwas Anderes, prinzipiell nicht Begreifbares. Die Illusion, einmal „alles" zu wissen, scheitert daran, dass das Subjektive nicht aus der Welt zu schaffen ist.

Hat Denken etwas mit der Wirklichkeit zu tun?

Unsere Logik funktioniert so, dass wir das, worum es eigentlich geht, nicht erkennen. Und das ist zunächst auch gut so, denn nur das garantiert die Offenheit, die durch Logik sonst verloren ginge. Logik ist die formale Struktur, die nichts direkt mit dem Inhalt einer Aussage zu tun hat. „Logisch richtig" meint, dass etwas korrekt gedacht ist. Was das mit dem Gedachten, mit dem Inhalt zu tun hat, bleibt offen.

In der Physik geht es um die Materie, in der Biologie um das Leben, in der Psychologie um die Seele, in der Philosophie um Weisheit, in der Theologie um Gott – und keine dieser Disziplinen kann erklären, worum es ihnen da geht. Oberbegriffe sind nicht erklärbar. Die Physik kann nicht sagen, was Materie ist, sie verwendet nicht einmal diesen Begriff, sondern spricht von Masse, und das nur vorsichtig. Kein Biologe kann sagen, was Leben ist, kein Psychologe, was die Psyche ist, usw.

Besonders schwierig hat es die Medizin. Sie behauptet krampfhaft, Naturwissenschaft zu sein, obwohl es um den Menschen geht, der in der Naturwissenschaft gar nicht vorkommt. Ärzte haben Menschen vor sich, beschäftigen sich aber nur mit deren Krankheit, nicht mit dem (ganzen) Menschen. Deshalb gibt es die Komplementär- und Ganzheitsmedizin, die den ganzen Menschen in ihre Überlegungen einzubeziehen versucht.

Hat Religion etwas mit Gott zu tun? – So könnte man auch fragen. Wir sind gewohnt, Religion mit dem Glauben an Gott zu verwechseln. Doch sind die Menschen, die an Gott glauben und sich im Besitz der Wahrheit wähnen, wirklich religiös? Sehr oft nicht! Religionen sind nicht notwendig religiös, meinte schon David Steindl-Rast. Er unterscheidet zwischen Religionen und dem Herzschlag der Religionen[7]. Religion hat nicht (in erster Linie) mit Gott zu tun, sondern mit dem Menschen. Das Alte Testament ist voll von Mord und Totschlag, Hinterlist, Verleumdung und Lüge. Das der Religion oder gar Gott vorzuhalten, ist genauso unsinnig, wie es blind zu ignorieren. Es geht ja um den Menschen, und da gibt es nichts schönzureden, der ist so, wie er ist. Das ist auch die theologische Aussage im Stammbaum Jesu. Obwohl da nur die männliche Linie zählt – erst recht damals – kommen auch vier Frauen vor. Abgesehen von Maria sind es Mörderinnen und Huren. Und bei den Männern fällt es nur deswegen nicht auf, weil deren Schattenseiten längst verdrängt wurden.

König David war ein mörderischer Kriegsherr. *„Saul hat Tausend erschlagen, David aber Zehntausend.“* Und auch privat ging es um Mord und Ehebruch. Verheiratet war er mit mehreren Frauen. In religiöser Erinnerung ist David aber bloß als Verfasser vieler Psalmen und „das Haus Davids“, aus dem Jesus stammte. Davids andere Seite wird verdrängt. *„David lebte vor dir [Gott] in Treue, Gerechtigkeit und mit aufrichtigem Herzen.“* Dass hier vom archetypischen Konflikt und Zwiespalt des Menschen die Rede ist, wie es in der Psychoanalyse wieder angesprochen wird, fällt kaum auf. In der Bibel steckt aber mehr Psychologie, als in der modernen Psychologie bisher aufgearbeitet werden konnte.

Und wer Christus sieht, sieht Gott – allerdings ist Jesus auch Mensch als endliche Gestalt des Unendlichen (und wir ihm gleichgestellt), und selbst die Apostel haben ihn nicht erkannt, außer in

---

[7] David Steindl-Rast: „Fülle und Nichts. Die Wiedergeburt der christlichen Mystik“. Goldmann Verlag 1985, S. 36

Sternstunden, die ihnen „*nicht Fleisch und Blut eingegeben hat*".
Jesus hat gezeigt, wie Menschsein geht, und Religion hieße, ihm
nachzufolgen. Wer glaubt, im Besitz der Wahrheit zu sein, nur weil
er in die christliche Kultur hineingeboren ist und (Bibel) lesen kann,
der ist bestenfalls ein Pharisäer, aber noch lange kein Christ.

Ähnlich verhält es sich mit der Naturwissenschaft, sie ist nicht
Beschreibung der Natur, sondern unseres Sehens der Natur. Naturwissenschaften, und speziell die Physik, sind die methodische
Beschränkung auf Materie in Raum und Zeit. Die erste Hälfte des
20. Jahrhunderts war die große Zeit der Physiker, die allesamt auch
Philosophen waren: Max Planck, Albert Einstein, Niels Bohr, Werner Heisenberg, Wolfgang Pauli, Erwin Schrödinger, um nur einige
zu nennen, die an der Quantenmechanik mitgearbeitet haben. In der
nächsten Generation ist die Kluft zwischen Mathematik und Deutung wieder aufgebrochen. Hat Physik etwas mit Materie zu tun?
Hans-Peter Dürr sagt es sehr drastisch: „*Ich habe mich mein ganzes
Forscherleben darum bemüht herauszubekommen, was Materie ist.
Die Antwort ist ganz einfach: Es gibt sie nicht!*"[8] Womit er nicht
meint, dass alles Illusion ist, sondern dass unsere Vorstellung von
Materie ein Produkt unseres Denkens ist, aber nicht die Wirklichkeit. Und dass die Materie im Innersten nichts mit unserer Vorstellung von Materie zu tun hat.

Newtons Mechanik – die anfangs genauso revolutionär war wie
später die Quantenmechanik – ist zum allgemeinen Weltbild geworden. Die Entwicklung der Quantentheorie und der daraus folgenden
neuen oder erweiterten Logik ist, genauso wie die Psychologie und
Psychotherapie, nicht in ein allgemeines Weltbild eingegangen. Das
ist um 1900 steckengeblieben. So werden Historiker späterer Zeiten
unsere Epoche vielleicht nicht hochtrabend als Wissenszeitalter,
Postmoderne oder gar als aufgeklärtes Zeitalter beschreiben, sondern als diejenige Zeit, die mit der Gegenwart nicht zurechtgekom-
men ist. Sie werden verständnislos das herrschende Weltbild
beschreiben, das auf das naturwissenschaftlich Beschreibbare eingeengt wurde, bei gleichzeitiger Verleugnung eben dieser Naturwissenschaft.

---

[8] Hans-Peter Dürr, Das Lebende lebendiger werden lassen. In: Lebensimpulse.
Wege aus Abhängigkeiten. 8. Symposium der Paracelsus Akademie Villach.
RHVerlag 2007

Der ausgebliebene Paradigmenwechsel

Seit Mitte des 20. Jahrhunderts spricht man von einem Paradigmenwechsel, von einem New Age, das damals auf universitärer Ebene ausgerufen wurde, das vergisst man heute leicht. Als es ausuferte, distanzierten sich Fritjof Capra und Kollegen von diesem Begriff. Aber der Begriff des Paradigmenwechsels begleitete uns über Jahrzehnte. Das „alte" Denken, assoziiert mit der klassischen Physik, war nicht mehr in der Lage, die Ergebnisse von mathematischen Berechnungen und die Ergebnisse immer subtilerer Experimente zu erklären. Ein Paradigmenwechsel wurde notwendig. Aber obwohl Forscher aus allen Disziplinen – von der Physik über die Psychologie, Soziologie, Ökonomie bis zur Theologie – daran arbeiteten, hakte es offenbar daran, dass unser Weltbild und unsere Logik an die Physik angelehnt sind, allerdings an die klassische Physik vor 1900. Es kann daher noch so gute Ideen und Impulse aus allen Wissenschaftsdisziplinen geben, das „klassische" Weltbild kann nur von der Physik selbst, die uns dieses Weltbild eingebrockt hat, aus den Angeln gehoben werden. Das ist auch passiert – aber nur zum Teil. Die Logik der Quantenmechanik ist mit dem klassischen Denken nicht zu verstehen, so dass Richard Feynman sinngemäß meinte, wer die Quantenmechanik verstanden hat, hat sie nicht verstanden.[9]

Seit Heisenbergs Unschärferelation, durch die das Nicht-verstehen-Können Teil unserer Realität geworden ist, versuchen sich Physiker bis heute an einer Interpretation der Quantenmechanik. Einigkeit gibt es dabei erwartungsgemäß nicht. Zu verschieden sind die Gesetze der subatomaren Welt, des Mikrokosmos, der Logik und Sprache des Mesokosmos, unserer Welt, in der wir leben und an der unser Denken sich entwickelt hat. Der „Paradigmenwechsel" wurde zum Schlagwort in vielen Disziplinen, es gab eine Welle des ganzheitlichen Managements, eine noch größere Welle der ganzheitlichen Medizin – der Paradigmenwechsel ist aber ausgeblieben. Es ist nie wirklich gelungen, das theoretisch Notwendige auf den Boden zu bringen. Zu hartnäckig ist die westliche Logik, die sich seit Aristoteles kaum verändert hat. Sie wurde nur etwas eingeengt (aus vier Ursachen wurde eine, unsere Kausalität) und etwas ergänzt durch

---

[9] „… kann ich mit Sicherheit behaupten, dass niemand die Quantenmechanik versteht." Richard Feynman: Vom Wesen physikalischer Gesetze. Piper, 14. Aufl. 2016.

die Naturwissenschaft. Und diese Logik ist es, mit der wir weder die Relativitätstheorie und noch viel weniger die Quantenmechanik verstehen können. Selbst die Festigkeit der Materie ist im bisherigen mechanistischen Denken nicht zu verstehen[10]. Das Verdienst der Quantenphysiker war es, *„unseren Denkrahmen durchbrochen zu haben und damit andere Denkwege zu eröffnen"*[11].

Nun sind wir bei der ursprünglichen Formulierung der Quantenmechanik nicht stehengeblieben, über die Hypothese des Urknalls sind wir in der Kosmologie gelandet, obwohl die Quantenmechanik beim unendlich Großen und Schweren versagt und dort die Relativitätstheorie gilt, aber die „Welt" können wir noch immer nicht erklären. Das liegt auch daran, dass „Welt" sehr viel mehr ist als Teilchen in Raum und Zeit (Erwin Schrödinger[12]). Dass uns nicht bewusst geworden ist, dass Naturwissenschaft nur einen Ausschnitt der Wirklichkeit untersuchen kann, genauer gesagt nur tote Materie. Alles Lebendige folgt anderen Gesetzen. So wäre es ein Etikettenschwindel, die Psychologie ohne Vorbehalte als Naturwissenschaft etablieren zu wollen. Andererseits müssen wir anerkennen, dass Naturwissenschaft nicht die einzige Weise des Erkenntnisgewinns darstellt, Psychologie also durchaus Wissenschaft, aber nicht Naturwissenschaft sein kann, zumindest nicht im Sinne der exakten Naturwissenschaft. Zwar war Freud von seinem Weltbild her Naturwissenschaftler und Jung bezeichnete sich ebenfalls als Naturwissenschaftler, unterschied aber eine äußere und eine innere Natur.

Die „Weltformel" zu suchen, ist damit viel mehr oder etwas ganz anderes, als Relativitätstheorie und Quantenmechanik zu vereinen. Damit könnten wir bestenfalls die materielle Welt erklären, nicht mehr. In der Sprache der Quantenmechanik ist die klassische Physik vom Teilchenbild der Welt ausgegangen. Dieses müsste durch ein Wellenbild ergänzt werden, das einer inneren Natur entspricht, die ganz anders „funktioniert" und auch nicht von der äußeren Natur zu trennen ist. Dies müsste ein wirklicher Paradigmenwechsel leisten.

---

[10] Herbert Pietschmann: „Das Ganze und seine Teile. Neues Denken seit der Quantentheorie", Ibera/European University Press 2013, S. 90

[11] Ebda, S. 110

[12] Als Erwin Schrödinger einmal in einem Vortrag den Fachausdruck „Welt-Linie" verwenden wollte, hielt er einen Moment inne und sagte dann: „Ich sag' so ungern ‚Welt-Linie', weil zur Welt doch so viel mehr gehört als bloß Teilchen in Raum und Zeit!" Zit. in: Herbert Pietschmann: Erwin Schrödinger und die Zukunft der Naturwissenschaften. Wiener Vorlesungen, Picus Verlag 1987

Sprache und Realität oder Wirklichkeit und Leben

Werner Heisenberg berichtet in „Der Teil und das Ganze" über eine Diskussion mit Niels Bohr über die Sprache. Im Verlauf dieser Diskussion fragte Heisenberg: *„Wir tun so, als sei das elektrisch geladene Teilchen genauso ein Ding wie ein elektrisch geladenes Öltröpfchen oder ein Holundermarkkügelchen aus den alten Apparaten. Wir wenden völlig unbesehen die Begriffe der klassischen Physik darauf an, so als ob wir noch nie von den Grenzen dieser Begriffe und von den Unbestimmtheitsrelationen gehört hätten. Können dadurch nicht doch Fehler entstehen?"*[13]

Das gehöre notwendig dazu, entgegnete Niels Bohr. Auch wenn es um Gesetze geht, die völlig anders sind als die der klassischen Physik. Andererseits muss man dort, wo es um die Beobachtung und Messung geht, die klassischen Begriffe verwenden. Ein Messapparat ist nur dann brauchbar, wenn aus dem Ergebnis ein kausaler Zusammenhang mit dem Gemessenen vorausgesetzt werden kann. Will man aber ein atomares Phänomen theoretisch beschreiben, *„müssen wir an irgendeiner Stelle einen Schnitt ziehen zwischen dem Phänomen und dem Beobachter oder seinem Apparat"*[14]. Auf der Seite des Beobachters können wir nur die klassische Sprache verwenden, weil wir keine andere haben. Diese Begriffe sind ungenau und haben nur einen begrenzten Anwendungsbereich. Aber mit deren Hilfe ist das Phänomen wenigstens indirekt zu begreifen.

Die wissenschaftliche Sprache ist die gleiche wie die Alltagssprache, nur verfeinert, aber sie hat dieselben Strukturen. Diese Sprache, auch deren wissenschaftliche Verfeinerung, ist unvollkommen und ungenau. Die Paradoxien der Quantenmechanik entstehen dadurch, dass wir mit dieser Sprache über einen Bereich reden, der unserer Anschauung nicht direkt zugänglich ist und für den unsere Sprache – auch nicht die verfeinerte der klassischen Physik – nicht entwickelt wurde.

Es war schon die Idee der antiken Atomisten, dass das Zusammengesetzte aus Einfachem bestehen müsse, das sie Atom (das Unteilbare) nannten. Da Dinge ad infinitum teilbar sind, war schon damals klar, dass das Unteilbare kein „Bestandteil" sein konnte. Dem entspricht heute das Elementarteilchen, das sich, wenn man es weiter

---

[13] Werner Heisenberg: Der Teil und das Ganze. Gespräche im Umkreis der Atomphysik, dtv, 2. Aufl., 1975, S 154 f.

[14] Ebda, S. 155

teilen will, nicht in kleinere Teile zerfällt, sondern sich in andere „Teilchen" umwandelt. Der Begriff „Teilbarkeit" ergibt keinen Sinn mehr. Auch die Frage, aus wie vielen Teilchen ein Atomkern besteht, ergibt keinen Sinn mehr.

Heisenberg gab dann seinem Ärger Ausdruck, dass die Positivisten so tun, als habe jedes Wort eine ganz bestimmte, wohldefinierte Bedeutung und man könne es in einem anderen Zusammenhang genauso verwenden. Auch Niels Bohr hob den eigentümlich schwebenden Charakter der Sprache hervor. „*Wir wissen nie genau, was ein Wort bedeutet, und der Sinn dessen, was wir sagen, hängt von der Verbindung der Wörter im Satz ab, von dem Zusammenhang, in dem der Satz ausgesprochen wird, und von zahllosen Nebenumständen, die wir gar nicht alle aufzählen können.*"[15] Bohr verweist auf William James, der ausführt, dass bei jedem Wort ein besonders wichtiger Wortsinn im Vordergrund steht, daneben noch andere Bedeutungen mitschwingen, auch Verbindungen zu anderen Begriffen und Zusammenhänge, die bis ins Unbewusste reichen. Das gilt für die Alltagssprache, so Bohr, aber bis zu einem gewissen Grad auch für die Sprache der Naturwissenschaft. Gerade die Quantenphysik habe wieder offengelegt, wie begrenzt der Anwendungsbereich der bislang so selbstverständlichen Begriffe ist.

Das bedeutet nichts anderes, als dass die Sprache eben nicht nur ein Teilchenbild (Dinge, Objekte) wiedergibt, sondern das Wellenbild oder das Feldartige immer schon mitschwingt. So steht zwar immer ein wichtiger Wortsinn im Vordergrund, wie William James beschreibt, aber Sätze sind nicht bloß die Aneinanderreihung von Begriffen. Das, was ausgedrückt wird, wird mitbestimmt von einer ganzen Wolke von Bedeutungen, die mitschwingen, von Beziehungen zwischen den Begriffen und zwischen dem Bezeichneten, die insgesamt einen Kontext, ein Ganzes ergeben, aus dem die Begriffe und Objekte gar nicht herauszulösen sind. Nur sehr oberflächlich entspricht unsere Sprache der klassischen Physik, tiefer gehend ist sie der Quantenphysik viel näher.

Zwar habe Aristoteles gezeigt, dass man Sprache so präzisieren kann, dass man damit Logik betreiben kann. Diese logische Sprache, so Bohr, ist aber sehr viel enger als die Alltagssprache, aber für die Naturwissenschaft umso wichtiger. Dem Ideal einer präzisen Sprache kann man aber auch in den Naturwissenschaften bestenfalls

---

[15] Ebda, S. 161

nahekommen, es aber nie erreichen. Die präziseste Sprache ist die mathematische, aber wenn wir etwas über die Natur aussagen wollen, müssen wir von der mathematischen Sprache zur gewöhnlichen Sprache übergehen.

Heisenberg wendete ein, dass sich die Kritik der Positivisten vor allem gegen die Metaphysik und Religion richte, deren Ergebnisse man durch sprachlich saubere Analyse als Scheinprobleme entlarven könne. Daraus lässt sich viel lernen, gab Bohr zu, aber er fürchte, dass es in der Naturwissenschaft gar nicht so viel besser wäre. „*Um es überspitzt zu formulieren: In der Religion verzichtet man von vorneherein darauf, den Worten einen eindeutigen Sinn zu geben, während man in der Naturwissenschaft von der Hoffnung – oder auch von der Illusion – ausgeht, dass es in viel späterer Zeit einmal möglich sein könnte, den Wörtern einen eindeutigen Sinn zu geben.*"[16]

Nach dem Essen kam Bohr wieder auf die Sprache zurück, wieder vom praktischen Leben, in dem Fall von unvollkommenen hygienischen Verhältnissen auf einer Almhütte, ausgehend: „*Mit dem Geschirrwaschen ist es doch genauso wie mit der Sprache. Wir haben schmutziges Geschirrwasser und schmutzige Geschirrtücher, und doch gelingt es, damit die Teller und Gläser schließlich sauber zu machen. So haben wir in der Sprache unklare Begriffe und eine in ihrem Anwendungsbereich in unbekannter Weise eingeschränkte Logik, und doch gelingt es, damit Klarheit in unser Verständnis der Natur zu bringen.*"[17]

Einige Tage später sprach Niels Bohr von der menschlichen „Spezialisierung zur Flexibilität" durch Denken und Sprache. Der Mensch kann sich erinnern und vorausdenken, sich vorstellen, was wo anders abläuft, und sich die Erfahrung anderer Menschen zunutze machen. Das alles mit dem Nebeneffekt, dass damit das instinktive Verhalten verkümmert. Entscheidend sei aber, dass sich die Sprache, und damit indirekt auch das Denken, nicht im einzelnen Individuum entwickelt hat, sondern zwischen den Individuen. „*Wir lernen das Sprechen nur von anderen Menschen. Die Sprache ist gewissermaßen ein Netz, das zwischen den Menschen ausgespannt ist, und wir hängen mit unserem Denken, mit unserer Möglichkeit der Erkenntnis in diesem Netz.*"[18]

---

[16] Ebda, S. 162
[17] Ebda, S. 163 f.
[18] Ebda, S. 165

Diese Diskussion in einer Schihütte stammt aus einer Zeit, in der sich die Quantenmechanik langsam herausgebildet hat. Es war 1933, kurz vor dem politischen Zusammenbruch. Die Assoziation drängt sich auf, dass es auch einen Zusammenbruch des alten Weltbildes gegeben hat. *„Als wäre uns der Boden unter den Füßen weggezogen worden ...“* war die einhellige Beschreibung der Beteiligten. Der erste Schock, in eine Welt vorgedrungen zu sein, die unserer gewohnten Welt zugrunde liegt, die aber so ganz anders, so absurd ist, war und ist (buchstäblich) unvorstellbar. Auch in dem Sinne, dass Physik und Philosophie – die so gegensätzlichen Enden des universitären Fächerspektrums – plötzlich zusammenrückten und Physiker notgedrungen zu Philosophen wurden. Sogar diese Gegensätze ergänzten sich komplementär.

So war es nur „logisch", wenn es für die untersuchten „Elementarteilchen" keine Anschauung, keine Vorstellung mehr gab, dass man sich Gedanken machen musste über Vorstellung und Sprache. Beide hatten in der Lebenswelt wie in der klassischen Physik einen direkten Bezug zu den Dingen und Objekten der „Realität". Diese selbstverständliche Beziehung war nun infrage gestellt. Was man untersuchte, waren keine Dinge, keine Objekte mehr, und hatte unabhängig vom Beobachter keine Bedeutung, keinen Sinn. Man war konfrontiert mit zwei völlig unterschiedlichen „Welten". Die Gesetze der gewohnten Welt hatten in der Mikrowelt keine Geltung.

Die Frage wurde dringlich: Wie reden wir überhaupt über diese neue Welt? Die wissenschaftliche Sprache ist nicht so verschieden von der Alltagssprache, nur sozusagen verfeinert. Daher die Feststellung: Wir reden so, als wären diese Elementarteilchen Dinge, so wie wir es gewohnt sind; und genau das ist falsch. Das müssen wir zur Kenntnis nehmen. Jedoch haben wir erstens keine andere Sprache, und zweitens sind die Messapparate Teil der gewohnten Welt und in der gewohnten Sprache zu beschreiben. Eine Messung – ein Zeigerausschlag eines Messinstruments, eine Spur in der Nebelkammer – ist in der üblichen Weise beschreibbar, ist kausal mit dem verbunden, was wir beobachten wollen, sagt aber nur indirekt etwas darüber aus.

Auf der anderen Seite können wir das Verhalten von Elementarteilchen exakt mathematisch formulieren, diese Formeln drücken aber keine physikalischen Gegebenheiten aus. Auch die mathematische Sprache ist etwas, das nicht direkt mit der Natur zu tun hat. So bleibt zwischen der Sprache der Mathematik und der gewohnten Sprache ein Spielraum der Interpretation. Das kannte man bisher nur aus den Geisteswissenschaften. Jetzt ist es aber in der Naturwissenschaft so, dass die mathematischen Formulierungen zwar exakt sind, aber auch nach hundert Jahren die Interpretation noch immer offen ist und verschiedenste Interpretationen zulässt.

Die Elementarteilchen heißen nur deswegen „Teilchen", weil man ursprünglich Ende des 19. Jahrhunderts nach Teilchen – den „kleinsten Bausteinen der Welt" – gesucht hatte. Dabei ist es seit jeher klar, dass die kleinsten Einheiten keine materiellen Teilchen mehr sein können, denn als solche wären sie ad infinitum teilbar. Das Problem beginnt damit, dass ab einem bestimmten Punkt der Begriff „Teilung" seine Bedeutung verliert. Die Teilchen, die keine Teilchen mehr sind, zerfallen nicht in kleinere Teile, sondern wandeln sich in andere um. Wir nennen Elementarteilchen immer noch Teilchen, „wissen" aber, dass das keine Teilchen mehr sind. Andernfalls müssten wir einen neuen Begriff dafür finden. Der Begriff „Atom" ist leider vergeben, weil man voreilig eine Struktur „Atom" genannt hatte, die sich dann als immer noch teilbar herausstellte.

Klar ist jedoch: Elementarteilchen sind keine Teilchen[19] und keine Objekte. Unabhängig vom Beobachter sind sie „nichts". Sie haben unabhängig vom Beobachter auch keine Eigenschaften, denn die werden erst durch Messung „festgestellt". Vorher gibt es da keine „festen" Eigenschaften, sondern nur so etwas wie die Überlagerung von Möglichkeiten. Die „eigentliche Wirklichkeit" ist nicht die „Realität" (von res = Ding), sondern eine nicht (be)greifbare, unanschauliche Wirklichkeit oder Potenzialität. Sprachlich kann man sich da aber nur zaghaft herantasten.

Auf der Seite des Beobachters und der Messinstrumente müssen wir die gewohnte Sprache verwenden, weil wir keine andere haben und diese Messinstrumente dem Bereich der Lebenswelt angehören. Dabei nehmen wir in Kauf, dass diese Begriffe ungenau sind und, wie sich jetzt herausstellt, nur einen begrenzten Anwendungsbereich haben. So gilt beim Teilchen-Welle-Dualismus das Entweder-Oder der bisher so erfolgreichen aristotelischen Logik nicht mehr. „Teilchen" und „Welle" beziehen sich nicht auf Phänomene, sondern auf

---

[19] „Aber die Atome und Elementarteilchen sind nicht ebenso wirklich. Sie bilden eher eine Welt von Tendenzen oder Möglichkeiten als eine von Dingen und Tatsachen." Werner Heisenberg: Physik und Philosophie, S156

unsere Anschauung. Wenn es in der klassischen Physik noch nicht so klar war, jetzt ist es nicht mehr zu übersehen, dass Naturwissenschaft nichts mit der Natur direkt zu tun hat, sondern mit unserem Sehen der Natur. Wie wir die Welt sehen, hängt mit der Sprache zusammen. Das ist jetzt auch eine physikalische Erkenntnis.

Interessant ist, dass die moderne Physik beinahe die Rolle der Philosophie übernimmt: Alles wird fraglich. In einem früheren Gespräch antwortete Heisenberg auf die Frage Wolfgang Paulis, ob er die Relativitätstheorie verstanden hätte, dass er das nicht wisse, da ihm nicht mehr klar sei, was das Wort „verstehen" in der Physik bedeute[20]. Dazu passt auch die Kritik Heisenbergs an den Positivisten, für die jedes Wort eine ganz bestimmte, wohldefinierte Bedeutung hat. Das gibt es zwar, aber das ist die Mathematik und nicht die gesprochene Sprache. Hier gibt es so etwas wie eine logische Unschärferelation: Je exakter eine Sprache, desto weniger hat sie mit der Natur zu tun. Während die Alltagssprache sich durch die Interaktion mit der Welt herausgebildet hat und dadurch nie die Verbindung mit der Wirklichkeit verliert, so sind wissenschaftliche Begriffe Abstraktionen und Idealisierungen. *„Aber durch diesen Prozess der Idealisierung und präzisen Definition geht die unmittelbare Verknüpfung mit der Wirklichkeit verloren."*[21]

Was ein Wort bedeutet, hängt immer vom Kontext ab. Außerdem sind auch Wörter oder Begriffe keine „Dinge", die vom dem, der sie verwendet, unabhängig wären. Sie beziehen sich auf eine Anschauung, und damit schwingen immer auch andere Bedeutungsebenen mit. Das bewusst Gemeinte ist eingebettet und umgeben von unbewussten Sinnzusammenhängen.

Die Quantenmechanik kann man nicht verstehen (Feynman), sie entspricht in keiner Weise unseren gewohnten Anschauungsformen. Man könnte aber auch sagen, dass die Logik der Quantenmechanik die gewohnten Anschauungsformen aufbricht. Damit könnte auch unser Alltagsleben in völlig neuem Licht erscheinen. Das hieße dann: Ohne die Logik der Quantentheorie können wir auch unseren Alltag nicht verstehen!

Wenn wir das Doppelspaltexperiment als Bild für unsere Sicht der Welt verstehen, dann wird klar, dass die Welt der Dinge und Objekte nur die halbe Wirklichkeit ist und dass damit die Welt der Bezie-

---

[20] Ebda, S. 41

[21] Werner Heisenberg: Physik und Philosophie, Ullstein 1970, S 168

hung, die Welt als dynamisch zusammenhängendes „Feld" einfach unterschlagen wird. Dann erkennt man vielleicht schlagartig, dass die Psychologie deshalb oft als „unwissenschaftlich" bezeichnet wird, weil sie eine solche Wellen- oder Feldsprache benützt. Symbole sind keine isolierten (definierten) Begriffe, sondern sozusagen eine Wolke oder ein Feld von Bedeutungen.

Die Alltagssprache ist auch deshalb so unscharf, weil sie eine „psychosomatische" Sprache ist, deren Wörter zwischen definierten Begriffen und vieldeutigen Symbolen oszillieren. Tiefenpsychologie ist aber trotzdem so schwer verständlich, weil unser (pseudo)naturwissenschaftliches „Weltbild" an der klassischen Physik fixiert ist. So glauben wir, Objekte zu sehen und nicht Symbole, obwohl die der Wirklichkeit viel näher sind. Wir unterscheiden zum Beispiel zwischen Tagesbewusstsein und Traumbewusstsein, in ersterem sehen wir Dinge und Objekte, in letzterem Symbole, die wir deuten. Tatsächlich gibt es keinen Grund, warum die Phänomene im Traum etwas anderes bedeuten sollten als die am Tag.

Die Quantenphysik ist letztlich die endgültige Schlichtung des Streits zwischen „Idealismus" und „Positivismus", zwischen Mythos und Logos, zwischen Psyche und Ratio. Dinge und Objekte gibt es nur dann, wenn wir die Wirklichkeit – im Bild des Doppelspaltexperiments – durch Messung zu einer Entscheidung zwingen und damit die halbe Wirklichkeit verbannen. Tun wir das nicht, sind Dinge auch Symbole, sind außen und innen nicht getrennt. Dann können wir die Außenwelt auch psychologisch und die Innenwelt auch objektiv betrachten.

Stehsatz der Naturalisten/Materialisten

„Wir glauben nur, was man wissenschaftlich beweisen kann!"
Aber: „*Beweisen kann man nicht mal die Naturgesetze!*"[22] (Herbert
Pietschmann). Wir sprechen in der Naturwissenschaft von Hypothe-
sen, die gelten nicht, weil sie bewiesen wären, sondern so lange sie
nicht widerlegt sind. (Darauf berufen sich die Schlaueren unter den
Naturalisten). Naturwissenschaft ist auch keine Beschreibung der
Natur, sondern unserer Sicht der Natur.

Die Eckpfeiler der (klassischen) Naturwissenschaft waren: Objektivität, Kausalität, Identität, Widerspruch, Experiment. Seit der
Quantenmechanik gilt das alles nicht mehr so ohne Weiteres. Es gibt
den objektiven Zufall, damit ist die Welt (des Mikrokosmos) nicht
kausal und nicht rational zu erklären. Eine vom Subjekt gänzlich
unabhängige gegebene „objektive" Welt gibt es nicht mehr. Ein
Quantenobjekt hat keinen Ort und keine Eigenschaften, bevor es
gemessen wird, und durch die Messung gewinnen und verlieren wir
Information, denn es geht einiges an Information verloren. Dass ein
Teilchen, das an Punkt A und dann an Punkt B gemessen wird, von
A nach B „gewandert" wäre, also identisch wäre, lässt sich auch
nicht mehr sagen. Der Gegensatz (zwischen Welle und Teilchen)
wird zur Komplementarität. D.h. es hängt von der Versuchsanordnung ab, ob ein Quantenphänomen mit dem Teilchenmodell oder
mit dem Wellenmodell beschrieben werden kann. Es braucht aber
beide Erklärungen (obwohl sie klassisch widersprüchlich sind), um
die Wirklichkeit zu beschreiben.

Das Experiment ist eine vereinfachte und isolierte Situation, die
so in der Natur gar nicht vorkommt. Das heißt wiederum, die Natur-

---

[22] Herbert Pietschmann: Phänomenologie der Naturwissenschaft, Wissenschaftstheoretische und philosophische Probleme der Physik. Ibera/European University
Press, 2007. Pietschmann zitiert Carl Friedrich v Weizsäcker: „Galilei tat seinen großen Schritt, indem er wagte, die Welt so zu beschreiben, wie wir sie nicht erfahren.
Er stellte Gesetze auf, die in der Form, in der er sie aussprach, niemals in der wirklichen Erfahrung gelten und die darum niemals durch irgendeine einzelne Beobachtung bestätigt werden können, die aber dafür mathematisch einfach sind. So eröffnete er den Weg für eine mathematische Analyse, die die Komplexität der
wirklichen Erscheinungen in einzelne Elemente zerlegt. Das wissenschaftliche
Experiment unterscheidet sich von der Alltagserfahrung dadurch, dass es von einer
mathematischen Theorie geleitet ist, die eine Frage stellt und fähig ist, die Antwort
zu deuten. So verwandelt sie die gegebene ‚Natur' in eine manipulierbare ‚Realität'." (S. 76 f.)

wissenschaft beschreibt nicht die Natur, sondern sie konstruiert eine künstliche Welt und vergleicht die Ergebnisse dann mit der Natur. Aber das Fallgesetz z.b. („Alle Körper fallen gleich schnell") ist in der Realität falsch. Es gilt nur im Vakuum, und das gibt es streng genommen nicht. Man kann damit nur sehr gut rechnen. Die „Wellenfunktion'" ist ein mathematischer Formalismus, der gar nicht das Quantenphänomen beschreibt, sondern nur die Wahrscheinlichkeit, mit der dieses an einem bestimmten Ort gemessen werden kann. Eine im klassischen Sinne „objektive Welt" gibt es nicht mehr.

Naturwissenschaft ist erkenntnistheoretischer Reduktionismus: Die Philosophie stellt diejenigen Fragen, die nicht zu stellen der Erfolg der Naturwissenschaft war (Weizsäcker). Es ist aber weiterhin nicht verboten, diese (philosophischen) Fragen zu stellen, im Gegenteil, es sind DIE menschlichen Fragen. *„Wir fühlen, dass selbst wenn alle möglichen wissenschaftlichen Fragen beantwortet sind, unsere Lebensprobleme noch gar nicht berührt sind."*[23]

Und seit der Quantenmechanik müssen die Theorien mit klassischen Begriffen (Teilchen, Welle usw.) etwas beschreiben, was mit klassischen Begriffen nicht zu verstehen ist. Ein Quantenobjekt ist kein Teilchen, auch keine Welle, auch nicht Teilchen UND Welle, sondern „keins von beiden."[24] (Feynman).

Es ist außerdem klar, dass Naturwissenschaft gar nicht sagen kann, was Materie ist, und das auch gar nicht tut. Sie spricht von Masse, und auch das ist problematisch, weil äquivalent Energie. Die vorsichtige Umschreibung ist „ruhemassebehaftete Materie". So einfach, wie es sich die Naturalisten machen, ist die (materielle) Welt jedenfalls schon lange nicht mehr. Und wie gesagt: Von der Welt des Menschen, von unserer Lebenswelt sprechen wir da noch gar nicht.

---

[23] Ludwig Wittgenstein, Tractatus 6.52).

[24] Richard Feynman: Vom Wesen physikalischer Gesetze. Piper, 14. Aufl. 2016, S. 158: „Heute kennen wir das Verhalten von Elektronen und Licht, wissen aber nach wie vor nicht recht, wie wir es nun bezeichnen sollen. Sagen wir, sie verhalten sich wie Teilchen, erwecken wir einen falschen Eindruck; ebenso wenn wir ihr Verhalten mit dem von Wellen vergleichen. Sie verhalten sich auf ihre eigene unnachahmliche Weise, die wir mit einem terminus technicus am besten als quantenmechanische Weise bezeichnen könnten. Und diese lässt sich mit nichts vergleichen, was Sie je gesehen haben."

PHYSIK

„Es ist falsch, zu denken, es wäre Aufgabe der Physik, herauszufinden,
wie die Natur beschaffen ist. Die Aufgabe der Physik ist vielmehr,
herauszufinden, was wir über die Natur sagen können."

Niels Bohr

„In der subatomaren Welt gibt es nur Beziehung –
aber nicht Beziehung von etwas, sondern nur Beziehung!"

Hans-Peter Dürr

„Die Welt ist keine objektive Tatsache,
sondern ein dynamisches Gefüge von Beziehungen."

Natalie Knapp

Verschränkung, Wechselwirkung und Kommunikation

William Thomson (Lord Kelvin) war sozusagen der personifizierte
klassisch-mechanistische Denkrahmen des 19. Jahrhunderts. Er
konnte eine Sache nur verstehen, wenn er sich davon ein mechanisches Modell vorstellen konnte. Die überraschende Antwort lieferte
die Quantenphysik: Mechanistisch kann man nicht einmal die Materie verstehen. Der letzte Versuch, das Atom mechanistisch zu verstehen, war das Bohr'sche Atommodell: Man könne es sich als kleines
Planetensystem vorstellen. Das galt aber nur von 1913 bis 1926.
Spätestens dann stellte sich heraus, dass dieses Bild vollkommen
falsch ist (obwohl es in den Schulen noch heute so gelehrt wird, wie
Herbert Pietschmann immer wieder bedauert).

Das einfachste Atom, das Wasserstoffatom, „besteht" aus einem
Proton und einem Elektron. Woraus besteht es? ist aber die falsche
Frage (Teilchensicht). Relevant ist, wie es entsteht. Herbert Piet-
schmann erklärt, *„dass ein Wasserstoffatom aus einem Proton (dem*
Kern des Atoms) und einem Elektron entsteht, wenn sich die beiden
einander nähern"[25]. Nun ist es in der Quantenphysik aber so, dass

---

[25] Erich Hamberger, Herbert Pietschmann: Energie. Die Essenz von Sein und
Leben. Herder 2020, S 215

das Ganze (nicht mehr, sondern) etwas anderes ist als die Summe der Teile. (Das hat übrigens bereits Aristoteles schon so formuliert).

„… das Elektron verwandelt sich in die Hülle des Atoms; es wird aus einem ‚Punkt' eine Ladungswolke, deren Durchmesser etwa 100 000-mal größer ist als das Proton des Kerns. […] In der Fachsprache sagt man, das Elektron im Atom sei ‚verschmiert' über den ganzen Bereich der Hülle." Das Elektron rotiert somit auch nicht um den Kern, sondern ist ein stationärer Zustand ohne Bewegung, wenngleich es kinetische Energie als Äquivalent von Geschwindigkeit gibt. *„Im Atom bewegt sich nichts, es ist ein sogenannter ‚stationärer Zustand'. Anders wäre die Stabilität der Materie nicht zu verstehen!*"[26] Es braucht also den Denkrahmen der Quantenphysik, der über den der klassischen Physik hinausgeht, um die Festigkeit der Materie zu erklären. Im Rahmen der klassischen Physik ist das nicht möglich.

Beim Heliumatom sind es zwei Elektronen, die über die ganze Hülle „verschmiert" sind und ein einziges Doppelelektron – in Verschränkung – bilden. Nicht nur im Atom ist es sinnlos, von einer (Elektronen-)Bahn zu sprechen, auch im Doppelspaltexperiment ist es unzulässig, von einem Weg der „Teilchen" zu sprechen, wenn nicht gemessen wird. Das hat nichts mit dem Bewusstsein zu tun, wie das Quantenesoteriker so gerne hätten, sondern mit Messung – und das ist physikalische Wechselwirkung. Der Versuchsleiter hat nur zu entscheiden, ob er die eine oder die andere Versuchsanordnung wählt (Teilchen- oder Wellenbild), alles andere läuft auch ohne Zuseher ab, genauso objektiv wie in der klassischen Physik.

Nach Erwin Schrödinger ist das eigentlich Revolutionäre der Quantenphysik die Verschränkung. *„Zwei (oder mehr) Teilchen gelten als verschränkt, wenn sie – im Unterschied zur klassischen Physik – nicht unabhängig voneinander beschrieben werden können.*"[27] Erstaunlich ist, dass man verschränkte Doppelteilchen (ein Begriff, den Herbert Pietschmann vorgeschlagen hat) auch „trennen" kann und eine Zustandsmessung an einem Teilchen instantan (also ohne Zeitverzögerung und ohne Informationsübertragung) zur Zustandsänderung auch des anderen Doppelteilchens führt. Vor der Messung – das ist immer zu bedenken – haben sie gar keinen Ort, sondern mit der Entfernung „dehnt" sich nur eine Art Feld. Aber auch das ist nur

---

[26] Ebda S 225

[27] Ebda S. 226

ein Bild. Im Augenblick der Messung wird erst ein Ort festgelegt – und die Verschränkung ist Geschichte. Die Ganzheit ist durch die Messung in zwei Teilchen zerfallen und hat aufgehört, als Ganzheit zu existieren. Wir können bei einem verschränkten Doppelteilchen nicht von zwei Systemen sprechen. Es ist auch die Verschränkung, die aus einzelnen Atomen Ganzheiten macht und dadurch die Festigkeit und Stabilität der Materie garantiert.

Wenn wir vom Denkrahmen der Neuzeit (Herbert Pietschmann) reden, dann meinen wir die europäische Logik und nicht (nur) die der Physik. Dazu derselbe: *„Das heißt, wir sind heute 80 oder 96 Jahre nach Entwicklung eines neuen Denkens noch immer nicht bereit, dieses völlig neue Denken außerhalb dieses Spezialgebiets der Physik anzuerkennen.*[28] (Das war 2016). Er meinte das auch im Hinblick auf die Globalisierung und die Tatsache, dass die Asiaten heute beide Denkrahmen beherrschen: *„Die Asiaten denken dialektisch, sie können auch logisch denken, dort wo sie unsere Wissenschaft übernommen haben."* Das neue Denken ist ein Denken in Aporien, so Pietschmann, in denen die Widersprüche bestehen bleiben und nicht eliminiert werden müssen. Es gibt Fragen, die man nicht mit Ja oder Nein beantworten kann, und es gibt gegensätzliche Phänomene, die einander nicht ausschließen.

Die klassische Physik ist eine Methode des Ausschließens von Widersprüchen. In der Quantenphysik geht das letztlich nicht mehr. Aber die Physik ist in sich doch auch dialektisch: nämlich im Wechselspiel von Theorie und Experiment. Keine Theorie ohne Experiment und kein Experiment ohne Theorie. Eine noch deutlichere Aporie liegt in der Forderung nach Reproduzierbarkeit: *„Nur was reproduzierbar ist, wird anerkannt, ist die These. Antithese: Nichts kann reproduziert werden, denn es gibt keine identische Wiederholung."*[29] Daher muss jeder Messwert mit einer Fehlertoleranz angegeben werden, innerhalb deren das Messergebnis noch als „reproduziert" gilt. Man hat dann „dasselbe" gemessen, obwohl es etwas anderes ist. Die aristotelische Logik konnte also schon vor der Quantenphysik nicht „exakt" gelten, wenn man sie auf die Natur anwendet, in der alles einmalig ist und nichts reproduziert werden kann.

Ein neues Denken müsste aber auch außerhalb der Quantenphysik

---

[28] Gerhard Schwarz (Hrsg.), Philosophphysik. Festschrift für Herbert Pietschmann zum 80. Geburtstag. Ibera / European University Press 2016, S 312

[29] Ebda S. 313 f.

angewendet werden. Nicht indem man Quanten und Bewusstsein kurzschließt, sondern das dialektische Denken oder Denken in Aporien bezieht sich ursprünglich – schon bei Platon – auf die Lebenswelt. Erstaunlich ist vielmehr, dass sich dieses Denken in Aporien sogar in der Physik nicht vermeiden lässt. Daher ist es nicht so, dass wir die Quantenphysik nicht verstehen (Richard Feynman) – nämlich mit dem klassischen logischen Denken –, sondern dass wir auch unsere Lebenswelt nicht verstehen ohne den (neuen) Denkrahmen der Quantenphysik. Übrigens forderte schon Wolfgang Pauli, die Komplementarität nicht nur auf die Physik anzuwenden, sondern auf die menschliche Erkenntnis im Allgemeinen.

Im Gegensatz zur Physik ist es im Bereich des Lebendigen sonnenklar: Jeder Mensch ist einmalig. Auch Zwillinge sind nicht gleich. Und das gilt für die gesamte Natur, unsere gesamte Lebenswelt. Es gibt nicht einmal zwei gleiche Schneeflocken. Dagegen ist ein Elektron dasselbe, egal ob es in einer menschlichen Leber ist oder am Ende des Weltalls. Was ein Elektron z.b. aber ausmacht, entsteht erst durch die Messung. Wobei Messung nichts anderes ist als Wechselwirkung. Das heißt, ein Elektron „existiert" nur in Wechselwirkung. Für sich gesehen ist es nicht. So absurd das auf den ersten Blick erscheint (weil wir gewohnt sind, in isolierten Objekten zu denken), so sehr trifft das auch auf den Menschen zu. Die Individualität eines Menschen, sein Ich, entsteht erst in der Kommunikation mit der Mutter und der Umwelt. Ohne diese „Sozialkontakte" ist der Mensch gar nicht lebensfähig, ohne Kommunikation gäbe es kein Ich und kein Subjekt.

Wenn wir vom Bild der statischen Objekte und Subjekte abgehen, dann ist – dynamisch gesehen – ganz offensichtlich, dass jede Kommunikation die Beteiligten verändert. Mal mehr, mal weniger, aber sich nicht zu ändern wäre Starrsinn. Wie beim Heliumatom die beiden Elektronen zu einem Doppelelektron in Verschränkung werden, so wird beim Menschen durch eine intensive Beziehung, wie es eine Liebesbeziehung ist, aus dem Ich und Du ein Wir – ein Phänomen der Verschränkung. Natürlich nicht so zwingend wie in der Physik, wir sind ja im Bereich des Lebendigen.

Erwin Schrödinger formulierte sinngemäß: Wenn zwei Systeme in Wechselwirkung treten, hören sie sofort zu existieren auf, und ein Gesamtsystem tritt an ihre Stelle. Wo wir in der Physik von Doppelteilchen reden, sprechen wir im Fall einer Liebesbeziehung nicht von zwei Personen, sondern von einem Paar. Da wir es dabei nicht mit einer physikalischen Welt, sondern einer psychologischen zu tun haben, passiert das nicht so instantan, aber in einem gewissen Sinne handelt es sich bei Liebespaaren um eine Art neues Gesamtsystem. Sprachlich drückt sich das ebenfalls aus, indem die beiden nicht von Ich und Du, sondern von Wir reden. Zwar nicht durchgehend, jeder ist auch noch Einzelperson, aber durch das Wir durchaus auch verändert. Man kann beobachten, dass sich manche mit zunehmendem Alter sogar im Aussehen annähern.

Zu beachten wäre, dass es isolierte Einzelsysteme nur in komplizierten Experimenten der Physik gibt, aber nicht in der Natur oder unserer Lebenswelt, denn alle Systeme sind immer schon in Wechselwirkung. „Der Begriff eines ‚Teilchens' ist also eine Abstraktion, die wir zwar zur widerspruchsfreien Beschreibung brauchen, die aber in der Welt gar nicht vorkommt."[30] Auch das können wir auf unsere Lebenswelt anwenden: Den Begriff des Objekts oder Dings brauchen wir, um uns verständigen zu können, er ist aber auch nur eine Abstraktion, die es in unserer Welt so nicht gibt. Auch ich bin – genauso wie du – kein isoliertes Subjekt. Ich bin nur in Wechselwirkung oder, wie man im Bereich des Lebendigen sagt, in Kommunikation. Damit ist klar, dass jede Kommunikation beide Beteiligten verändert. Und da wir das statische Weltbild „entsorgt" haben, tritt an die Stelle der Entwicklung von Ich und Du im Falle einer (ständigen) Liebesbeziehung eine gemeinsame Entwicklung, die anders verläuft als die Entwicklung, die jeder für sich – genauer in anderen Wechselwirkungen und Beziehungen – genommen hätte.

Das Ganze ist etwas anderes als die Summe der Teile – und es wäre absurd zu sagen, dass das nur in der Quantenwelt so ist. Jede Kommunikation – auch eine noch so kurze – verändert die Beteiligten. Je nach Dauer (und Betroffenheit) von unmerklich bis auffallend. Das nennt man Lernen. Daher ist nach der Tiefenpsychologie auch die Sozialpsychologie entstanden. Wobei schon C.G. Jung davon gesprochen hat, und genau genommen geht es schon in der Psychoanalyse und Analytischen Psychologie um die Aufarbeitung von Beziehungen – äußeren und inneren. Nämlich der Beziehungen zu den Eltern und frühen Bezugspersonen, zu den inneren Eltern, zu den (früheren und aktuellen) anderen und der Umwelt. Die persönliche Entwicklung geht immer entlang der Beziehungen, die einen

---

[30] Ebda, S. 87

Menschen verändern. Der Mensch ist ein kommunizierendes Wesen. Er kann nicht *nicht* kommunizieren (Paul Watzlawick). Kommunikation ist das, was uns ausmacht. Alles andere ist sekundär.

Dualität – Komplementarität – Non-Dualität

Ein Merkmal des Bewusstseins ist das Gegenüber-Sein. Das aber hat viele Nuancen, einerseits Grade des Wach-Seins, andererseits Grade der Differenz. Man kann das an der Entwicklung der Naturwissenschaft nachvollziehen. Descartes hat zwischen „res extensa" und „res cogitans" unterschieden. Das war eine methodische Unterscheidung zum Zweck der Wissenschaft. Was er als „res cogitans" bezeichnete, war für ihn nicht inexistent, sondern er überließ diesen Bereich der Theologie (wir würden heute sagen, auch der Psychologie) und beschränkte Naturwissenschaft auf Materie in Raum und Zeit. Descartes hatte eine Unterscheidung getroffen, um einen Teilbereich der Wirklichkeit genauer untersuchen zu können.

Galilei arbeitete dann die praktische Seite dessen aus, und das war im Wesentlichen das Experiment zur Prüfung von Hypothesen. Damit verbunden war eine zunehmende Mathematisierung der Wissenschaft. *„Alles, was messbar ist, messen und was nicht messbar ist, messbar machen."* Dieser Satz stammt zwar nicht von Galilei selbst, aber er drückt aus, worum es geht. In späterer Folge wurde jedoch alles, was nicht messbar gemacht werden kann, von einem naiven Naturalismus als nicht existent bezeichnet. Daher setzt Herbert Pietschmann noch hinzu: *„… und was nicht messbar gemacht werden kann, ableugnen!"*[31]

Ein anderer Aspekt der Methode war die Analyse. Experimentell sinnvoll untersuchen kann man nur einzelne Parameter. Also musste man die Komplexität der Wirklichkeit reduzieren. Naturwissenschaft ist daher die Theorie einfachster Systeme. Ein Experiment ist nicht nur ein kleiner Ausschnitt der Wirklichkeit (genauer ein Modell dieses Ausschnitts), sondern auch ein isolierter Ausschnitt – das heißt, eine künstlich eingegrenzte Situation. In der Wirklichkeit ist ja nichts isoliert, sondern alles hängt mit allem zusammen, bildet

---

[31] Herbert Pietschmann: Das Ganze und seine Teile. Ibera / European University Press, 2013, S. 21

ein immer komplettes Ganzes. Aber das Ganze kann man nicht direkt wissenschaftlich untersuchen, also muss man reduzieren und isolieren.

Ein weiteres Moment ist, dass man „ideale" Bezugspunkte braucht. Pietschmann nennt als Beispiele die Fallgesetze: Alle Körper fallen gleich schnell. Das widerspricht jeglicher Erfahrung. Die Körper fallen natürlich nicht gleich schnell. Sie tun das nur im Vakuum, und auch ein „ideales" Vakuum gibt es in der Welt nicht. Oder die Planetenbahnen: Die Planetenbahn ist eine Ellipse mit der Sonne in einem Brennpunkt. Das gibt es aber im gesamten Weltall nicht. Es wäre so nur dann, wenn es im All nur eine Sonne mit einem Planeten gäbe. Da es aber etwas mehr gibt, beeinflussen sich die Massen gegenseitig, so dass nie eine ideale Ellipse zustande kommen kann.

Das heißt, genau genommen entfernt sich die Naturwissenschaft von der Natur, um diese in den Griff zu bekommen. Sie untersucht nicht direkt die Welt, sondern konstruiert eine künstliche Welt, macht mit Hypothesen und Theorien Voraussagen, die sie mit der Welt vergleicht, aber wieder mit Experimenten, also isolierten Teilen der Welt.[32]

In den Köpfen der Wissenschaftler und besonders der Gesellschaft im Allgemeinen wurde das, was Descartes als Unterscheidung gemeint hat, jedoch immer mehr zu einer Trennung. Materie und Geist hatten nichts mehr gemeinsam. Aus dieser allmählich für eine Trennung gehaltenen Unterscheidung wurde im Laufe der Zeit – und zwar weil die Naturwissenschaft so erfolgreich war – die Auffassung, dass das, was Naturwissenschaft untersuchen kann, die Realität, und das, was naturwissenschaftlich nicht untersucht werden kann, nicht real sei.

Der zum Subjekt degenerierte Mensch durfte in der objektiven Wissenschaft nicht vorkommen, weshalb Wissenschaftszweige, die sich mit dem Menschen oder gar seiner Innenwelt beschäftigen, nicht als Naturwissenschaft zu gelten haben. Dass es auch einen

---

[32] „Naturgesetze gelten nicht in der Welt, in der wir leben! Naturwissenschaftliche Theorien beschreiben nicht die Lebenswelt, sondern sie konstruieren eine Wirklichkeit, die experimenteller Überprüfung zugänglich ist. Aber wir können aus dieser Wirklichkeit Rückschlüsse auf die Lebenswelt ziehen und diese mittels der auf den Gesetzen der Naturwissenschaft aufbauenden Technik verändern, ja geradezu neu gestalten. ... Physik kommt zu einer Beschreibung der Welt, indem sie darauf verzichtet!" (Ebda, S. 22).

objektiven Blick auf die Innenwelt geben könnte, ist aus dieser Sicht der „exakten Naturwissenschaft" ausgeschlossen.

Die Konstruktion der Welt

Wir beschreiben Objekte – vom Elementarteilchen bis zum gigantischen Himmelskörper – durch Masse, Ort und Geschwindigkeit. Die Masse kann von riesig bis nahezu gleich null sein, aber wenn wir Ort und Geschwindigkeit kennen, dann können wir das Geschehen berechnen. Der Haken im Mikrobereich: Es geht leider nicht. Wir können nicht Ort und Geschwindigkeit von Elementarteilchen gleichzeitig exakt bestimmen. Der Traum von der durchgängigen Berechenbarkeit der materiellen Welt bleibt ein Traum. Wir werden nie alles wissen, nicht weil wir es noch nicht wissen, sondern weil wir es prinzipiell nicht wissen können.

Soweit zur Mikrowelt. Leider ist es im Großen, im Universum nicht viel anders. Bei großen Massen und nahe Lichtgeschwindigkeit ist die Welt wieder ganz anders als gewohnt. Nur gilt da nicht die Quantenmechanik, sondern die Relativitätstheorie. Da geht es Raum und Zeit an den Kragen, während in der Mikrowelt die gewohnten Vorstellungen von Materie, Identität, Reproduzierbarkeit oder Kausalität verloren gehen. Und da die Naturwissenschaft nicht die Natur beschreibt, sondern unser Sehen der Natur, scheitert letztlich unsere gewohnte Logik im Mikro- wie im Makrokosmos. Da aber die Mikrowelt der Mesowelt, unserer Lebenswelt zugrunde liegt, stellt sich unweigerlich die Frage, ob unsere gewohnte Logik wirklich auf unsere Welt passt, oder ob auch diese – wenn wir nur genauer hinsehen – nur eine Annäherung ist.

Die scheinbare Objektivität und Berechenbarkeit waren eine Illusion. Die Quantenwelt ist eine völlig andere Welt als die Lebenswelt, in der die klassische Physik zumindest näherungsweise gilt. Die Frage ist nur, ob das nicht auch täuscht. Auch in der klassischen Physik sind nämlich wirklich exakte Messungen nicht möglich, weshalb man die Reproduzierbarkeit dadurch retten muss, dass man eine gewisse Fehlertoleranz angibt, innerhalb derer man etwas noch als reproduziert anerkennen will. Denn nimmt man es genau, dann ist in der Natur gar nichts reproduzierbar. Kleinste Abweichungen in der Ausgangslage können große Auswirkungen nach sich ziehen, das wissen wir aus der Chaostheorie. Daher ist die Zukunft auch in der klassischen Physik nicht vorhersagbar, wenngleich man das noch darauf zurückführen kann, dass man sich den genauesten Werten nur annähern kann.

Was leistet Naturwissenschaft? Sie beschreibt nicht die Welt, in der wir leben, sondern eine Welt, die sie konstruiert. Platon behauptete, dass unsere Welt so widersprüchlich ist, dass es unmöglich ist, sie mit einer Methode, die auf Logik und Experiment beruht, zu beschreiben. Naturwissenschaft ist nichts anderes als die Einsicht, dass das so tatsächlich nicht funktioniert. Aber sie erfand einen anderen Weg, der darin besteht, dass man die Welt so lange vereinfacht, bis es geht, und dann wieder zurückschließt auf die Welt, in der wir tatsächlich leben.

Die Welt, wie wir sie erleben, funktioniert nicht so wie die Mikrowelt. Genau genommen funktioniert sie überhaupt nicht so, wie die Physik Welt beschreibt. Denn laut Pietschmann ist Naturwissenschaft nicht die Beschreibung der Natur, sondern die Konstruktion einer Welt, die so nicht existiert. Naturwissenschaft sucht nach allgemeinen Gesetzen. Allgemeingültigkeit ist aber gleichzeitig eine Einschränkung, eine Begrenzung der Gültigkeit. In der Lebenswelt gibt es nur Einmaliges und nicht Allgemeingültigkeit. Daher gilt die naturwissenschaftlich-mathematische Beschreibung immer nur annäherungsweise. *„Eine theoretisch-mathematische Beschreibung der Lebenswelt ist immer unmöglich!"*[33]

Naturwissenschaft basiert auf Analyse, dem Zerlegen des Ganzen in Teile, auf Fragmentieren. Das entspricht nicht unserem Erleben. Wir erleben immer ungeteiltes Ganzes. Wir können z.B. einen sinnvollen Text so aufschreiben, dass in jedem Wort nur der erste und letzte Buchstabe stimmen, die dazwischen liegenden Buchstaben chaotisch durcheinander sind. Trotzdem ist der Text mühelos zu lesen, weil wir beim Lesen nicht die einzelnen Buchstaben zusammenfügen, sondern immer die Gestalt, das Ganze sehen. Wir sind aber so an das fragmentierende Denken gewöhnt, dass uns das überrascht. Tatsächlich ist es so, dass es nur das Ganze gibt, und wir dieses Ganze immer irgendwie unterteilen, in Teile zerlegen müssen, um es für uns verständlich und mitteilbar zu machen. Und zwar tat-

---

[33] Herbert Pietschmann: Das Ganze und seine Teile. Ibera / European University Press, 2013, S 23

sächlich irgendwie, denn die Einteilung ist mehr oder weniger willkürlich. Wir könnten genauso gut alles anders einteilen, und andere Kulturen tun das auch.

Naturwissenschaft funktioniert so, dass wir intuitiv gefundene „Gesetze", besser Hypothesen, aufstellen und damit Vorhersagen machen, die wir in geeigneten Experimenten überprüfen können. Wenn wir etwas postuliert haben und damit alle Erscheinungen erklären können, dann stellt sich die Frage nicht, ob das, was wir postuliert haben, tatsächlich existiert oder nicht. Nach der Begründung dieses Postulierten darf nicht mehr gefragt werden.

Und da die konstruierte Welt der Physik nicht der erlebten Welt entspricht, gelingen Vorhersagen immer nur annäherungsweise. Wenn also jemand eine andere Hypothese aufstellt, die die Erscheinungen genauer erklären kann, dann gilt diese neue Hypothese. So geschehen beim unbestreitbaren Phänomen, dass Körper im Allgemeinen fallen. Newton erklärte das mit der Gravitation, der Schwerkraft, Einstein wesentlich genauer mit der Raumkrümmung.

Die Frage nach Ursprung, Realität und Wirklichkeit

Immer schon interessierten sich die Menschen für die Frage nach dem Ursprung: Wie ist die Welt entstanden? Was hat dazu geführt, dass die Welt so ist, wie sie ist? Bis etwa 1900 konnte man über diese Frage „nur" spekulieren. Seit Albert Einstein ist es möglich, diese fundamentale Frage auch naturwissenschaftlich zu untersuchen, wenn auch in der methodischen Einschränkung der Naturwissenschaft auf die „res extensa". Seither hat die Naturwissenschaft einen weiten Weg zurückgelegt, einen Weg allerdings, der voller Überraschungen war.

Voraus ist aber festzuhalten, dass die philosophischen und theologischen Spekulationen die Welt als Ganze betreffen, also das Universum, das Leben und den Menschen. Die Fragen der Naturwissenschaft, der Physik und Kosmologie betreffen ausschließlich das materielle Universum. Fragen mit philosophischer und theologischer Dimension können von der Naturwissenschaft nicht gestellt, geschweige denn beantwortet werden. Trotzdem sind die naturwissenschaftlichen Hypothesen auch für die Philosophie und Theologie von eminenter Bedeutung und werden von diesen viel zu wenig beachtet.

Die Methode der Naturwissenschaft beruht auf der Beschränkung der Wirklichkeit auf Materie in Raum und Zeit, auf das für alle Menschen gleichermaßen Gültige. Darin lag und liegt der ungeheure Erfolg dieser Disziplin. Das darf allerdings nicht darüber hinwegtäuschen, dass es sich dabei um eine Teildisziplin handelt, die nicht die Absicht hat, das Ganze in den Blick zu bekommen. Es geht daher auch nicht um Welterklärung. Als Erwin Schrödinger einmal in einem Vortrag den Begriff „Weltlinie" (in der Relativitätstheorie die Bahnlinie eines Teilchens im Raum-Zeit-Diagramm) verwenden wollte, hielt er kurz inne und meinte dann: *„Ich sag' so ungern ,Weltlinie', weil zur Welt doch so viel mehr gehört als bloß Teilchen in Raum und Zeit!"*[34]

Wörter, die ein Ganzes bezeichnen (Welt, Materie, Leben, Seele, Geist), müssen in der Naturwissenschaft vermieden werden. Ein Ganzes kann nicht definiert, abgegrenzt werden und die Methode des Fragmentierens geht immer vom Ganzen weg. Der modische Satz: „Das Ganze ist mehr als die Summe der Teile" stimmt zwar, bedeutet aber auch, dass man aus den Teilen niemals ein Ganzes zusammensetzen kann. Ein Puzzle ergibt zwar ein Bild, aber es sind immer noch Teile und kein Ganzes. Genau genommen ist das Ganze nicht mehr als die Summe seiner Teile, sondern etwas anderes (Herbert Pietschmann[35]). Erwin Schrödinger drückte es in der Sprache der Quantentheorie so aus: *„Wenn zwei Systeme in Wechselwirkung treten, treten, wie wir gesehen haben, nicht etwa ihre Ψ-Funktionen in Wechselwirkung, sondern die hören sofort zu existieren auf und eine einzige für das Gesamtsystem tritt an ihre Stelle."*[36]

Wer sich darauf einlässt, dass dies der gewohnten Logik widerspricht, wird Relativitätstheorie, Quantentheorie und Kosmologie spannender finden als jeden Kriminalroman, aber auch der Versuchung nicht erliegen, moderne Physik und Mystik gleichzusetzen, oder das Bewusstsein physikalisch zu erklären. Das passierte in den

[34] Zit. in: Herbert Pietschmann: Erwin Schrödinger und die Zukunft der Naturwissenschaften. Picus 1987, S 20

[35] „Das Ganze ist nicht mehr, sondern etwas anderes als die Summe seiner Teile!" – Herbert Pietschmann: Das Ganze und seine Teile. Neues Denken seit der Quantenphysik. Ibera / European University Press 2013, S. 91

[36] Zit. in: Ebda, S. 91

1970er Jahren, der bekannteste war Fritjof Capra. Heute haben wir eine Quanteninflation (Quantenphilosophie, Quantenmedizin, Quantenheilung ...), wobei das Wort „Quanten" meist nur ein Marketingtrick ist oder wieder ein Kurzschluss zur Esoterik bemüht wird. Das sind jedoch mehr oder weniger unlautere Versuche.

Was notwendig wäre, aber bisher noch aussteht, ist zu sehen, dass die Quantentheorie ein neues Denken erfordert, weil sie über die aristotelische Logik, die bis zur Naturwissenschaft sich nicht allzu sehr geändert hat, hinausgeht. Gegensätze schließen einander nicht mehr unbedingt aus, Objektivität gibt es streng genommen nicht mehr, Beziehung ist eine eigene Wirklichkeit und bedarf keines Etwas – die Realität von Objekten ist fraglich geworden. Es ergibt keinen Sinn mehr, von Teilchenbahnen zu reden, und manchmal sieht es sogar danach aus, als könnten wir etwas ändern, das in der Vergangenheit passiert ist. Wir müssen zwischen Wirklichkeit (als Ganzes und nicht Erkennbares) und Realität (von res = Ding) unterscheiden.[37]

Wir sind damit in einem Bereich jenseits unserer Vorstellungen, der aber trotzdem noch Physik ist und mit Materie zu tun hat. Wir haben eine Grenze überschritten, an der die bisherigen Gesetze ihre Gültigkeit verlieren. Begriffe wie Materie, Raum, Zeit, Kausalität usw. verlieren ihre gewohnte Bedeutung. Es ergibt keinen Sinn mehr, diese Begriffe auf die Welt der Elementarteilchen anzuwenden. Wir stehen plötzlich vor einer „physikalischen Metaphysik". Hier sind die klassische Logik und gewohnte Vorstellungen außer Kraft gesetzt, obwohl es sich immer noch nur um Materie in Raum und Zeit handelt.

Natürlich ist es bemerkenswert, dass diese neue Sprache wieder irgendwie der früheren gleicht. „Auch die Wissenschaft spricht nur in Gleichnissen" lautet der Titel eines Buches von Hans-Peter Dürr[38]. Der Versuchung, vorschnell eine Brücke zur Esoterik, Religion und Mystik zu legen, sollte man aber widerstehen. Zwar scheint damit so etwas wie eine universelle Sprache, eine Weltformel des Denkens, möglich zu werden, doch darf man dabei die verschiedenen Dimensionen wie Materie, Leben, Psyche, Seele, Geist

---

[37] Manche, wie etwa Herbert Pietschmann, verwenden die beiden Begriffe in umgekehrter Bedeutung, was aber nichts am Sinn der Unterscheidung ändert.

[38] Hans-Peter Dürr: Auch die Wissenschaft spricht nur in Gleichnissen. Herder spektrum, 3. Aufl. 2004

nie außer Acht lassen. Mit einer Nivellierung dieser Ebenen ist nichts gewonnen, sondern viel verloren.

Was bleibt, ist, dass es selbst in der Physik nicht mehr um bloße „Fakten" geht, nicht mehr nur um Objektives (Teilchenbild), sondern auch um Beziehung (Wellenbild). Die Dinge und Objekte sind – für sich genommen und isoliert – nichts. Sie sind nicht aus ihrem Kontext herauszulösen, sie sind nichts ohne ihre Beziehung zu ihrer Umwelt. Die Dinge und Objekte sind das, was uns ins Auge fällt, aber erst die Beziehungen machen die „Welt" aus. Unsere Lebensprobleme – oder überhaupt unser Leben – haben meist nichts mit Objekten, sondern viel mehr mit deren Beziehung zur Umwelt und unserer Beziehung zu ihnen zu tun. In der Sprache der Physik: Das Wellenartige oder Feldartige ist näher an der Wirklichkeit als eine teilchenartige objektive Realität.

Über Einzelereignisse dieser realen Welt kann die Physik, kann die Quantentheorie nichts aussagen. Sie ist Beschreibung der Potenzialität. Wolfgang Pauli weist darauf hin, *„dass es sich bei den Aussagen der Quantenmechanik nur um Möglichkeiten, nicht um tatsächlich Geschehendes handelt. Sie lauten etwa: ‚Dies ist unmöglich' oder ‚Entweder dieses oder jenes ist möglich', aber sie können nie sagen: ‚Dies wird tatsächlich dann und dort geschehen'. Die tatsächliche Beobachtung erscheint als ein Ereignis außerhalb der Reichweite einer Beschreibung durch physikalische Gesetze und liefert im Allgemeinen eine diskontinuierliche Auswahl aus den verschiedenen Möglichkeiten, die die statistischen Gesetze der neuen Theorie zur Verfügung stellen."*[39]

Die irreale Sprache der Naturwissenschaft

Das heutige „moderne" Weltbild ist geprägt von der Naturwissenschaft – und hat aus diesem Grund zwei ganz gravierende Mängel: Erstens geht es bei diesem Weltbild um die Naturwissenschaft des ausgehenden 19. Jahrhunderts, alles Weitere (Relativitätstheorie, Chaostheorie, Quantentheorie und auch die Tiefenpsychologie) ist noch nicht in unser Weltbild eingeflossen. Zweitens wird meist nicht

---

[39] Wolfgang Pauli: Physik und Erkenntnistheorie. Springer Fachmedien 1984, S. 132

gesehen, dass Naturwissenschaft nichts mit der Natur zu tun hat, sondern nur ständig an der Natur geprüft werden kann und muss. Spätestens seit Beginn der Naturwissenschaft (aber beginnend schon bei Aristoteles) pflegen wir eine rationale Begriffssprache. Alles wird definiert (d.h. eingegrenzt), alles muss eindeutig sein, alles muss widerspruchsfrei sein. Diese westliche Logik geht auf Aristoteles zurück und wurde vom naturwissenschaftlichen Denken zunächst nur ergänzt. Wissenschaftliche Ergebnisse müssen z.B. reproduzierbar sein. Diese Sprache ist uns so in Fleisch und Blut übergegangen, dass wir dabei nicht einmal bemerken, dass sie nichts mit der Natur und unserer Lebenswelt zu tun hat. Logik, das sind Denkgesetze und nicht Naturgesetze.

Nach Herbert Pietschmann beruht die Naturwissenschaft und ihre Methode[40] auf den

Axiomen der Logik:	Eindeutigkeit
	Widerspruchsfreiheit
	kausale Begründbarkeit
und des Experimentes:	Reproduzierbarkeit
	Quantifikation
	Analyse

Unsere Logik erfordert Eindeutigkeit; im wirklichen Leben ist nichts eindeutig, und wo es uns eindeutig erscheint, verdrängen wir meist etwas.

Unsere Logik erfordert Widerspruchsfreiheit; wäre es im Leben auch so, könnten wir uns endlose Diskussionen ersparen; das Leben lebt direkt vom Widerspruch.

Unsere Logik erfordert Begründbarkeit; jeder weiß aus Erfahrung, dass er/sie nicht einmal die eigenen Entscheidungen immer und Kreativität nie begründen kann.

Unsere Logik erfordert, dass wir analysieren, d.h. vereinfachen. Die Natur aber ist nicht einfach, sondern überaus komplex und ohne Grenzen.

Unsere naturwissenschaftliche Logik erfordert, dass wir alles quantifizieren. Auch das funktioniert nur teilweise. Die Farbe Rot kann zwar als eine bestimmte Wellenlänge mathematisch darge-

---

[40] Herbert Pietschmann: Die Atomisierung der Gesellschaft. Ibera 2009, S. 81 f.

stellt werden, doch was für uns Rot bedeutet, sagt die Wellenlänge nicht. Unsere naturwissenschaftliche Logik erfordert Reproduzierbarkeit; reproduzieren kann man ein Experiment nur, wenn man es extrem vereinfacht. Im normalen, natürlich komplexen Leben ist daher so gut wie nichts reproduzierbar. Genau genommen gibt es auch in der exakten Naturwissenschaft keine exakte Reproduzierbarkeit, sondern Messwerte müssen mit einer gewissen Fehlertoleranz angegeben werden, innerhalb derer man noch von Reproduzierbarkeit sprechen will. Diese naturwissenschaftliche Logik schließt somit alles aus, was unsere lebendige Wirklichkeit ausmacht.

Der Denkrahmen des Neuzeit[41] (nach Herbert Pietschmann)

schießt ein:	schließt aus:
Reproduzierbares	Einmaliges
Quantifikation	Qualitäten
Analyse	Synthese, Vernetzung
Eindeutigkeit	Offenes, Buntes
Widerspruch	Lebendiges, Konflikte
Kausale Begründung	Wollen, Kreativität

Naturwissenschaft ist die ungemein erfolgreiche Methode, Materie in Raum und Zeit zu erforschen. Wenn es jedoch um Lebendiges geht, ist naturwissenschaftliches Denken nicht zuständig. Ludwig Wittgenstein sagt es in seinem Tractatus (6,52), unsere Lebensprobleme haben nichts mit den Fragen der Wissenschaft zu tun.

Naturwissenschaft ist eine Methode, Fragen an die Natur zu stellen, wobei jede Antwort neue Fragen aufwirft. Aus dieser Methode haben wir – vom Erfolg der Methode verführt – ein Weltbild gezimmert, bzw. unser Weltbild im Sinne dieser Methode unzulässig reduziert, womit Naturwissenschaft zur Ideologie degeneriert ist. Naturwissenschaft ist eine Methode, einen Ausschnitt der Wirklichkeit zu erforschen. Diesen Ausschnitt als unsere „Welt" zu bezeichnen (Materialismus), ist unzulässig und naiv. Wie aus der obigen Darstellung des westlichen Denkrahmens durch Herbert Pietschmann

---

[41] Herbert Pietschmann: Das Ganze und seine Teile. Neues Denken seit der Quantenphysik. Ibera/European University Press 2013, S. 30

hervorgeht, wird dadurch alles Lebendige, Einmalige, Komplexe, Kreative, nicht Reproduzierbare ausgeschlossen – und damit die Welt, in der wir leben. Naturwissenschaft vereinfacht, um berechenbar zu machen. Das heißt aber auch, dass Experimente die natürliche Komplexität so weit vereinfachen, dass eine Konstellation untersucht wird, die so in der Natur gar nicht vorkommt. Es müssen Parameter so weit reduziert werden, dass sie überschaubar und berechenbar werden. In der freien Natur wechselwirken diese Parameter mit unzähligen anderen in der näheren und ferneren Umwelt, nichts ist so isoliert, wie es im Experiment sein muss. Die naturwissenschaftliche Methode untersucht somit nicht die Natur, sondern isolierte Situationen, die so in der Natur nicht vorkommen. Sie dienen aber der Theoriebildung, auf Basis derer man Voraussagen machen kann. Danach versucht man zu beobachten, ob diese Voraussagen, allerdings wieder nur in isolierten Situationen (Experimenten), zutreffen oder nicht.

Soweit die ungemein bewährte Methode. Für ein allgemeines Weltbild ist das aber ungeeignet, denn – siehe Wittgenstein – unser Leben wird dadurch nicht einmal berührt. Ein Weltbild, in dem das eigentlich Menschliche ausgeschlossen bleibt, kann nicht das Ganze sein. Statt zu sagen, hier haben wir eine wunderbare Methode, um das Materielle – das für alle Menschen in gleicher Weise Gültige – zu untersuchen (und für alles andere haben wir verschiedene andere Methoden), haben wir uns an den bedingten Reflex gewöhnt, dass dieses Materielle „die Welt" ist. Das könnte zwar jedes Kleinkind widerlegen, aber wir haben uns schon derart daran fixiert, dass wir wie die Menschen in Platons Höhle (durch diese Ideologie) festgebunden vor den Schatten an der Höhlenmauer sitzen und diese Schatten für die ganze Wirklichkeit halten.

Dadurch sind wir selbst (geistig) unbeweglich und verspotten jeden, der sich von den Fesseln (dieser Ideologie) losgemacht hat und uns erklären will, dass es auch Lebendiges, Psychisches, Einmaliges, Komplexes, Kreatives, Unwiederholbares gibt – dass es eine Welt gibt, und nicht nur Schatten.

Fakten und Bedeutung

Seit Albert Einstein wissen wir, dass Materie und Energie äquivalent und daher ineinander umwandelbar sind. Nicht erst seit Sigmund Freud wissen wir, dass Träume eine Bedeutung haben. Seit C.G. Jung wissen wir, dass auch Ereignisse eine Bedeutung haben, dass es Synchronizität gibt, Ereignisse, die nicht kausal, aber von der Bedeutung her zusammenhängen. Aber immer noch glauben wir, dass ausschließlich „Fakten" real sind.

Ein Grund ist, dass die Wissenschaftsgläubigkeit zunimmt, aber die Beschäftigung mit Wissenschaft ausbleibt. Die Naturwissenschaft bis zum ausgehenden 19. Jahrhundert hat unser Weltbild bestimmt und das ist bis heute so geblieben. Mit der modernen Naturwissenschaft und deren Konsequenzen für ein wirklich modernes Weltbild beschäftigt sich kaum jemand, denn das passt nicht zum heutigen Denken, das immer noch der Naturwissenschaft des 19. Jahrhunderts verhaftet ist.

So glauben wir an Fakten, an Materie, an die Realität (von res = Ding), an das von aller Subjektivität losgelöste Objektive, und dass alles, was man nicht angreifen und messen kann, nicht wirklich ist. Das ist aber Glaube und Ideologie, denn die Naturwissenschaft selbst hat das längst widerlegt. Materie ist äquivalent Energie und die eigentliche Wirklichkeit ist etwas dahinter, das uns einmal als Teilchen/Ding/Objekt und ein anderes Mal als Welle/Energie/Feld erscheint. Dieses Dahinter entzieht sich unserer Vorstellung, lässt sich auch nicht messen, denn erst durch Messung entsteht das, was wir messen und das wir je nach Experiment Welle oder Teilchen nennen, weil wir keine anderen Begriffe haben.

Objektivität ist eine Fiktion, die im 20. Jahrhundert entlarvt wurde. *„Materie ist nicht materiell"*, sagt Hans-Peter Dürr[42], also nicht das, was wir uns als Materie immer vorgestellt haben und noch immer vorstellen. In der Welt der Elementarteilchen gibt es keine Teilchen, sondern nur Beziehung, nicht Beziehung von etwas, sondern nur Beziehung. Aber auch nicht Beziehung im Sinne von Wechselwirkung von zwei „Teilen", sondern so etwas wie Verbundenheit. Auch das ist unvorstellbar. Und wir werden die Welt nicht

---

[42] Hans-Peter Dürr: Das Lebendige lebendiger werden lassen. In: Lebensimpulse. Wege aus Abhängigkeiten. 8. Symposium der Paracelsus Akademie Villach. RHVerlag 2007

immer genauer kennen, wir werden sie nie genau kennen, weil wir nicht Ort und Bewegung von Teilchen gleichzeitig exakt messen können, sondern nur entweder den Ort oder die Bewegung (Heisenberg'sche Unschärferelation). Voraussagen können wir in der Quantenmechanik nicht mehr Einzelereignisse, sondern nur Wahrscheinlichkeiten.

Das ist in unserer Welt nur scheinbar anders. Je exakter wir etwas definieren (eingrenzen), desto weniger hat es mit der Natur zu tun. Wenn wir etwas definieren, dann grenzen wir es ein, grenzen aber gleichzeitig vieles aus. Analog zum Teilchen- und Wellenbild der Physik gibt es die Begriffs- und die Symbolsprache. Begriffe sind wie ein Vergrößerungsglas, mit dem man immer kleinere Ausschnitte der Wirklichkeit immer exakter definieren kann, und die immer weniger über die Wirklichkeit als Ganzes aussagen können. Symbole sind dagegen nicht exakt, sondern dunkel, erfassen aber das Ganze eines Phänomens. Es gibt so etwas wie eine logische Unschärferelation: Es geht nicht beides: entweder Exaktheit oder ein Bild des Ganzen. Wir haben uns für das exakte Teilchenbild entschieden, daher sehen wir immer mehr Details, aber verstehen das Ganze nicht mehr. Genau das steht hinter der Säkularisierung, dass die Fragen nach dem Ganzen nicht mehr gestellt werden (können).

Begriffe sind eindeutig, sagen aber wenig über einen Gesamtzusammenhang aus. Symbole sind vieldeutig und daher nicht exakt, aber vielsagend. Begriffe sind objektiv, weil wir von uns selbst abstrahieren. Symbole trennen nicht zwischen objektiv und subjektiv, wir sind immer involviert. Es gibt eine (objektive) Symbolbedeutung (Träume, Archetypen, Ereignisse), aber mit einer je subjektiven Interpretation, die für jeden eine andere Färbung hat. Es gibt somit zwar auch eine Psychologik, aber die ist nicht linear, sondern dem Leben entsprechend komplex und immer mehrdeutig. Sich in den Gesetzen der Komplexität (beispielsweise der Psychologie) zurechtzufinden ist natürlich weit schwerer als in abstrakt-linearen Zusammenhängen.

Wir brauchen neben der begrifflichen Logik eine andere, wellen- oder feldartige Logik, die weniger exakt, nicht eindeutig, sondern mehrdeutig, aber dafür umfassender ist. Und dabei ist zu beachten, dass die dahinterstehende Wirklichkeit (wie beim Teilchen- und Wellenbild der Physik) weder das eine noch das andere ist, sondern etwas ganz anderes, das nur einmal so und einmal anders erscheint.

Was wir oben als Begriffe bezeichnet haben, ist wissenschaftliche Sprache (der klassischen Physik), die sich von der Sprache des Alltags unterscheidet. Naturwissenschaft versuchte, ihre exakte Sprache der Mathematik anzunähern, was nie ganz gelingen kann. Die Sprache des Alltags hat sich im Wechselspiel mit der Umwelt gebildet und ist, was ihre Bedeutung anbelangt, nie exakt oder scharf definiert. Genau deshalb ist sie lebendig und bildet sich in der Beziehung zur Welt stets neu. Sie ist vom Erleben der Welt gar nicht zu trennen. Sie verbindet innere und äußere Erfahrung, und die Grenzen der Anwendbarkeit ihrer Begriffe sind nie ganz klar. *„Dies gilt selbst bei den einfachsten und allgemeinsten Begriffen wie Existenz oder Raum und Zeit. Daher wird es niemals möglich sein, durch rationales Denken allein zu einer absoluten Wahrheit zu kommen.“*[43] Für Werner Heisenberg ist es auch in der Physik unmöglich, die Grenzen der Anwendbarkeit der Begriffe zu bestimmen, die ihnen bei Ausdehnung des Wissens gesetzt sind. *„Das Beharren auf der Forderung nach völliger logischer Klarheit würde wahrscheinlich die Wissenschaft unmöglich machen.“*[44]

Da die moderne Physik (im Gegensatz zum „modernen“ Weltbild) mit beiden Bildern arbeitet, ist hier bereits klar, dass auch die Wissenschaft nicht mehr nur in exakten Begriffen zu begreifen ist[45]. Das rationale Begreifen scheint nur exakt und kann nur einen reduzierten Ausschnitt der Wirklichkeit erfassen. Der Mensch besteht jedoch nicht nur aus der analysierenden Ratio, sein Fühlen und Erleben gehen weit darüber hinaus[46]. Für Physiker ist das heute völlig klar, aber das Weltbild der Moderne ist das des 19. Jahrhunderts geblieben, das nur in Teilchen, Objekten, Begriffen denken kann und das Wellen- oder Feldartige ignoriert.

Was unser Leben betrifft: (Objektive) Fakten sind nicht alles, sie haben auch eine (objektiv-subjektive) Bedeutung. So wie Teilchen sozusagen Materiepunkte sind und Wellen etwas im Raum Ausgebreitetes, so scheinen Fakten isolierte Tatsachen zu sein, und Bedeutung hat mit etwas zu tun, das nicht isoliert werden kann, sondern

43 Werner Heisenberg: Physik und Philosophie. Ullstein 1970, S 71

44 Ebda, S. 65

45 Hans-Peter Dürr: Auch die Wissenschaft spricht nur in Gleichnissen. Herder spektrum, 3. Aufl. 2004

46 Hans-Peter Dürr, Marianne Oesterreicher: Wir erleben mehr als wir begreifen. Quantenphysik und Lebensfragen. Herder spektrum, 5. Aufl.2001

kontextabhängig mit allem zusammenhängt. Dinge und Ereignisse hängen kausal zusammen, hier Ursache, da Wirkung. Das eine lässt sich auf das andere zurückführen. Aber selbst in der Physik gibt es Nichtlokalität, wie die berühmten Experimente mit verschränkten Teilchen zeigen. Etwas, das hier passiert, hat im selben Moment Auswirkung (und selbst dieser Begriff ist bereits falsch) auf das Zwillingsteilchen, auch wenn es sich am anderen Ende des Universums befindet. Die „Teilchen" sind nämlich nicht wirklich zwei, sondern sie reagieren als eines. Zusammenhänge müssen nicht kausal sein, nicht einmal in der Physik.

In der Psychologie gibt es das auch, C. G. Jung nannte das Synchronizität, Ereignisse, die (in ihrer Bedeutung) zusammenhängen, ohne dass es einen kausalen Zusammenhang gibt. Wie schön wäre es, könnten wir lernen, nicht nur die Fakten, sondern auch den Kontext, die Bedeutungen zu sehen und zu lesen. Objekte sind nur scheinbar isolierte und nur scheinbar statische Phänomene, deren Bedeutung ist kontextabhängig, das heißt eher wellen- oder feldartig und dynamisch.

Wie die moderne Physik den Physikalismus widerlegt

Naive Materialisten oder Naturalisten geben heute immer vor, nur an Naturwissenschaft zu glauben. Leider spielt diese da so gar nicht mit. Wir leben in einer säkularen Zeit, wir berufen uns auf die Aufklärung – auch wenn da viele Köpfe gerollt sind und bei genauerem Hinsehen die Aufklärung nicht hinter uns, sondern vor uns liegt – und selbstverständlich auf die Naturwissenschaft. In deren Namen lassen sich alle, die nicht so recht an die Reduktion auf Naturwissenschaft glauben wollen, verächtlich machen. Da hilft es auch nichts, ihnen zu erklären, dass Naturwissenschaft eine Methode ist, die Materie zu erforschen, und nicht, „die Welt" zu erklären. Denn die ist für diese „Realisten" eben nur das, was die Physik erklären kann.

Der Hintergrund des Problems liegt – wie bei vielen Problemen – nicht in der Physik, sondern in der Philosophie, nämlich in der Idee des Atoms bei Demokrit. Dieser meinte, dass alles Seiende aus Atomen, das sind unteilbare, nicht zusammengesetzte „Teilchen", bestehen müsse. Die wären das eigentlich Wirkliche, und deren Bewegungen könnten vorausberechnet werden. Diese Vorausberechenbarkeit führte dann bei René Descartes und vollends bei Julien Offray de La Mettrie zum Begriff der Determiniertheit allen Seins. Wenn wir von einem Planetensystem Masse, Ort und Geschwindigkeit kennen, dann ist es möglich, für jeden vergangenen oder zukünftigen Zeitpunkt den genauen Standort zu berechnen. Und wenn alles aus kleinsten Bausteinen aufgebaut ist, dann gilt das auch für diese und damit für alles, was aus diesen Bausteinen aufgebaut ist. Das würde heißen, alles ist mechanisch determiniert. Descartes hat das auch auf die Tierwelt ausgedehnt, auch Tiere seien biologische Maschinen. La Mettrie dehnte das folgerichtig auch auf das Tier Mensch aus. Auch der Mensch ist nichts als eine Maschine, und wenn nicht vorhersehbar ist, was er im nächsten Augenblick tun wird, dann nur, weil er so kompliziert ist, dass nicht alles über ihn bekannt sein kann. Aber prinzipiell wäre es – laut materialistischer Naturphilosophie – möglich. Der freie Wille wird damit zur Illusion, und in diesen Bahnen denken die „modernen" Hirnforscher immer noch.

Damit wird alles ausgeschlossen, was darüber hinaus jemals über den Menschen gesagt wurde, und das legitimiert diese materialistischen Naturphilosophen dazu, alles lächerlich zu machen, was über diese Grundannahme hinausgeht. Nur haben sie damit die Rechnung ohne die Physik gemacht, auf die sie sich berufen. Es wurde nämlich das Atom entdeckt, auch wenn es nicht das Atom des Demokrit, sondern weiter teilbar war. Man wusste aber auch bald, woraus das Atom aufgebaut ist: Atomkern und Elektronenhülle, Proton, Neutron und Elektron. Und es gibt wirklich so etwas wie nicht zusammengesetzte Teilchen (ob wir die schon kennen, ist eine andere Frage). Nur ist das nicht mehr Teilbare eben kein Teilchen mehr im herkömmlichen Sinne. Was aber entscheidend ist: Man hat ein völlig neues Gebiet der Wirklichkeit erschlossen, das der Mikrophysik. Und das Erstaunlichste: Hier herrschen völlig andere Gesetze als die bisher bekannten der klassischen Physik.

Wenn im (materiellen) makroskopischen Bereich deterministische Gesetze herrschen, dann im Mikrobereich statistische Gesetze. Hier gibt es keine determinierenden Gesetze, sondern nur noch statistische. Haben wir beispielsweise einen Haufen Radiumatome, dann kann jeder Physiker berechnen, wie viele davon zu einem bestimmten Zeitpunkt zerfallen sind. Nehmen wir ein einzelnes Radium-atom, können wir darüber gar nichts sagen. Es kann in der nächsten Sekunde zerfallen oder nach 100 Jahren noch immer bestehen. Das geschieht nicht kausal, sondern völlig spontan. Naturwissenschaftliche Theorien werden daran gemessen, dass sie gültige Voraussagen machen können. Für das Kollektiv der Radium-atome geht das auch, für das einzelne Atom aber ist es prinzipiell unmöglich. Dessen Zerfall geschieht spontan, und es gibt und wird nie eine Regel dafür geben. Angesichts dieser Spontaneität im Mikrobereich sagte Werner Heisenberg: *„Die Quantenphysik hat die definitive Widerlegung des Kausalitätsprinzips erbracht"*[47].

Das ist deshalb so schwer zu glauben, nicht weil wir naturwissen-schaftlich denken, sondern weil das einer mehr als zweitausend Jahre alten Denktradition widerspricht. Wir haben es hier mit einem ursachelosen Geschehen zu tun, das nicht zum Gegenstand von Voraussagen gemacht werden kann. Es gibt im Mikrobereich keine Determinierung des Einzelgeschehens. Die Vorstellung von uhr-werksmäßigen Maschinen ist damit ein für alle Mal widerlegt.

Wenn Descartes die Determiniertheit auf die Tierwelt ausgedehnt und La Mettrie folgerichtig auch den Menschen einbezogen hat, dann kann und muss man das heute abschmettern mit der Tatsache, dass es sogar im physikalischen Bereich schon Spontaneität und prinzipielle Nicht-Vorausberechenbarkeit gibt. Also nichts da mit Uhrwerk und Maschine. Das heißt nichts anderes, als dass das mechanistische Weltbild durch die Physik widerlegt ist. Niemand, der ein mechanistisches, naturalistisches Weltbild vertritt, kann sich auf die Physik berufen, allenfalls auf die klassische Physik vor 1900. Wir können nicht mehr von einer mechanischen physikali-schen auf eine mechanische organische Welt schließen, sondern die im mikrophysikalischen Bereich erwiesene Spontaneität muss im Organischen eher in gesteigerter Form angenommen werden.

Die alte Behauptung, der Mensch sei bloß eine Maschine, ist naturwissenschaftlich falsch. Eine materialistische Naturphilosophie steht nicht im Einklang, sondern im Widerspruch zur heutigen natur-wissenschaftlichen Erkenntnis.

---

[47] Zit. in Pascual Jordan: Die weltanschauliche Bedeutung der modernen Physik. In: Hans-Peter Dürr (Hrsg.): Physik & Transzendenz. Driediger Verlag, 2. Aufl. 2012, S 183

Die Existenz des Mondes
und die Konsequenzen der Quantentheorie

Manche Experimente der Quantenphysik scheinen unser Weltbild auf den Kopf zu stellen. Sie enthält Paradoxien, die jeglicher gewohnten Anschauung widersprechen, jedoch nie widerlegt werden konnten. Auch nicht von Albert Einstein. *„Existiert der Mond auch dann, wenn keiner hinsieht?"* So Einsteins provokante Frage an Niels Bohr. Diese Frage wird aber bis heute diskutiert.

Niels Bohr betonte, dass wir in der Quantentheorie nicht immer davon ausgehen dürfen, dass die Dinge, die wir beobachten, auch tatsächlich vor der Beobachtung existieren oder so existieren, wie wir sie beobachten. Die Beobachtung hat einen Einfluss auf die Existenz gewisser Systeme. Die Realität, die uns umgibt, existiert nicht unabhängig von uns. Man beachte den Unterschied zwischen „existieren" und „existieren, wie wir beobachten"!

Nehmen wir wieder einmal das berühmte Doppelspaltexperiment: Licht trifft auf eine Platte, in der zwei Spalten angebracht sind, die sich öffnen und schließen lassen, und wird dann weiter hinten auf einem Detektor registriert. Ist ein Spalt geöffnet, zeigt sich dahinter ein Lichtstreifen. Ist der andere Spalt geöffnet, ebenfalls, nur etwas verschoben. Sind beide Spalten geöffnet, erwartet man gewohnheitsmäßig zwei solche Lichtstreifen dicht nebeneinander. Dem ist aber nicht so, sondern es zeigt sich ein regelmäßiges Streifenmuster, ein Interferenzmuster, wie es bei Wellen auftritt. Licht hat also Wellencharakter. Endgültig paradox wird es aber, wenn man einzelne Lichtquanten, also eigentlich „Lichtteilchen", auf die Spalten schießt. Diese können dann ja als Teilchen nur entweder durch den einen oder den anderen Spalt durchgehen, und das kann nur dahinter die zwei schon vorher erwarteten Lichtstreifen ergeben. Aber wieder ist dem nicht so, sondern es entsteht das Interferenzmuster. Genau genommen bildet sich jeder Lichtquant als heller Punkt auf dem Detektor ab, wie das zu erwarten ist, aber wenn man genügend viele Lichtquanten abgegeben hat, dann ordnen sich diese Lichtpunkte als Interferenzmuster an. Das übersteigt unsere Vorstellungskraft. Einzelne Teilchen können nur durch den einen oder den anderen Spalt gehen, und so können sie nur die zwei zu erwartenden Lichtstreifen bilden. Bei einem Interferenzmuster müssten die einzelnen Teilchen entweder durch beide Spalten gleichzeitig gehen, um mit sich selbst interferieren zu können, oder sie müssten „wissen", dass der zweite Spalt auch offen ist, um mit den anderen „Teilchen" zu interferieren. Beides ist absurd. Das ändert aber nichts daran, dass es genauso ist.

Nach der Kopenhagener Deutung der Quantenmechanik darf man von einer Eigenschaft nur dann sprechen, wenn sie tatsächlich im Experiment beobachtet wird. Wenn kein Experiment durchgeführt wird, um zu schauen, welchen Weg ein Teilchen nimmt, dann existiert der Weg nicht als Element der Wirklichkeit. So die Sprachregelung der Kopenhagener Deutung.

In der klassischen Physik (und unserer gewohnten Lebenswelt) kann man einen Vorgang exakt berechnen, wenn man alle Bedingungen kennt. Etwa die Bahn einer Pistolenkugel, wenn man die Stellung der Pistole, die Geschwindigkeit der Kugel, den Luftwiderstand usw. kennt. Dann kann man die Flugbahn und den Einschusspunkt berechnen. Nicht so im Mikrokosmos. In unserem Doppelspaltexperiment sind die Ausgangsbedingungen für jedes einzelne Teilchen dieselben. Und doch trifft jedes „Teilchen" an verschiedenen Orten auf. Wenn genügend viele „Teilchen" registriert wurden, ergibt sich das für Wellen typische Interferenzmuster.

Bringt man nun unmittelbar hinter den Spalten Detektoren an, um zu messen, wo die Teilchen jeweils „wirklich" durchgegangen sind, dann stellt man tatsächlich fest, durch welchen Spalt die Teilchen durchgegangen sind – und das Interferenzmuster verschwindet. Es zeigen sich die ursprünglich erwarteten zwei Lichtstreifen. Interferenzmuster treten nur dann auf, wenn nicht gemessen wurde und keine Information darüber vorliegt, welchen Weg das Teilchen genommen hat.

Damit sind wir bei unserer Ausgangsfrage: Existiert der Mond, wenn niemand hinsieht? Oder allgemeiner formuliert: Kreiert das Bewusstsein die Welt, die wir wahrnehmen? Der Schlüssel zum Verständnis der Wirklichkeit ist für Anton Zeilinger[48] die Frage nach der Bedeutung der Information, die für ihn fundamentaler ist als der naive Begriff von Materie. Jedes Objekt ist einerseits definiert durch die Zutaten, aus denen es besteht, andererseits aber durch die Information, wie diese angeordnet sind. Das Periodensystem der Chemie ergibt sich durch die Anordnung der Moleküle, die Atome ergeben

---

[48] Anton Zeilinger: Einsteins Schleier. Die neue Welt der Quantenphysik. C.H. Beck Verlag, 2. Aufl. 2003, S. 207 ff. Zeilinger geht so weit, Information und Wirklichkeit gleichzusetzen.

sich durch die Anordnung der Elementarteilchen. Entscheidend ist, wie Atome in den Molekülen angeordnet sind und wie die Moleküle eine komplexere Struktur aufbauen. Und das ist nach Zeilinger die Information, die in dem System steckt. Dabei sind die Kohlehydrate eines Hamburgers dieselben wie die einer Blume. Es ist nur die Information der Anordnung, die den Hamburger ausmacht, und nicht bloß die Substanz, aus der er besteht.

Zeilingers berühmte „Teleportationsexperimente" transportieren keine Substanz, sondern Information, die offenbar nicht-lokal ist, d.h. unabhängig von Raum und Zeit. Der Begriff „transportieren" ist somit schon falsch. Daher beeinflusst die Eigenschaft eines Teilchens augenblicklich die des anderen „Zwillingsteilchens". Wieder ist das Wort „beeinflusst" bereits falsch. Niels Bohr interpretierte das so, dass diese geteilten Teilchen nach wie vor ein einheitliches Ganzes bilden. Erwin Schrödinger vermutete (in seinem philosophischen Bekenntnis „Meine Weltansicht"), dass es nur ein einheitliches Bewusstsein gibt, von dem wir alle nur ein Teil sind. Das allerdings ist ein Sprung von der Physik in die (asiatische) Philosophie.

So gibt es auch heute Physiker, Hobbyphysiker und Laien, die meinen, dass das Bewusstsein die Quanten beeinflusst, und sie behaupten, dass sie das aus dem Doppelspaltexperiment ableiten. Dabei übersehen sie diese Schritte vom Experiment und der Messung über die Information zum Bewusstsein, wobei die Messung das Entscheidende ist und nicht das Bewusstsein des Experimentators, der den Vorgang (hinterher) registriert. Das Experiment läuft nämlich genauso ab, auch wenn niemand im Raum ist und beobachtet. Dadurch unterschlagen sie die Unterscheidung von Physik, Psychologie und Philosophie. Denn so einfach formuliert ist das nichts anderes als ein mentaler Kurzschluss. Nämlich zwischen der Welt der Quantenphysik (des Mikrokosmos) und der Welt, in der wir leben und uns bewusst sind und in der die klassische Physik „gilt".

Tatsächlich ist eine der interessantesten Fragen die, wo die Grenze zwischen diesen beiden Bereichen liegt. So wurden bereits Teleportationsexperimente bzw. Experimente zur Verschränkung durchgeführt mit Photonen, Elementarteilchen und sogar mit bestimmten Molekülen. Es wurde noch kein „Grenzposten" gefunden.

Jeder konstruierte Zusammenhang zwischen Quanten und Bewusstsein unterschlägt die Tatsache, dass es nicht um Bewusstsein, sondern um Messung geht. Messung ist in diesem Fall Wechselwirkung zwischen Elementarteilchen. Daher die Antwort auf die Eingangsfrage vorweggenommen: Selbst wenn niemand den Mond sieht, gibt es Abermilliarden Wechselwirkungen, die dem Mond seine Existenz sichern. Er muss also nicht um seine Existenz fürchten, wenn niemand zu ihm aufschaut.

So nimmt auch das Bewusstsein keinen Einfluss auf die Quanten, sondern wird sich nur der Messergebnisse bewusst. Allerdings stellt sich zwischen Messung und Bewusstsein die Frage: Was ist Information? Und diese Frage betrifft auch unsere Lebenswelt und nicht nur die der Mikrowelt. Das Problem ist also nicht, wie das Bewusstsein die Quanten beeinflusst, sondern wie unsere Wahrnehmung der Welt funktioniert. Dabei machen uns die Ergebnisse der Quantenmechanik darauf aufmerksam, dass es keine „objektive" Wahrnehmung (keine Erfahrung unabhängig vom Subjekt) geben kann. In der Quantenmechanik kann man nicht mehr von einer Realität unabhängig von der Versuchsanordnung sprechen. Messung beeinflusst das Gemessene, Hinschauen (was ja auch ein Messen ist) beeinflusst das Gesehene. Der Mond existiert also immer noch, auch wenn niemand hinschaut, aber wie er existiert, darüber kann dann auch niemand irgendeine Aussage machen.

Was wir eindeutig sagen können: Wir sehen die Welt nicht so, wie sie ist, sondern wie sie unserem Sehen und Wahrnehmen entspricht. Damit wird augenfällig, dass wir mit dieser Aussage nicht mehr nur im Feld der Physik sind, sondern auch in dem der Psychologie. Philosophen werden jetzt auf Kant verweisen, auf die Bedingungen der Möglichkeit von Erkenntnis und sein Ding an sich, über das wir nichts wissen können. Nach dem Weg über die Physik können wir sagen, dass dieses Ding an sich kein Ding ist. Quanten sind keine Dinge/Objekte (Teilchen), sondern weder Teilchen noch Welle.

Die (Tiefen)Psychologie ist sozusagen das Wellenbild der (inneren) Wirklichkeit, im Gegensatz zum (komplementären) Teilchenbild der klassischen Physik. Teilchen und Welle sind in der Quantenmechanik „dasselbe", genauer gesagt, sie gehören komplementär zusammen als zwei völlig verschiedene Anschauungen. So kann man auch sagen, dass Physik und Psychologie komplementär zusammengehören, quasi als die Außen- und Innensicht der Welt. Wer den Briefwechsel zwischen Wolfgang Pauli und C.G. Jung kennt, der weiß, dass sich die beiden um genau diese komplementäre Sicht von Physik und Psychologie bemüht haben.

Der allzu einfältige Kurzschluss zwischen Quanten und Bewusstsein lässt sich vermeiden, wenn man die Frage nach der Information und das weite Feld der Tiefenpsychologie dazwischen betrachtet. Außerdem wird klar, dass die sogenannte „Quantenphilosophie" – soweit sie eine direkte Wechselwirkung zwischen Quanten und Bewusstsein postuliert – bei der Wechselwirkung zwischen zwei Entitäten stehen bleibt, was sie als dem Teilchenbild verhaftet entlarvt. Sie berücksichtigt daher genau das nicht, was sie großartig zu erklären vorgibt: die Quantentheorie.

Die tatsächliche Konsequenz der Quantentheorie ist die, dass wir uns von der bisherigen Vorstellung von Materie verabschieden müssen. Materie entsprechend dieser naiven Vorstellung „gibt es nicht" (Hans-Peter Dürr). Materie als bloßes „Material" gibt es im ganzen Weltall nicht, sondern ist immer verbunden mit Information, wie die „Teilchen" (die es so, wie wir sie uns bisher als „Objekte" vorgestellt haben, auch nicht gibt) angeordnet sind.

Jedenfalls ist die Frage nach der Natur der Wirklichkeit eine offene Frage, zu der es auch unter Physikern verschiedene Meinungen gibt. Wirklichkeit hat jedenfalls nichts mit einer dinglichen, objektiven „Realität" (res = Ding) zu tun, sondern mehr mit (der „quantenmechanischen Überlagerung – Superposition – aller) Möglichkeiten. Eine dingliche, objektive Realität entsteht erst durch Messung, oder in unserer Lebenswelt durch das Hinschauen, oder vielleicht besser: durch die Art des Hinschauens.

Auch wenn wir im Doppelspaltexperiment einzelne Lichtquanten verschießen, wissen wir gar nicht, was wir da ins System einbringen. Denn auch diese Lichtquanten sind keine „Teilchen", sondern äquivalent Wellen, oder genauer: keines von beiden. Was wir auf der Fotoplatte sehen, entspricht noch am ehesten den Quantenphänomenen: Teilchen mit Wellencharakter. Versucht man, den Weg zu bestimmen – den es vorher nicht „gibt" –, dann geht der Wellencharakter verloren und es scheinen Teilchen zu sein.

In unserer Lebenswelt sind wir zumindest seit der Naturwissenschaft auf das Teilchensehen konditioniert. Wir glauben, isolierte Dinge/Objekte zu sehen und zu berechnen, die aufeinander einwirken. In „Wirklichkeit" gibt es gar keine isolierten Objekte. Der Objektbegriff ist eine Abstraktion. Wir halten uns selbst für isolierte Subjekte, und auch das ist genau genommen falsch. Nicht einmal der menschliche Körper hört an der Körperoberfläche auf. Da gibt es noch Wärmestrahlung, Atmung und alle möglichen Wechselwirkungen mit der Umwelt. Das Hirn ist kein „Zentralorgan"[49], sondern bildet mit dem Leib und der Umwelt eine Funktionseinheit, bei der man unterscheiden muss, aber nicht trennen darf, ohne das Lebewesen Mensch aus den Augen zu verlieren. Auch der Mensch ist quasi gleichzeitig Teilchen (Körper, Ich) und Welle (Beziehung, Zusammenhang), nicht lokal-isoliert, sondern ein zusammenhängendes, nicht-lokales Feld. Letzteres bezeichnen wir gewöhnlich als Psyche. Im Bereich der (toten) Materie ist das Elementare nicht ein Teilchen (die kleinsten „Bausteine" der Welt, die man noch im 19. Jahrhundert gesucht hat), sondern Wechselwirkung. Im Bereich des Lebendigen ist das Elementare nicht Ich und Du, sondern Beziehung, oder – wie Hans-Peter Dürr präzisiert – Verbundenheit.

Man kann sich die Komplementarität (von Teilchen und Welle, Materie und Psyche) vorstellen wie die bekannten Kippbilder, etwa das Bild, in dem man entweder eine alte Frau oder ein junges Mädchen sehen kann. Mit einiger Übung kann man zwischen den beiden Bildern umschalten. „Objektiv" ist es aber nur ein Bild und nicht zwei. Wir können aber nur entweder das eine oder das andere sehen, nicht beide gleichzeitig, was der Wirklichkeit des Bildes entsprechen würde.

„Die toten Sachen haben noch eine Beziehung, und die nennt man Wechselwirkung. Die lebendigen haben eine Beziehung, die nur zum Teil mit Wechselwirkung beschrieben werden kann. Das ist vornehmlich Verbundenheit. Verbundenheit mit Differenzierung. Wenn ich öfter gesagt habe, alles ist Beziehung, dann habe ich eigentlich Verbundenheit gemeint. Eine Beziehung, bei der ich nicht gleichzeitig auf A und B reflektiere, sollte ich besser neutral ‚Verbundenheit' nennen. Verbundenheit meint ‚nicht-fragmentierbar'. Und die Beziehungsstruktur ist dann die Art und Weise, wie wir darüber reden. Das ist schon Reduktionismus."[50]

[49] Hans Jürgen Scheurle: Das Gehirn ist nicht einsam. Resonanzen zwischen Gehirn, Leib und Umwelt. 2. überarb. Aufl., Kohlhammer Verlag 2016

[50] Hans-Peter Dürr: Wir erleben mehr als wir begreifen. S. 150

„Quantenlogik"

Physiker fragen, wo die Grenze zwischen Mikro- und Makrokosmos verläuft. Es ist aber anzunehmen, dass es diese Grenze als Grenze nicht gibt, sondern es eher ein fließender Übergang ist. Nur was das bedeutet, ist noch offen. Weniger seriöse Gemüter fragen, wie das Bewusstsein die Quanten beeinflusst, oder umgekehrt – wobei sie dann weder Physik noch Psychologie oder Philosophie betreiben. Aber worum geht es eigentlich? In der Physik geht es nicht um die „Welt", sondern um unsere Sicht der Welt. Es geht nicht um die „Welt", sondern darum, was wir über die „Welt" wissen können. In der Quantentheorie wird das ganz deutlich. Da gibt es einerseits die mathematischen Formulierungen, und die sind bewährt wie noch keine Theorie zuvor. Das Problem dabei ist, dass wir immer noch nicht wissen, was diese Formulierungen bedeuten. Seit der Kopenhagener Deutung der Quantenphysik geht es nämlich – wie in den Geisteswissenschaften – nicht (nur) um Fakten, sondern um deren Interpretation. Bei dieser gibt es meist keine Einigkeit unter den Experten, und das ist auch in der Physik nicht anders. So ist zum Beispiel der alte Streit um die Objektivität zwischen Einstein/Schrödinger auf der einen und Bohr/Heisenberg auf der anderen Seite nicht beigelegt, sondern wird zum Teil heftiger geführt als damals.

Die klassische Physik „beschreibt" unsere Lebenswelt mit verfeinerten Instrumenten. Mit den subtilsten Instrumenten trifft man aber auf eine „Welt", die nicht mehr unserer Lebenswelt entspricht, eine „Welt", in der andere Gesetze gelten, die dem gewohnten Denken absurd erscheinen müssen. Dumm nur, dass diese absurde Welt mit ihren absurden Gesetzen unserer vertrauten „Welt" zugrunde liegt. Wenn also Einstein und Nachfolger nach einer einheitlichen Theorie von allem, einer „theory of everything" such(t)en, dann kann das keine Theorie von allem sein, weil sie nur die materielle Seite der „Welt" erklären würde. Eine wirkliche „theory of everything", die auch hält, was sie verspricht, müsste die Welt, in der wir leben, einbeziehen. Das wäre dann auch keine physikalische, sondern eine Formel, die das gesamte Fächerspektrum – alle möglichen Sichtweisen auf „Welt" – umfassen müsste.

Da wäre dann nicht die Frage, wie zwei Dinge, zwei Entitäten – Bewusstsein und Quanten – zusammenhängen, denn das wäre die Logik des 19. Jahrhunderts. Das Problem ist ja, dass Quantenphänomene gar keine „Dinge" sind. Die entscheidende Frage wäre: Haben wir vielleicht unsere Lebenswelt bisher allzu einäugig betrachtet? Naturwissenschaft hat nichts mit unseren Lebensproblemen zu tun (Wittgenstein), aber unser gängiges Weltbild ist (wohl auch wegen des großen Erfolgs der Naturwissenschaft) an die Physik angelehnt – allerdings noch immer an die klassische Physik des 19. Jahrhunderts. Klar, dass dieses pseudonaturwissenschaftliche Weltbild völlig ungeeignet ist, unsere Lebenswelt zu erklären, die ja mit Naturwissenschaft nichts zu tun hat, außer dass die Technik, die unseren Alltag bestimmt, ohne Quantentheorie nicht existent wäre.

Wir bemerken das nicht, weil die Oberfläche, die Außenseite unserer Welt materiell ist. Und so wie die Bedingung der klassischen Physik war, das Subjekt aus allem herauszuhalten, so ignorieren wir im gängigen Weltbild die subjektive Innenseite der Welt. So halten wir uns selbst aus allem heraus, verdrängen die Psyche als Innenseite der Welt, ignorieren die Tiefenpsychologie (und Psychotherapie), die sich mit den eigentlichen Lebensproblemen (siehe wieder Wittgenstein) befasst. Umgelegt auf das Bildungssystem bedeutet das: Wir lernen alles über die „objektive" Außenwelt und nichts über die „subjektive" Innenwelt, nichts über das Leben, nichts über uns selbst.

Nun hat aber genau die Physik, an die sich dieses materialistische Weltbild anlehnt, zur Kenntnis nehmen müssen, dass diese „objektive" Sicht der Welt nur die halbe „Wahrheit" ist. Dass man damit nicht einmal die materielle Oberfläche der Welt erklären kann. Sogar die Festigkeit der Materie ist mit dem mechanistischen Denkrahmen der klassischen Physik nicht erklärbar[51]. Es gibt keine Welt unabhängig vom Beobachter. Es ist unmöglich, das „Subjekt" aus der Wissenschaft und aus dem Weltgeschehen herauszuhalten. Das Messen verändert bereits das Gemessene, und wir müssten uns eingestehen: Auch das Hinschauen – das ja auch ein Messen ist – verändert das, was wir sehen und was wir „Welt" nennen.

Damit übertragen wir nicht die Quantenwelt auf unsere Lebenswelt und beziehen Bewusstsein auf Quanten, sondern lassen uns von der Quantentheorie aufzeigen, dass unser bisheriges Denken, unsere bisherige Logik nicht in der Lage ist, die „Welt" zu erklären. Dass sie nicht einmal in der Lage ist, die Materie, geschweige denn

---

[51] „Die Festigkeit der Materie ist im mechanistischen Denkrahmen nicht zu verstehen!!" Herbert Pietschmann: Das Ganze und seine Teile, S. 90

unsere Lebenswelt zu erklären. Wir müssen uns mehr mit den logischen Konsequenzen der Quantentheorie beschäftigen. Im Detail heißt das zu fragen, was Komplementarität, Superposition, Zufall oder Verschränkung in unserer Lebenswelt bedeuten könnten? Einerseits kommt da nichts Neues (etwa eine Beziehung zwischen Quanten und Bewusstsein) dazu, sondern nur eine neue Perspektive, andererseits zeigt uns das, dass unsere bisherige Sicht der „Welt" unzureichend und nur eine grobe Annäherung war.

Der erste Teil des Doppelspaltexperiments ist ein gutes Bild unserer Lebenswelt: Wir möchten die Welt gewohnt als Ansammlung von Dingen/Objekten sehen, sie zeigt aber trotzdem ein Interferenzmuster, die „Teilchen"/Dinge/Objekte bilden ein wellenartiges, nicht lokal begrenztes Interferenzmuster. Im gewohnten Weltbild sehen wir aber nur die einzelnen Punkte, nicht das Muster als gesamtes – obwohl das auch da ist. Wir fühlen, dass unsere „Objekte" in ein feldartiges Beziehungsmuster eingebettet sind, und geben doch vor, nur Dinge (analog den einzelnen Lichtpunkten) zu sehen.

Der zweite Teil des Experiments liefert ein Bild des naiven Materialismus: Nur was wir messen, ist „real". Wir sehen dann aber auch tatsächlich nur mehr Teilchen/Objekte, und das Interferenzmuster der Wirklichkeit kollabiert. Dabei wird uns gar nicht bewusst, dass wir damit eine künstliche Situation geschaffen haben, die nur mehr den einen Teil der Wirklichkeit abbildet, den wir jetzt für DIE „Realität" halten. Das Wellen- und Beziehungsartige, das Teil der Wirklichkeit ist, verschwindet aus dem Blickfeld. Es geht damit wesentliche Information verloren.

Damit ist eine fiktive äußere „Welt" festgestellt im Sinne von fixiert, und die innere, wellenartige, subjektive, aber verbundene „Welt" wird ausgeblendet. Ganz folgerichtig wird die Tiefenpsychologie, die es auch seit hundert Jahren gibt, ignoriert und verdrängt. Geht es doch dabei um das Wellenartige, um das „Subjektive", nicht um materielle Wechselwirkungen, sondern um Zusammenhänge, um Beziehung – zu sich selbst, zu den anderen und zur Umwelt –, nicht um Dinge, sondern um (psychische) Felder. Nicht um eine „objektive" Außenwelt, sondern um die (für unsere Wahrnehmung) konstitutive und konstituierende, nicht-lokale Innenwelt. Konstituierend in demselben Sinne, wie die Quantenwelt konstituierend für unsere Lebenswelt ist.

Genauso wie es in der Physik nicht um die Welt geht, sondern um das Sehen der Welt, so geht es auch in unserer Lebenswelt nicht um diese Welt, sondern um die Wahrnehmung dieser Welt. Nicht um eine „objektive", materielle Teilchenwelt, sondern primär um das mögliche wellenartige Sehen dieser Welt – in einem Feld, das Subjekt (innen) und Objekt (außen) nicht als Wechselwirkung von „Dingen", sondern als lebendige Beziehung erfasst. In dieser Perspektive wird deutlich, dass das „objektive" Sehen (= Messen) die Wirklichkeit kollabieren lässt, genauso wie das Messen im Doppelspaltexperiment die Wellenfunktion kollabieren lässt und nur noch Teilchen sichtbar sind.

Die Quantenphysik legt den Finger in die Wunde eines alten philosophischen Problems: der Frage nach dem Teil und dem Ganzen. Man kann es nur als Komplementarität auflösen: Wenn wir auf die Teile fokussieren (was Naturwissenschaft tun muss), dann ist das Ganze weg. Und wenn wir das Ganze in den Blick bekommen möchten, dann gibt es keine Teile. Aber es braucht beide Sichtweisen, um Wirklichkeit beschreiben zu können.

Die wissenschaftliche Wahrnehmung muss fragmentieren, um Details erkennen zu können. Doch die Wirklichkeit hat keine Grenzen und keine Teile, sondern nur Übergänge. Die Teile entstehen erst durch das Hinschauen, durch das Messen. *„Die Begrenzung liegt nicht im Ganzen, sondern kommt durch uns, durch unser bewusstes Sehen hinein. Prinzipiell wird mir nichts vorenthalten. Aber durch meine begrenzte Wahrnehmung und Aufmerksamkeit betone ich immer nur ‚Teile‘ des Ganzen, der Wirklichkeit. Aber diese ‚Teile‘ sind nicht ‚Bestandteile‘, sondern gewissermaßen nur verschiedene Artikulationen des Potentiellen, die ich durch meine Art zu betrachten hervorhebe. ... Die augenfällige Begrenzung erfolgt durch die absichtsvolle oder erzwungene Beschränkung der Aufmerksamkeit und nicht durch eine Zerlegung des Ganzen."*[52]

Es ist wie bei den berühmten Kippbildern der Psychologie: Wir haben ein Bild vor uns, das wir aber als Ganzes gar nicht sehen können. Wir müssen uns auf das eine (z.B. die alte Frau) oder das andere (das junge Mädchen) fokussieren. Das Bild zeigt uns, dass es zwei Möglichkeiten des Sehens gibt. Umgelegt auf unser Sehen der Welt müsste es uns die Schamröte ins Gesicht treiben, dass wir bisher nur das eine Bild (das dingliche, objektive) gesehen und für das ganze Bild gehalten und dass wir das andere (das wellen-, feld- oder beziehungsartige) gar nicht gesehen, ignoriert oder verdrängt haben.

---

[52] Hans-Peter Dürr: Wir erleben mehr als wir begreifen. S. 127

Raum, Zeit und Bewegung

Kant hat Raum und Zeit zu Bedingungen der menschlichen Anschauung erklärt – nicht als Eigenschaften einer „objektiven" Welt. Newton sah, dass seine Bewegungsgleichungen nichts aussagten, solange er nicht definierte, was Zeit ist. Er tat es, aber völlig nichtssagend: *„Zeit ist, und sie tickt gleichmäßig von Moment zu Moment."* Einstein sah die Zeit als vierte Dimension, und das Ganze als Einheit, als Raumzeit. So revolutionär und für die meisten unverständlich das auch ist, diese Einheit gibt es seit Menschengedenken. Immer schon wird Zeit durch Bewegung und Bewegung durch Zeit erklärt. Was nichts anderes heißt, als dass man Zeit und Raum gar nicht trennen kann – und beides letztlich nicht versteht.

Es ist dem fragmentierenden Denken der Neuzeit geschuldet, dass Zeit und Raum als gesonderte Phänomene „gesehen" werden. Naturwissenschaft muss analysieren, fragmentieren, die Welt in kleinste Teilchen zerlegen. Was man dann erhält, sind abstrakte, isolierte Teilchen, die es so in der Natur gar nicht gibt. Man erhält Momentaufnahmen, wodurch Zeit und Bewegung – also jegliche Dynamik – eliminiert werden. Ziel ist in einem Bild, scharfe Standbilder eines Films zu extrahieren. Das ist dann aber festgestellte, gefrorene Wirklichkeit, in der Zeit, Bewegung und Leben eliminiert wurden. Einsteins Raumzeit bringt Raum und Zeit, zumindest mathematisch, wieder zum Vorschein und zusammen.

Dann kam Werner Heisenbergs Unschärferelation, eine der paradoxen Eigenschaften der Mikrowelt. Es ist unmöglich, gleichzeitig Ort und Impuls eines Elementarteilchens exakt zu berechnen. Die Ortsberechnung lässt den Impuls unscharf werden, die Geschwindigkeit lässt den Ort unscharf werden. Das ist, genau genommen, gar nicht so paradox, wie es auf den ersten Blick erscheint. Nach der klassischen Newtonschen Mechanik kann man von einer fliegenden Gewehrkugel, wenn alle Parameter (Ort, Geschwindigkeit, Luftbewegung usw.) bekannt sind, berechnen, wo die Kugel abgeschossen wurde, wo sie zu jedem Zeitpunkt „ist" und wo sie einschlagen wird. Was die Elementarteilchen betrifft, kann man nach der Unschärferelation gar nicht alle Parameter exakt kennen, so dass eine Berechnung der „Flugbahn" nicht möglich ist. Man kann nicht einmal von einer „Flugbahn" reden.

Aber ist das wirklich so ungewöhnlich? Hätte man von einer Gewehrkugel wirklich den Ort, dann ist die Bewegung sozusagen eingefroren und es ist keine fliegende Kugel mehr. Hätte man umgekehrt die Bewegung, dann könnte man nicht von einem „Ort" reden, der ja in dem Augenblick der „Festlegung" bereits wieder unaktuell ist. Erinnern wir uns: Naturwissenschaft – und auch die klassische Physik – ist nicht die Beschreibung der Welt, sondern einer konstruierten künstlichen Welt, aufgrund derer Voraussagen getroffen werden, die man an der Natur vergleicht. Genau genommen aber wieder nur an einem Experiment, das eine künstliche, isolierte Situation darstellt, die so in der Natur gar nicht vorkommt.

Man zerlegt sozusagen den Kinofilm in Standbilder, die zwar einzelne Details beschreiben, aber die Dynamik des bewegten Films nicht mehr erklären können. Und man „bringt die Bilder zum Laufen" durch eine reale Bewegung (nämlich die der Filmrolle), die man wieder nicht erklären kann. Was dadurch entsteht, ist keine bewegte Handlung, sondern eine Simulation dieser Bewegung, indem man die Standbilder so schnell ablaufen lässt, dass das Auge keine Aufeinanderfolge von Bildern mehr sehen kann, sondern eine vorgetäuschte Bewegung. Wenn wir den Film anhalten, dann haben wir ein Standbild – und der Film ist nicht mehr existent. Fazit: Wir wissen trotz aller naturwissenschaftlichen Erklärungsversuche nicht, was Zeit und Bewegung sind. Das uns so Selbstverständliche, der Ort von Objekten, ist in einer Welt der Veränderungen etwas durchaus Abstraktes. Einen Ort kann es nur näherungsweise geben, weil alles der Veränderung unterliegt.

Naturwissenschaft hat das Subjekt aus der Forschung vertrieben, damit man sich mit dem beschäftigen kann, was sich messen lässt. Messen kann man Zeit durch Bewegung, und Bewegung durch Zeit. Ein Zirkel, der nie angeben kann, was Zeit und Bewegung ist. Wir wissen seit Einsteins Relativitätstheorie, dass Raum und Geschwindigkeit zusammenhängen, dass die Geschwindigkeit Längen verändert. Seit der Quantenphysik wissen wir, dass man das Subjekt nicht aus der Wahrnehmung herausnehmen kann. Wir selbst sind aber auch keine statische Größe, sondern ebenfalls der Veränderung unterworfen. Daher können wir nicht zweimal in denselben Fluss steigen (Heraklit), der Fluss ist dann schon ein anderer und wir selbst ebenso. Das statische Sein (Parmenides) ist Metaphysik und nicht konkretes Leben.

Wir wissen als Erfahrungswert, dass Zeit und Erleben zusammenhängen. Wer auf etwas wartet, dem vergeht die Zeit unendlich langsam, wer liebt, dem vergeht sie unendlich schnell, und in manchen Augenblicken wird sie zur Ewigkeit. Die psychische Relativitätstheorie ist uns so vertraut, dass wir gar nicht darüber nachdenken. Die gemessene, naturwissenschaftliche Zeit hat im Leben keinerlei Bedeutung außer der, dass sie die Koordination unserer Aktivitäten ermöglicht. Alles andere ist individuelles Erleben. Das ist die pragmatische Seite. Die naturwissenschaftliche ist, dass es auch da kein gleichmäßiges „Fließen" der Zeit gibt, wie sich das Newton vorgestellt hat. Das heißt wiederum, dass Naturwissenschaft und Psychologie bis um 1900 als Außenwelt und Innenwelt schroffe Gegensätze waren. Seither müssten sie eigentlich eine Einheit bilden, weil sie komplementär aufeinander bezogen sind. Bis dahin war die Zeit objektiv gleichmäßig fließend, subjektiv war sie individuell variabel. Seit Einstein ist auch die „objektive" Zeit variabel, abhängig von der Lichtgeschwindigkeit und vom Koordinatensystem.

Was den Raum betrifft, so gibt es eben auch einen inneren, psychischen Raum, der im Vergleich zum äußeren Raum nicht-lokal ist und der Bewusstes und Unbewusstes enthält. In dem die gesamte Biografie gegenwärtig ist, bewusst und unbewusst. Unser gegenwärtiges Sein ist sozusagen die Superposition, die Überlagerung aller Erlebnisse und Erfahrungen. Im Gegensatz zum äußeren, dinglichen, objektiven Raum ist dieser innere Raum „wellenartig" oder „feldartig", daher braucht Psychologie eine andere Sprache. In der äußeren Welt finden wir uns zurecht durch definierte, abgegrenzte Begriffe (die eigentlich bloß Koordinaten darstellen und nicht Phänomene), in der Innenwelt durch Bilder und Symbole. Abstrakte Begriffe sind möglichst eindeutig, Symbole sind immer mehrdeutig.

Schon Albert Einstein war fasziniert von der Idee einer einzigen Weltformel, ist an dieser Idee aber letztlich gescheitert. Dazu müsste man auch sagen, dass eine physikalische einheitliche Weltformel, selbst wenn sie gefunden wäre, nicht die Einheit der „Welt" beschreiben könnte, weil – wie Erwin Schrödinger sagt – die „Welt" eben mehr ist als Teilchen in Raum und Zeit. Zur äußeren Welt gehört untrennbar die innere Welt, zur physikalischen Welt die psychische. Die Logik, die in der Quantentheorie liegt, weitergedacht, beziehen sich diese beiden Welten wieder komplementär aufeinander wie Teilchen und Welle. Die Vorarbeit dazu leisteten Wolfgang

Pauli und C.G. Jung in ihrem Briefwechsel. Mit Sicherheit wird die Zeit kommen, in der man Physik und Psychologie zwar unterscheiden muss, sie aber nicht mehr trennen kann.

Wolfgang Pauli war fasziniert von der Idee einer – wie er es nannte – neutralen Sprache, die für Physik und Psychologie gleichermaßen anwendbar wäre. Er begründete dies mit der Annahme, dass die von Jung entdeckten unanschaulichen Archetypen sich nicht nur in der Psyche, sondern auch in der Materie, nicht nur in der Psychologie, sondern auch in der Physik ausdrückten.

Zur Philosophie der Naturwissenschaft

Naturwissenschaft (NW) ist kein Weltbild, sondern eine Methode. Unreflektierte Pragmatik wird aber zur Ideologie. NW braucht somit Wissenschaftstheorie, die letztlich Erkenntnistheorie ist und eine Philosophie der NW voraussetzt.

Wir leben in einer Zeit der zunehmenden Polarisation, und diese geht auch an der NW nicht spurlos vorüber. NW wird zunehmend ideologisiert, Naturwissenschaftler versuchen, die Erklärungshoheit über die Welt an sich zu reißen, und fühlen sich berufen, einen Kreuzzug gegen die Religion zu führen. Das liegt aber nur an ihrem psychologischen und philosophischen Analphabetismus, an ihrer Weigerung, sich mit psychologischen, philosophischen und wissenschaftstheoretischen Fragen zu beschäftigen.

Isaac Newton wollte das Phänomen, dass ein Apfel zu Boden fällt und sich die Gestirne auf bestimmte Weise bewegen, mathematisch erklären. Er nannte das Gravitation. Einstein bemerkte, dass man Raum und Zeit nicht trennen kann, und erklärte dasselbe Phänomen mit der Raumkrümmung. Das ist etwas grundlegend anderes als das Fallen von Gegenständen und die Bewegung der Gestirne aufgrund der Anziehung. Da sollten wir doch hellhörig werden. Es geht in der NW nicht um die Erklärung der Welt, sondern unserer Sicht der Welt. Da geht es um grundverschiedene Blickwinkel, und völlig gegensätzliche Sichtweisen können durchaus richtig sein. Wer sich mit z.B. asiatischen Weltbildern beschäftigt, der weiß, dass sich die einer völlig anderen Logik bedienen, dass es aber auch um nichts anderes als um die Welt und den Menschen geht.

Der Kunstgriff der klassischen NW war es, die Welt ohne den Menschen zu erklären, und das war ungeheuer erfolgreich. Die Welt wurde objektiviert und deren Komplexität auf einfachste Gegebenheiten reduziert, um diese beschreiben zu können. Allerdings ist die „Welt" so viel mehr als Materie in Raum und Zeit (Erwin Schrödinger), so dass die NW die „Welt" nie wird erklären können, auch nicht in einer „theory of everything".

Ausgerechnet die Physik, die die Objektivität absolut gesetzt hat, wurde durch die Quantentheorie beinahe gezwungen anzuerkennen, dass eine Beschreibung der Außenwelt ohne Einbeziehung des Beobachters nicht möglich ist. So kommt der von der klassischen Physik zunächst ausgeschlossene Mensch durch die Hintertür wieder in die NW hinein. Und eigentlich war er nie draußen, sondern der Ausschluss war immer schon eine Illusion.

Auffällig ist, dass die Nicht-Eindeutigkeit (von Elementarteilchen), die Nicht-(gleichzeitig) Berechenbarkeit (von Ort und Geschwindigkeit), die Wirklichkeit als Überlagerung aller Möglichkeiten oder die Wahrscheinlichkeitswellen eine auffallende Ähnlichkeit mit den Gesetzen der Psychologie aufweisen. Allerdings war unser auf das (nicht vorhandene) Weltbild der klassischen Physik konditionierte Denken nicht in der Lage, die Konsequenzen der modernen Physik oder der Tiefenpsychologie zu integrieren und daran zu wachsen. So leben wir heute mit modernster Technik aus dem 20. Jahrhundert, aber dem Denken des ausgehenden 19. Jahrhunderts (Hans-Peter Dürr). Max Planck, Werner Heisenberg oder Niels Bohr beschrieben die Erschütterung durch die (Experimente und Mathematik der) Quantentheorie so, als würde ihnen der Boden unter den Füßen weggezogen. Genau jener nicht mehr vorhandene Boden, den wir in unserem Denken auch heute noch zu retten versuchen.

Die Eigenschaften eines Elementarteilchens werden durch die Messung nicht festgestellt, sondern hergestellt (Herbert Pietschmann). NW untersucht nicht die Welt, sondern unsere Sicht der Welt. Wir erfahren damit nicht, wie die Welt „an sich" funktioniert, sondern wie unser Sehen und unser Denken funktionieren. Damit wird die Beschäftigung mit den Konsequenzen der Quantentheorie zu einem psychologischen Unternehmen und sollte in eine Erkenntnistheorie münden. So wie Ernst Mayr eine „Philosophie der Biologie"[53] geschrieben hat, so gibt es auch eine Philosophie der Physik und eine Philosophie der Naturwissenschaft.

War es bis 1900 möglich, Außen- und Innenwelt getrennt zu erforschen (oder letztere meist überhaupt zu ignorieren), so ist diese Trennung nach 1900 nicht mehr aufrecht zu erhalten. Es wäre genauso notwendig, die Subjektivität der objektiven Außenwelt (Quantentheorie) wie die Objektivität der subjektiven Innenwelt (Analytische Psychologie, C.G. Jung) anzuerkennen und beides in Relation zu stellen. Die „Weltformel" der Physik – sollte sie überhaupt je möglich werden – wird kein einziges menschliches Problem lösen. Aber das gesamte Spektrum der Wissenschaften – von der Physik und Biologie über die Psychologie und Soziologie bis zur Philosophie und Theologie – arbeitet an einer einzigen Frage: Was ist der Mensch? In der Physik geht es darum, wie wir die „Außenwelt" erkennen können, in der Psychologie geht es darum, wie wir mit der Innenwelt (und deren Gespaltenheit zwischen absolut Gesetztem und Begrenztem, Endlichem) umgehen können. Wie das zusammenpasst, darüber haben sich Wolfgang Pauli und C.G. Jung in ihrem Briefwechsel ausgetauscht. Das Thema müsste dringend weiterentwickelt werden.

Zwei Unterscheidungen dürfen nicht übersehen werden:

1. Die Naturwissenschaften sind eine ganz großartige Sache, die es sonst nirgends auf der Welt gibt. Daher wurde sie auch weltweit übernommen. Unser gesamtes heutiges Leben wäre ohne die Errungenschaften der Naturwissenschaften nicht denkbar!

Aber: Naturwissenschaft ist die methodische Beschränkung auf Materie in Raum und Zeit oder auf das für alle Menschen in gleicher Weise Gültige, die Naturgesetze. Es ist eine Verengung der Perspektive zum Zweck der Klärung von Einzelheiten. Diese Methode ist daher ungeeignet, die „Welt" (als Ganze) zu erklären, weil sie alles Subjektive, Einmalige, Kreative, mit einem Wort Menschliche ausklammern muss. Das heutige Weltbild basiert im Wesentlichen auf der Physik, wodurch Naturwissenschaft zur Ideologie wird. Was besonders tragisch ist, weil die Physik selbst seit 100 Jahren dabei ist, diese Verengung zu durchbrechen.

Die naturwissenschaftliche Sicht kann kein Weltbild generieren, sondern ist eine Methode, die den wissenschaftlichen Vorsprung des Abendlandes begründete. Allerdings erkauft durch Stagnation oder

---

[53] Mayr, Ernst: Konzepte der Biologie. S. Hirzel Verlag, 2005

sogar Rückschritt auf anderen Gebieten. Alles Menschliche, alles Lebendige fällt aus diesem Fortschritt heraus.

2. Eng damit verbunden ist die Aufklärung einerseits ein ungeheurer Fortschritt, andererseits ein verhängnisvoller Rückschritt (Wirklichkeit ist ja immer polar). Der Fortschritt lag darin, dass ein Wust an Aberglauben hinweggefegt wurde, der Rückschritt lag darin, dass das Weltbild auf Fragmente reduziert wurde. Der Rückschritt besteht in der Verengung des Weltbildes, der Ausklammerung all dessen, was die Methode der Naturwissenschaft nicht erfassen kann, und das ist eigentlich der größere, lebendige „Teil" der „Welt".

Ein fundamentaler Fehler ist, alles vor der Naturwissenschaft als „mythisch" abzuwerten. Der Mythos befasste sich noch mit dem Ganzen, und genau das ist uns verlorengegangen – also keineswegs ein Fortschritt. Es geht daher heute nicht darum, den Mythos überwunden zu haben, sondern ihn (die Perspektive der Ganzheit) wieder hereinzuholen. Wenn wir weiterhin nur fragmentieren, zerstören wir damit die Ganzheit unserer Welt. Das Problem dabei ist, dass wir nicht denken können, ohne zu fragmentieren. Umgekehrt gibt es die fragmentierten Teile nur durch das Denken und nicht in der Wirklichkeit. Das Ganze ist ganz ohne Teile. Es gibt keine Bestandteile des Ganzen. Es ist unsere Wahrnehmung, die immer nur Aspekte oder Ausschnitte des Ganzen beleuchten kann.[54]

Wenn der Physiker Hans-Peter Dürr zu diesem Schluss kommt, dann trifft er sich mit dem Psychologen C. G. Jung, der im Schlusswort zu „Über die Psychologie des Unbewussten" sagt: „*Eine Psychologie, die bloß den Intellekt befriedigt, ist niemals praktisch; denn das Ganze der Seele kann vom Intellekt allein nie erfasst werden.*"[55] Auch die Psychologie ist ein System, das analysieren muss, um zu verstehen, sie darf aber darüber nie das Ganze aus den Augen verlieren, denn die Seele selbst ist Ausdruck des Ganzen.

[54] „Die Begrenzung liegt nicht im Ganzen, sondern kommt durch uns, durch unser bewusstes Sehen hinein. Prinzipiell wird mir nichts vorenthalten. Aber durch meine begrenzte Wahrnehmung und Aufmerksamkeit betone ich immer nur ‚Teile' des Ganzen, der Wirklichkeit. Aber diese ‚Teile' sind nicht ‚Bestandteile', sondern gewissermaßen nur verschiedene Artikulationen des Potentiellen, die ich durch meine Art zu betrachten hervorhebe."
„Die augenfällige Begrenzung erfolgt durch die absichtsvolle oder erzwungene Beschränkung der Aufmerksamkeit und nicht durch eine Zerlegung des Ganzen."
Hans-Peter Dürr: Wir erleben mehr als wir begreifen. S. 127

[55] C.G. Jung: Über die Psychologie des Unbewussten. Rascher Verlag, 6. Aufl., 1968, S.213

Komplementarität von Physik und Psychologie

Der Physiker Wolfgang Pauli begab sich auf Anraten eines Freundes in die Therapie bei C.G. Jung. Der gab ihn im Bewusstsein seines Genies in die Obhut einer Schülerin. Nach Abschluss der Analyse entwickelte sich eine Freundschaft zwischen dem Psychologen und dem Physiker, die sich in einem Briefwechsel über 26 Jahre niederschlug.

So ganz solitär ist diese Begegnung allerdings nicht. Sie fällt in eine der spannendsten Zeiten der Wissenschaftsgeschichte. In der ersten Hälfte des 20. Jahrhunderts entwickelten sich unabhängig voneinander die Quantentheorie und die Tiefenpsychologie. Das bedeutete auf beiden Seiten ein Vordringen in eine völlig neue Welt, die des unanschaulichen Mikrokosmos (Physik) und die der ebenfalls unanschaulichen, unbewussten Innenwelt (Psychologie). Beides war eine Grenzüberschreitung, weshalb eine gewisse Interdisziplinarität für beide Fächer selbstverständlich war. In beiden Disziplinen wurden das mechanistische Weltbild und die seit Aristoteles geltende Logik überschritten. Viele Physiker der damaligen Zeit waren auch Philosophen, und C.G. Jung bezog die Religionswissenschaft, Ethnologie, Alchemie und asiatische Kulturen in seine Forschungen ein.

Physik und Psychologie begegneten einander jedoch kaum. Zumindest nicht so direkt wie in der Begegnung zwischen C.G. Jung und Wolfgang Pauli. Jung hatte schon mal Albert Einstein zu Gast, was ihm Anstoß war, über die Relativität von Raum und Zeit und deren psychische Bedingtheit nachzudenken. Daraus entwickelte er später die These der Synchronizität, die er mit Wolfgang Pauli diskutierte. Niels Bohr und Max Born war die Bedeutung der Komplementarität für Biologie und Psychologie durchaus bewusst. Bohr ging es nicht nur um die Komplementarität von Welle und Teilchen, sondern um die Komplementarität der menschlichen Wahrnehmung überhaupt.

Der Briefwechsel zwischen Pauli und Jung ist ein Beispiel für konkrete interdisziplinäre Zusammenarbeit, bei der sich die Standpunkte wechselseitig befruchten, anregen und ergänzen. 1953 schreibt Jung: *„Es bedeutet mir sehr viel zu sehen, wie sich unsere Standpunkte aneinander annähern, denn, wenn Sie sich in der Auseinandersetzung mit dem Unbewussten von Ihren Zeitgenossen iso-*

liert fühlen, so geht es mir ebenso und noch mehr so, da ich ja im isolierten Gebiet selber stehe und irgendwo über den trennenden Graben zu kommen trachte. Es ist ja schließlich kein Vergnügen, immer als Esoteriker gelten zu müssen."[56]

In der Physik spielt neben dem Welle-Teilchen-Dualismus, den Bohr als Komplementarität bezeichnet, und der Heisenberg'schen Unbestimmtheitsrelation auch der Begriff der Nicht-Lokalität und der Verschränkung eine Rolle. In der Psychologie haben wir analog den komplementären Dualismus des Bewussten und Unbewussten, die Psyche ist nicht-dinglich und nicht-lokal zu verstehen, und in ihrem Briefwechsel postulieren Jung und Pauli die nicht kausal zu verstehende Synchronizität.

Für Pauli ist die Physik unvollständig – aber nicht im Sinne Einsteins, der die Quantenphysik innerhalb der Physik für unvollständig hielt, sondern die Physik als Ganze, weil sie nur einen Ausschnitt der Wirklichkeit zum Thema hat[57]. Durch die Wiedereinbeziehung des Beobachters in die Wahrnehmung zwang die Mikrophysik dazu, sich mit Fragen der Wissenschaftstheorie und Erkenntnistheorie zu beschäftigen, was viele Physiker der damaligen Zeit (u.a. Bohr, Heisenberg, Schrödinger, Pauli) auch zu ernstzunehmenden Philosophen machte. Niels Bohr und Werner Heisenberg vollzogen den entscheidenden Schritt von der Dualität zur Komplementarität, indem sie die Vorstellung aufgaben, feststellbare Erkenntnis sei Erkenntnis über die Wirklichkeit, also wie etwas ist, sondern Erkenntnis sei bloß das, was wir über die Natur sagen können[58].

Für Jung ist die Kausalität eine *„glaubwürdige Hypothese .... Trotzdem wimmelt die Welt von ‚Zufällen' ... ‚Kausalität' ist ein Psychologem (und ursprünglich eine magische virtus), welche die Gebundenheit der Ereignisse formuliert und diese als causa und effectus veranschaulicht. Eine andere (inkommensurable) Anschauung, welche dasselbe in anderer Art tut, ist die Synchronizität.*"[59]

---

[56] Briefwechsel, S. 129

[57] Briefwechsel, S. 121: „Ich sagte damals zu Bohr, Einstein halte für eine Unvollständigkeit der Wellenmechanik innerhalb der Physik, was in Wahrheit eine Unvollständigkeit der Physik innerhalb des Lebens sei."

[58] Bei Anton Zeilinger führt das dann zur Hypothese der Einheit von Information und Wirklichkeit.

[59] Briefwechsel, S. 63 f.

Bei Wolfgang Pauli führt das dazu, sich besonders für die Psychologie der naturwissenschaftlichen Begriffsbildung zu interessieren. Es war ihm auffällig, dass verschiedene Begriffe in der Psychologie und in der Physik zugleich angewendet werden, ohne dass dies besonders beabsichtigt worden ist. Außerdem verwies er darauf, dass in seinen Träumen oft physikalische Fachausdrücke verwendet werden, *„um Analogien mit psychischen Tatbeständen auszudrücken, die ich nur sehr dunkel ahnen kann".*[60]

Die von Einstein vorhergesagte (und von ihm selbst ungeliebte) „Verschränkung" war damals noch nicht experimentell erwiesen, kann aber als Analogie zur Synchronizität gesehen werden. Beide sind nur akausal, instantan und nicht-lokal zu erklären. Sowohl in der Physik (Nicht-Lokalität) als auch in der Psychologie (das Unbewusste) geht es um einem unanschaulichen, nicht-lokalen Hintergrund. Paulis Gedanke, den Begriff des Archetypus mit der mathematischen Wahrscheinlichkeit zu verbinden, schien Jung einleuchtend, ebenso die Idee einer dem Physischen wie Psychischen gemeinsamen transzendenten Grundlage [61].

Pauli schwebte eine sowohl psychologisch als auch physikalisch deutbare neutrale Sprache vor, um zu einer psychologischen „Entsprechung" physikalischer Vorstellungen zu kommen. Eine zentrale Frage in Physik und Psychologie ist die (philosophische Frage) von Zufall und Notwendigkeit, von Wahrscheinlichkeit und Kausalität. Beides sind Begriffe, die dem Versuch, der Beziehung oder Verbundenheit von Ereignissen nachzuspüren, entspringen. Sie betreffen nichts Objekthaftes, sondern unsere Wahrnehmung. Dabei werden zwei Ebenen deutlich: die der Erlebniswelt und die einer von Pauli so bezeichneten unsichtbaren Welt[62]. „Unsichtbar" ganz konkret im Sinne des Alltagslebens, für das auch elektromagnetische Felder oder radioaktive Strahlung unsichtbar sind. In der unsichtbaren Welt treffen wir auf Akausalität/Zufall, in der Erlebniswelt auf Kausalität. Mit „unsichtbarer Welt" ist einerseits das nicht anschaulich Fassbare der Mikrowelt der Physik gemeint, und analog dazu das Unbe-

---

[60] Ebda, S. 13

[61] Ebda, S. 72

[62] Ebda, S. 68 f. Pauli rechnet dazu alles nicht direkt Sichtbare, wie z.B. die mikrophysikalischen Erscheinungen oder das kollektive Unbewusste. Er macht dies deutlich am Beispiel der Radioaktivität und stellt den aktiven Kern in Analogie zum Symbol des Selbst.

wusste der Psychologie. Damit wird die Analogie zum Archetypus überdeutlich.

Das Doppelspaltexperiment mit allen intuitiv nicht erwartbaren Ergebnissen wird damit auch zum Schlüsselexperiment für die Analogie zur Innenwelt. Vor einer Messung können wir nichts Bestimmtes über ein Quantenphänomen aussagen. Es „existiert" in einer Überlagerung aller Möglichkeiten (Superposition). Erst durch die Messung „kollabiert" die Wellenfunktion, und das Quantenphänomen wird zu dem Teilchen, das wir an einem bestimmten Punkt messen.

Ein Archetypus ist letztlich unbewusst, unanschaulich, vieldeutig – wie eine Überlagerung aller konkreten Deutungsmöglichkeiten. Eine konkrete archetypische Vorstellung aus einem Traum, einer Fantasie, einer aktiven Imagination (die jeweils einer „Messung" und damit Konkretisierung entsprechen) ist die Projektion des Archetypus auf ein anschauliches Bild (analog dem Kollaps der Wellenfunktion), das die Vieldeutigkeit (Überlagerung von Bedeutungen, Superposition) in einem konkreten Bild (archetypische Vorstellung) wiedergibt.

Die einheitliche Sprache, die Wolfgang Pauli vorschwebte, könnte die Funktion unserer Wahrnehmung prinzipiell beschreiben, die man auf die Physik, genauso wie auf die Psychologie anwenden kann. In der Physik summiert sich die Akausalität von Quantenphänomenen zu statistischen Mengen-Aussagen, die in der Makrowelt zur konkreten Kausalität werden. In der Psychologie kann die Akausalität des Archetypus in der Innenwelt zu archetypischen Vorstellungsbildern und in der Außenwelt zu synchronistischen Phänomenen führen.

Jung stimmte zu, dass „*dem Archetypus der Wahrscheinlichkeitsbegriff der Mathematik entspricht .... Tatsächlich stellt der Archetypus nichts anderes als die Wahrscheinlichkeit des psychischen Geschehens dar*"[63]. Der Archetypus entspricht auf physikalischer Seite dem Naturgesetz. Beides sind abstrakte Idealfälle, die in der Natur nur in konkret modifizierter, individueller Form in Erscheinung treten.

Einstein hat die letzten Jahre seines Forscherlebens mit der (vergeblichen) Suche nach einer einheitlichen Theorie verbracht, mit der er „die Welt" erklären wollte. Vergeblich deshalb, weil eine solche

---

[63] Briefwechsel, S 72

Theorie keine nur physikalische sein kann. Einstein war trotz seines einmaligen Genies der Überzeugung, dass die Welt determiniert und damit vollständig kausal erklärt werden kann. Deshalb konnte er sich auch mit der Quantentheorie nicht abfinden, die dem mechanistischen Denken ein Ende setzte. Das ist ein überzeugendes Beispiel, dass auch Wissenschaft und Philosophie letztlich nicht von einer Logik, sondern vom jeweiligen Weltbild abhängen.

Das Neue an der Quantenphysik waren Unbestimmtheit (statt Eindeutigkeit) und Komplementarität (statt entweder – oder). Für Einstein war die Quantentheorie unvollständig, während damit für Pauli offenbar wurde, dass die Physik als solche unvollständig ist. Um zu den Naturgesetzen zu kommen, musste sich die Physik auf das Reproduzierbare und quantitativ Messbare beschränken. Wolfgang Pauli fasst zusammen: *„Als Folge dieser im Wesen der Physik liegenden Beschränkung bleibt nicht nur alles Gefühlsmäßige, Wertende und Emotionale außerhalb ihrer auf der psychologischen Gegenseite, sondern aus dieser Wurzel entspringt auch der statistische Charakter ihrer Aussagen, der insbesondere bei den atomaren Vorgängen auf die Erfassung des Einzelfalles (abgesehen von Spezialfällen) grundsätzlich verzichten muss. Hierbei handelt es sich jedoch nicht um eine Unvollständigkeit der Quantentheorie innerhalb der Physik, sondern um eine Unvollständigkeit der Physik innerhalb des gesamten Lebens.“*[64]

Pauli geht es dabei um den von ihm geprägten Begriff der „Hintergrundphysik". Pauli hatte beobachtet, dass sich in seinen Träumen die Archetypen in physikalischen Begriffen auszudrücken pflegten. Was ihn umgekehrt zu der Annahme führte, dass physikalische Begriffe auch eine symbolische Bedeutung haben. Dies schien ihm ein Vorgriff auf eine zukünftige, Physis und Psyche einheitlich umfassende Naturbeschreibung zu sein, da er Physik und Psychologie als komplementäre Untersuchungsrichtungen betrachtete. *„Mehr und mehr sehe ich im psycho-physischen Problem den Schlüssel zur geistigen Gesamtsituation unserer Zeit und die allmähliche Auffindung einer neuen (‚neutralen') psycho-physischen Einheitssprache, die symbolisch eine unsichtbare, potentielle, nur indirekt durch ihre Wirkungen erschließbare Realität zu beschreiben hat ...“*[65]

---

[64] Appendix 3, Briefwechsel, S. 192

[65] Briefwechsel, S. 84

Für Jung sind Psyche und Materie transzendentale Unbekannte, und daher gar nicht zu unterscheiden. Der psychoide Archetypus hat die Tendenz, sich einerseits in der Innenwelt psychisch-subjektiv, andererseits in der Außenwelt physisch-objektiv zu manifestieren, als inneres und äußeres Ereignis. *„Ich betrachte dieses Phänomen als ein Zeichen für die Identität der physischen und psychischen Matrix.“*[66] *„In Wahrheit dürften aber Physis und Psyche zwei Aspekte eines und desselben abstrakten Sachverhaltes sein.“*[67]

Seit der Materie nicht mehr mit dem einseitigen Teilchenbild beizukommen ist, *„die Materie für den modernen Physiker eine abstrakte, unsichtbare Realität geworden ist“*[68], sind die Aussichten für eine komplementäre Beschreibung von Physik und Psychologie (und im weiteren Sinne auch von Naturwissenschaft und Religion) günstiger geworden. Naturwissenschaft besteht darin, dass wir es nie mit dem Ganzen zu tun haben. *„Wir haben es aber in der Physik nie mit dem ganzen Universum zu tun, sondern mit Teilsystemen, die von außen beobachtet werden.“*[69] Neben diesen Teilsystemen gibt es andere, die „außerhalb“ der physikalischen Welt liegen, etwa die psychischen.

Die windmühlenartige Jagd nach der „theory of everything“, die dann „alles“ erklären könnte, wird zur Suche nach einer einheitlichen Sprache, die auf Physik und Psychologie anwendbar ist, ohne in einen platten Monismus (z.B. Reduktion auf Materie oder Reduktion auf den Geist) zu verfallen. *„Von der Psychologie aus gesehen scheinen die physikalischen Gesetze als ‚Projektion‘ archetypischer Ideenverbindungen, während von außen gesehen auch das mikrophysikalische Geschehen als archetypisch aufzufassen wäre, wobei dessen ‚Spiegelung‘ im Psychischen eine notwendige Bedingung für die Möglichkeit des Erkennens ist.“*[70]

Pauli war mit Jung der Meinung, dass Physis und Psyche untrennbar, aber komplementär zusammengehören. Das impliziert, dass der Weltbegriff nicht naturwissenschaftlich auszufüllen ist, dass es keine physikalische „Weltformel“ geben kann. Pauli weist darauf hin, *„dass die moderne Mikrophysik dazu geführt hat, dass wir heute*

---

[66] Ebda S. 126
[67] Ebda S. 158
[68] Ebda S. 88 f.
[69] Ebda S. 180
[70] Ebda S. 187

zwar Naturwissenschaften, aber kein naturwissenschaftliches Welt-bild mehr besitzen".[71]

Das Weltganze ist nicht Sache der Physik, sondern der Gesamtheit der Wissenschaften. Ziel der klassischen Physik war es, die Welt zu erfassen, und zwar (nur) die Außenwelt, in der das Subjekt (die Innenwelt) nicht vorkam. Die Quantenphysik hat gezeigt, dass man das Subjekt gar nicht aus der Wahrnehmung und den Experimenten mit der Welt heraushalten kann. Die Wahrnehmung verändert das Wahrgenommene. Physik ist aber – wie jede Wissenschaft – immer auch Aussage über den Menschen.[72]

Als Beispiel, wenn nicht sogar als Grundlage der Gemeinsamkeiten von Physik und Psychologie, nennt Jung die Zahl, die als elementarer Archetypus sowohl innen (als Symbol) wie auch außen (als Anzahl) gegeben ist. Ein anderer Berührungspunkt von Physik und Psychologie ist die Synchronizität, deren Gemeinsamkeit der Sinn simultaner Ereignisse ist.

In Bezug auf die klassische Physik und deren „objektives Weltbild", das sich über drei Jahrhunderte in unser Denken eingebrannt hat, verlangt die Quantenphysik nicht nur eine neue Sicht der „Welt", sondern auch ein neues Denken insgesamt, das Konsequenzen für andere Fachgebiete und das Leben in der Welt insgesamt nach sich ziehen sollte. Vor allem wird der aristotelische Satz vom ausgeschlossenen Dritten (vulgo Entweder-Oder-Denken) ersetzt durch ein komplementäres Denken. Es geht dabei nicht nur um den Welle-Teilchen-Dualismus in der Mikrowelt, sondern auch um ein (bisher vorherrschendes) Teilchendenken einerseits und ein Wellen-Denken, um ein Denken in Dingen und Objekten und ein Denken in Feldern und Beziehung. Wenn wir an Dinge und Objekte denken, dann denken wir an isolierte Entitäten, wenn wir an Beziehung denken, dann geht es um Verbundenheit in einem Ganzen, um Kontexte und ein Dazwischen. Das eine schließt das andere aus, obwohl beide komplementär zusammengehören, um die Wirklichkeit als Ganze zu erfassen.

Wir müssen Innenwelt und Außenwelt unterscheiden, ohne sie trennen zu können. Diese Unterscheidung ist Voraussetzung des Bewusstseins, das immer ein Gegenüber braucht. Eine Trennung ist

---

[71] Appendix 6, Der Einfluss archetypischer Vorstellungen auf die Bildung naturwissenschaftlicher Theorien bei Kepler, in Briefwechsel S. 204

[72] Briefwechsel, S. 97

aber gar nicht möglich, weil an der (feldartigen) Wahrnehmung immer Subjekt und Objekt beteiligt sind, so dass sie als dingliche Entitäten gar nicht infrage kommen. Es gibt ein isoliertes Subjekt genauso wenig wie eine vom Beobachter unabhängige Außenwelt. Das sind abstrakte Begriffe, die in der Wirklichkeit nicht vorkommen.

Dementsprechend ist es nur folgerichtig, dass Psychologie und Physik ebenso komplementär zusammenhängen und somit unterschieden, aber gar nicht getrennt werden können. Wir können zwar nur physikalische oder psychologische Aussagen machen, aber um „Welt" zu beschreiben, sind beide Aspekte notwendig. Es kann daher gar keine physikalische „Weltformel" geben, denn eine Außenwelt gibt es nicht unabhängig von der Innenwelt.

Das bisherige vorherrschende Denken in Dingen und Objekten muss durch ein Denken in Kontexten und Beziehungen oder Verbundenheit ergänzt werden, auch wenn diese beiden Sichten einander ausschließen. Wer in Dingen und Objekten denkt, für den ist jede Wechselwirkung mechanisch und selbst der Mensch wird zur Maschine. Wer in Beziehungen denkt, für den existieren keine isolierten Dinge und Objekte, auch kein isoliertes Ich, sondern nur Beziehung und Verbundenheit.

Quantentheorie und Sprache

Eine der ersten Erkenntnisse der Quantentheorie war, dass die Begriffe der herkömmlichen Sprache nicht mehr passten. Man konnte sich das damals nur so vorstellen, dass ihre Bedeutung eingeschränkt wurde. Das schwerwiegendste Problem war, dass auch die Bedeutung von „verstehen" nicht mehr klar war. Interessant ist, dass die moderne Physik beinahe die Rolle der Philosophie übernimmt: Alles wird fraglich. Auf die Frage Wolfgang Paulis, ob er die Relativitätstheorie verstanden hätte, antworte Heisenberg, dass er das nicht wisse, da ihm nicht mehr klar sei, was das Wort „verstehen" in der Physik bedeute[73].

Wir können uns heute gar nicht vorstellen, wie sehr die Entwicklung der Physik damals das Weltbild der Beteiligten erschüttert hat.

---

[73] Werner Heisenberg: Der Teil und das Ganze. Gespräche im Umkreis der Atomphysik, dtv, 2. Aufl., S. 41

Die eine Frage war: Kann die Welt wirklich so absurd sein, wie sie sich in Mathematik und Experimenten darstellt? Die zweite Frage: Wie können wir über diese Ergebnisse reden? Es war bald klar, dass die makroskopische Sprache unserer Lebenswelt ungeeignet ist, die mikroskopische Welt zu beschreiben. Allerdings ist es unmöglich, von jetzt auf gleich eine neue Sprache zu finden. Die Nähe zur Sprache der Psychologie hatte zu diesem Zeitpunkt noch nicht einmal Wolfgang Pauli entdeckt.

Es stellte sich so dar, dass es um zwei völlig verschiedene „Welten" geht: um Mikro- und Makrowelt, und diese nicht kompatibel sind. Für Niels Bohr war bald klar, dass es in ersterer um Gesetze geht, die völlig anders sind als die der klassischen Physik. Andererseits müsse man dort, wo es um die Beobachtung und Messung geht, die klassischen Begriffe verwenden. Um ein atomares Phänomen theoretisch zu beschreiben, *„müssen wir an irgendeiner Stelle einen Schnitt ziehen zwischen dem Phänomen und dem Beobachter oder seinem Apparat"*[74]. Auf der Seite des Beobachters können wir nur die klassische Sprache verwenden, weil wir keine andere haben. Diese Begriffe sind ungenau und haben nur einen begrenzten Anwendungsbereich. Aber mit deren Hilfe ist das Phänomen wenigstens indirekt und annähernd zu begreifen.

Konkret: Wir reden z.b. noch immer von „Teilchen", wissen aber, dass diese Phänomene keine Teilchen im klassischen Sinne sind.[75] Es geht nicht mehr um Dinge oder Objekte im herkömmlichen Sinne.

Es war klar ein sprachliches Problem. Sinn und Bedeutung eines Wortes ergeben sich aus dem Kontext und nicht aus einer bestimmten Definition. Niels Bohr teilte diese Meinung. *„Wir wissen nie genau, was ein Wort bedeutet, und der Sinn dessen, was wir sagen, hängt von der Verbindung der Wörter im Satz ab, von dem Zusammenhang, in dem der Satz ausgesprochen wird, und von zahllosen Nebenumständen, die wir gar nicht alle aufzählen können."*[76] Bohr verweist auf William James, der ausführt, dass bei jedem Wort ein besonders wichtiger Wortsinn im Vordergrund steht, daneben noch andere Bedeutungen (wie die Obertöne in der Musik) mitschwingen, auch Verbindungen zu anderen Begriffen und Zusammenhängen,

---

[74] Ebda, S. 155
[75] Ebda, S. 154 f.
[76] Ebda, S. 161

die bis ins Unbewusste reichen. Die Gemeinsamkeit mit der Psychologie und ihren Symbolen und Archetypen (C.G. Jung) klingt hier sehr deutlich an, wurde aber zu diesem Zeitpunkt nicht weiterverfolgt. Dies tat als Einziger Wolfgang Pauli, nachdem er mit C.G Jung zusammengetroffen war.

Das Problem der Sprache rührt an das Verständnis der Realität. Wenn das Verstehen fraglich wird, dann auch das Verständnis der Realität. Damit war man unversehens im Bereich der Philosophie, und die Frage, was denn das sei, was man noch immer als „Teilchen" bezeichnete, wandelte sich zur Frage, wie „real" das denn sei.[77]

Niels Bohr löste das Problem, dass sich Quantenphänomene je nach Experiment oder Messung einmal als „Welle" und einmal als „Teilchen" darstellen, mit dem (taoistischen) Begriff der Komplementarität, der so oft missverstanden wird. Man hat ihm vorgeworfen, darin Gegensätze zu sehen. Bohr hat aber den Begriff aus China importiert, wo es nicht um logische Gegensätze geht (die einander ausschließen), sondern um einander Ergänzendes – und so hat es Bohr auch gemeint. Außerdem geht es nicht um zwei Entitäten, sondern um zwei Sichtweisen auf ein Phänomen. Naturwissenschaft ist ja nicht die Beschreibung der Natur, sondern unseres Sehens der Natur (Bohr, Heisenberg). Und auch da kann man das eine nicht vom anderen trennen. So ist auch der Satz von Parmenides zu verstehen: *„Das Selbe nämlich ist Vernehmen (Denken) sowohl als auch Sein"* (übersetzt von Martin Heidegger). Wir sind hier bereits jenseits der Entweder-Oder-Logik des Aristoteles.

Beim Welle-Teilchen-Dualismus handelt es sich nicht um zwei Phänomene, sondern um eines. Der „Fehler" damals war vielleicht, dass man keinen neuen Begriff geschaffen hat oder schaffen wollte, sondern den Begriff Elementarteilchen beibehielt – mit dem meist unausgesprochenen (und dann oft vergessenen) Zusatz, dass es gar keine Teilchen sind. Dabei wäre der Feldbegriff naheliegend gewesen, weil er nicht Gegensatz zum Teilchen ist, sondern ein Ganzes ausdrückt: ein ausgebreitetes Feld mit lokaler Feldkonzentration (das dann näherungsweise als „Teilchen" bezeichnet wird).

Naheliegend auch deshalb, weil das ein Universalbegriff ist – oder sein könnte, denn genau genommen ist der Begriff Teilchen,

---

[77] „Aber die Atome und Elementarteilchen sind nicht ebenso wirklich. Sie bilden eher eine Welt von Tendenzen oder Möglichkeiten als eine von Dingen und Tatsachen." Werner Heisenberg: Physik und Philosophie, S. 156

Objekt oder Ding auch in der Alltagswelt falsch oder nur annähernd richtig. Es gibt keine isolierten Teilchen oder Objekte, sondern nur Felder. Zumindest wenn man das Sichtbare nicht isoliert, sondern mit seinem Kontext, mit seiner Umgebung zusammen wahrnimmt, ohne die es nicht ist. Genauso ist die Einbeziehung des Subjektiven in die Wahrnehmung in der Alltagswelt eine Selbstverständlichkeit. Es gibt auch kein isoliertes Ich, das aus der „Welt" ausgeschlossen wäre und ihr gegenübersteht. Es gibt nur Wahrnehmungsfelder, die das Ganze umschließen. Man kann Subjekt und Objekt, man kann Hirn, Organismus und Umwelt unterscheiden – und muss es auch, um darüber reden zu können –, aber man kann das nicht trennen[78].

So gesehen muss man feststellen, dass die Kritiker des Welle-Teilchen-Dualismus und der Komplementarität nicht begriffen haben, was mit Komplementarität gemeint ist. Was nicht verwunderlich ist, weil der Begriff aus dem Chinesischen und damit aus einem ganz anderen Weltbild entlehnt wurde. Was aber notwendig wurde, weil das tradierte westliche Weltbild nicht imstande war und ist, die Wirklichkeit als Ganze zu beschreiben.

Wenn man Heisenberg und Bohr dann David Bohm entgegenhält, dann ist es eher umgekehrt, nämlich dass Bohm mit seiner „Führungswelle" wieder zu zwei Entitäten zurückgeht, was eine neue Erklärung ist, die doch schon Niels Bohr überwunden hat. Es ist ohne weiteres vorstellbar, dass nicht ein Teilchen mit Führungswelle, sondern ein Feld durch beide Spalte im Doppelspaltexperiment geht.

Dass der Streit zwischen Einstein, Schrödinger und Heisenberg, Bohr heute noch immer andauert, bedeutet vor allem, dass das Entweder-Oder-Denken noch immer nicht überwunden ist. Das betrifft auch Einsteins klares Bekenntnis zu einer beobachterunabhängigen Realität, die angeblich von der Kopenhagener Deutung bestritten wird. Aber wenn man Heisenbergs Statement ernstnimmt, dass Naturwissenschaft nicht die Beschreibung der Natur, sondern unseres Sehens der Natur ist, dann wird nur bestritten, dass wir diese „objektive" Natur sehen könnten. Nicht bestritten wird aber, dass es sie „gibt" und dass sie sogar Voraussetzung unseres Sehens der Natur ist.

---

[78] Siehe auch: Hans Jürgen Scheurle: Das Gehirn ist nicht einsam. Resonanzen zwischen Gehirn, Leib und Umwelt. 2. überarb. Aufl., Kohlhammer Verlag 2016

Es ist erstaunlich, dass es ausgerechnet die Physik ist, die uns heute von einer objektiv definierten Realität wegführt. Schließlich hat sie uns dieses materialistische Weltbild eingebrockt. So bekennt z.b. Nicolas Gisin: „*Ich tue mich nicht schwer damit, zu akzeptieren, dass die Welt nicht deterministisch ist. Diese Welt voller Neigungen und Zufälle, die wohldefinierten Gesetzen folgen, ist meiner Meinung nach viel interessanter als eine Welt, in der alles seit grauer Vorzeit vollständig vorbestimmt ist.*"[79]

Daraus wird auch klar ersichtlich, dass wir nicht wieder in das alte Entweder-Oder verfallen dürfen: Auch deterministisch und nicht-deterministisch gehören (ebenso wie Zufall und Notwendigkeit) komplementär zusammen, sind Widersprüche, die gegensätzlich sind, aber einander ergänzen. Das gilt genauso für eine nicht-lokale und unsere lokale Welt.

---

[79] Nicolas Gisin: Der unbegreifliche Zufall. Nichtlokalität, Teleportation und weitere Seltsamkeiten der Quantenphysik. Springer Spektrum 2014, S.197

PSYCHOLOGIE

„Das, was du glaubst zu sein,
steht dem Erkennen deiner wahren Natur im Wege."
(persisch)

„Psychologisch besitzt man nichts, was man nicht wirklich erfahren hat.
Eine nur intellektuelle Einsicht bedeutet daher zu wenig,
denn man weiß nur Wörter darüber,
kennt aber die Substanz nicht von innen."
C. G. Jung

Die „Welt" der Psyche

Der moderne Mensch hat das Spirituelle, Geistige ins Reich der Phantasie verwiesen. Die Beschränkung auf Materialismus und Egoismus ist aber nicht nur naiv und unnatürlich, sondern auch erwiesenermaßen gesundheitsschädigend. Unsere bewusste Welt ist beschränkt auf das Ich und die sinnlich wahrnehmbare Außenwelt, und wir sind dadurch ganz zwangsläufig zu Egoisten oder zumindest Egozentrikern (Teilchenbild des Ich) und Materialisten (Teilchenbild der Welt) geworden. Alles andere – das Unbewusste, Kreative, Lebendige, Ganze – wird in diesem pseudonaturwissenschaftlichen Weltbild verdrängt.

Wer „wissenschaftlich" denkt, muss definieren (eingrenzen) – und lebt in der Folge in und mit diesen Eingrenzungen und Beschränkungen. Das ist auch notwendig, wenn und solange wir uns einer rationalen Sprache bedienen. Aber diese ist nicht die einzige Sprache, mit der wir uns der Wirklichkeit nähern können, dessen sollten wir uns immer bewusst sein. Ebenso, dass es immer ein Außerhalb der Grenzen gibt, sonst wären es keine Grenzen, sondern das Ende.

Unsere „moderne" Ideologie hat noch einen weiteren Haken: Wir glauben an die materielle Welt, aber was diese ist, wird zu verschiedenen Zeiten unterschiedlich beantwortet. Ganz gewaltig verändert hat sich die Auffassung der materiellen Welt in der Ära der Naturwissenschaft.

Was für uns wirklich zählt und von der Naturwissenschaft beschrieben werden kann, ist ja nicht die Außenwelt, sondern unsere

Wahrnehmung dieser Außenwelt, und das ist ein an sich psychisches Phänomen. Aber die Psyche ist nur ein Anhängsel der Materie, lautet zumindest das offizielle Glaubensbekenntnis. Nur kann jeder halbwegs ernsthafte Psychologe bestätigen, dass manchmal auch schwere Krankheiten verschwinden, wenn gewisse psychische Probleme gelöst sind. Die Psyche ist somit ein ernst zu nehmendes, wirkendes – und damit wirkliches – Phänomen. Auch wenn sie nicht „real" im Sinne einer dinglichen, materiellen Außenwelt ist. Einer, der dieses Phänomen ernst nahm und Körper und Seele nicht trennte, war C. G. Jung[80]. Für ihn ist die Psyche sogar die einzige Wirklichkeit, die uns direkt zugänglich ist. Die materielle Außenwelt erkennen wir nur vermittelt durch die Sinne.

Wenn die Psyche, wie der Flachlandverstand (ein Begriff, den Ken Wilber geprägt hat für ein Denken, das keine Höhen und Tiefen umfasst) noch immer anzunehmen geneigt ist, „nichts" ist, wie kann sie dann drastische Wirkungen zeitigen, wie sie in der Psychotherapie und in der psychosomatischen Medizin vorkommen? Alles nur Einbildung? Aber auch eingebildete Tatsachen sind nach Jung nicht unwirklich. Einbildungen können als psychische Zustände genauso wirklich und genauso schädlich und gefährlich sein wie äußere Einwirkungen. Die Psyche ist nur nicht irgendwo im Körper lokalisiert. Sie ist vorhanden, aber nicht in physischer Form. Es ist ein fast lächerliches Vorurteil, wenn man annimmt, Existenz könne nur körperlich sein. Tatsächlich ist die einzige Form von Existenz, von der wir unmittelbar wissen, psychisch. Wir können im Gegenteil ebenso gut sagen, dass die physische Existenz eine bloße Schlussfolgerung sei, da wir von der materiellen Außenwelt nur insoweit etwas wissen, als wir durch die Sinne vermittelte psychische Bilder wahrnehmen. Für Jung ist die Psyche existent, *„sie ist sogar die Existenz selber"*[81].

Zur Psyche gehört aber nicht nur das bewusste Ich, sondern ebenso das Unterbewusste (Verdrängte, Vergessene, unbewusst Gewordene) und das Unbewusste (das nie im Bewusstsein war). Unbewusste Faktoren verhalten sich oft wie eigenständige Neben- oder Teilpersönlichkeiten, als würden sie ein Eigenleben führen.

---

[80] „Ein unrichtiges Funktionieren der Psyche kann den Körper weitgehend schädigen, wie umgekehrt ein körperliches Leiden die Seele in Mitleidenschaft zu ziehen vermag; denn Seelen und Körper sind nichts Getrenntes, vielmehr ein und dasselbe Leben." C.G. Jung: Über die Psychologie des Unbewussten. Rascher Verlag, 6. Aufl., 1968, S. 206

[81] C.G. Jung: Psychologie und Religion. Rascher Verlag, 4. Aufl. 1962, S. 17

Traumatisierte leben oft mit mehreren abgespaltenen psychischen Teilpersönlichkeiten, die völlig autonom agieren können. Darüber hinaus müssen wir sogar *„die Tatsache anerkennen, dass das Unbewusste, zu Zeiten fähig ist, eine Intelligenz und Zweckgerichtetheit zu manifestieren, welche der zur Zeit möglichen bewussten Einsicht überlegen sind".*[82]

Interessant ist, dass unbewusste Impulse oft nach außen projiziert und jemand anderem zugeschrieben werden. (Die Fehler, die einem an anderen am meisten stören, sind meist die eigenen.) Aber auch wenn sie als innerpsychisch, unbewusst erkannt werden – für das bewusste Ich ist auch das ein „Außen". Denn das Unbewusste liegt völlig außerhalb des Einflussbereichs des bewussten Ich.

Da man sich des Unbewussten definitionsgemäß nicht bewusst sein kann, ist es genau genommen gar nicht legitim, im Fall einer Traummanifestation aus dem Unbewussten zu sagen, das ist „meine" Psyche. So argumentiert auch C.G. Jung: *„Der Begriff des Unbewussten ist tatsächlich eine bloße Annahme zum Zwecke der Bequemlichkeit. In Wirklichkeit bin ich unbewusst darüber – mit anderen Worten, ich weiß überhaupt nicht, wo die Stimme ihren Ursprung hat."*[83] Ob man daher von inneren, psychischen – aber unbewussten – Anteilen spricht oder von außen stehenden Mächten, Geistern oder Dämonen, ist nach Jung letztlich kein wirklicher Unterschied, sondern gleichberechtigte Interpretationen desselben Phänomens.

Sie als mir zugehörig zu benennen, argumentiert Jung weiter, ist nur dann möglich, wenn ich annehme, dass das bewusste Ich nur ein Teil einer umfassenderen Ganzheit ist. Dann ist es aber unmöglich, diese Gesamtheit vollständig zu beschreiben, weil sie eben auch Unbewusstes umfasst. Für Jung ist das Ich Teil eines übergeordneten Selbst als Zentrum und Umfang der unbegrenzten und undefinierbaren psychischen Gesamtpersönlichkeit. Anders ausgedrückt: Der Mensch ist eben auch bei C.G. Jung sehr viel mehr als Mensch. Aber dessen ist sich heute kaum jemand bewusst. Das beschränkte Ich ist meist das Ein und Alles. So besteht die große Mehrheit gebildeter Leute aus fragmentarischen Persönlichkeiten, kritisiert Jung. Der moderne Mensch leidet *„an einer Hybris des Bewusstseins, die sich der Krankhaftigkeit nähert".*[84]

---

[82] Ebda., S. 49

[83] Ebda., S. 50

[84] Ebda., S. 99

Jung fragt ausdrücklich, wessen Bewusstsein das ist, wer dieses Individuum ist. Das Bild, das ich von mir selber habe? Das andere von mir haben? Was weder ich noch andere von mir wissen, aber das auch existiert? *„Tatsächlich ist es unmöglich, die Ausdehnung und den definitiven Charakter psychischer Existenz zu bestimmen. Wenn wir nun vom Menschen sprechen, so meinen wir dessen unbegrenzbares Ganzes, eine unformulierbare Totalität, die nur symbolisch ausgedrückt werden kann. Ich habe den Ausdruck ‚Selbst‘ gewählt, um die Totalität des Menschen, die Summe seiner bewussten und unbewussten Gegebenheiten zu bezeichnen.“*[85] Rational fassbar ist das Selbst nicht. Für Jung ist es eine *„absurde Annahme, dass der Intellekt, der ja nur Teil und Funktion der Psyche ist, genüge, das viel größere Ganze der Seele zu erfassen“.*[86]

Ganz zu sein heißt für Jung außerdem, voller Widersprüche zu sein, die Widersprüche auszuhalten. Das ist schwer verdaulich für das traditionelle europäische Denken, das Widersprüche immer zwanghaft eliminieren muss. Und wer von einem Forschungsgebiet ein geschlossenes System erwartet, wird sich schwer mit der Arbeit Jungs anfreunden können. Denn Jung hat nahezu das gesamte Spektrum der menschlichen Psyche ausgelotet und daher auch ihre letztliche Unbegreifbarkeit artikuliert. (Ebenso ist die Materie der Physiker letztlich unbegreiflich, was aber zur Physik des 20. Jahrhunderts gehört, die noch nicht in ein allgemeines Weltbild eingegangen ist.) Zum Verständnis von Jungs Welt- und Menschenbild sind vor allem Einfühlungsvermögen und ein intuitives ganzheitliches Bewusstsein gefragt.

Jeder Wissenschaftler muss sein Gebiet begrenzen, das heißt, dass er alles, was von außerhalb einfließt, im definierten Rahmen interpretieren muss. Redliche Wissenschaft ist, sich dieser Tatsache bewusst zu sein und nicht Interpretationen als „Wahrheit“ oder „Realität“ auszugeben. Der Psychologe muss sagen, dass die Persönlichkeit auf etwas Unbegrenztem und Undefinierbarem (Unbewusstem) beruht, dessen Leugnung wissenschaftlich naiv wäre. Der Mensch ist teils messbar, aber an einer nach oben offenen Skala, die in Unmessbares mündet.

In einem spirituellen, ganzheitlichen Denkrahmen können die außerhalb des Psychischen liegenden Kräfte benannt werden (Gott,

---

[85] Ebda., S. 97 f.
[86] Ebda., S. 100

Engel, Geister, Dämonen, Teufel). Für den Psychologen sind das psychische Kräfte, weil er sie wissenschaftlich nur als in der Psyche präsent erfassen kann. Aus der Sicht des begrenzten bewussten Ich kommen sie, so oder so, in jedem Fall von außerhalb des Ich. Im modernen naturwissenschaftlichen Denkrahmen können wir sagen, dass es diese Phänomene nicht gibt, was auch stimmt, weil sie im Feld des abgesteckten Denkrahmens (Materie in Raum und Zeit) nicht vorkommen. Was aber nicht heißt, dass sie nicht existieren (in einem weiter gespannten Denkrahmen, in dem dann auch „existieren" etwas anderes bedeutet).

Unbewusste Phänomene (die wir nur an ihrer Wirkung indirekt erkennen können, wie die Jung'schen Archetypen), kommen in jedem Fall von „außen" (von außerhalb des Ich), haben eine vom bewussten Ich unabhängige Existenz, egal ob wir sie als unbewusste psychische Phänomene oder als objektive Wesenheiten interpretieren. Beides ist Interpretation[87]. Deshalb kann man die griechisch-römische Götterwelt psychologisch erklären. Da die Entwicklung des Bewusstseins aber eine Zurücknahme der Projektionen erfordert, so Jung weiter, kann eine Götterlehre im Sinne einer nicht-psychischen Existenz nicht aufrechterhalten werden.

Was hindert uns daran, beides anzunehmen: dass sie psychischer Natur sind und dass sie selbständige Wesenheiten sind? Dann sind sie selbständige „Geister" in uns – sozusagen zwischen Subjekt und Objekt – und alle unbewussten psychischen Phänomene wären damit erklärbar. Das wäre nichts anderes, als beide Sichtweisen (Teilchen- und Wellenbild) ernst zu nehmen, die einander widersprechen, aber komplementär zusammengehören. Wir würden dann von einem unanschaulichen Phänomen ausgehen, das nur in der einen (teilchenartigen) oder der anderen (wellenartigen) Sicht, entweder durch Begriffe oder durch Symbole, beschrieben werden kann. Es entspricht wissenschaftlicher Seriosität, diese Hypothese aufrechtzuerhalten, solange sie nicht widerlegt ist. Und widerlegt ist sie nicht deswegen, weil sie in einem begrenzten Denkrahmen keinen Platz hat.

---

[87] „Die Annahme unsichtbarer Götter oder Dämonen wäre eine psychologisch viel passendere Formulierung des Unbewussten, obschon dies eine anthropomorphistische Interpretation wäre." S. 100 f.

Eigendynamik der Erkenntnis

Der Drang des Menschen, die Welt zu erkennen, führte dazu, sich selbst zu vergessen. Perfektioniert wurde das in der Naturwissenschaft, die das Subjekt aus der Erkenntnis völlig herauszuhalten versuchte. Das Ergebnis war eine „objektive" Welt, in deren Beschreibung der Mensch nicht mehr vorkam. Mit der Quantentheorie änderte sich das. Die moderne Physik ist der Anfang vom Ende der bloß objektiven Erkenntnis. Das Subjekt wird aus seinem Exil befreit. Jedes Messen verändert das Gemessene, jedes Erkennen verändert das Erkannte – und den Erkennenden. Das Ergebnis ist aber immer noch eine – jetzt eben subjektiv gefärbte – „objektive" Welt, in der auch das Subjekt (und das ist nur ein Begriff für die innere Welt) ein bestimmender Faktor ist.

Was immer noch verdrängt wird: Jedes Erkennen verändert nicht nur das Erkannte, sondern auch den Erkennenden. Ein entscheidender Schritt vom logischen zum kreativen Erkennen. Diese Entwicklung vollzog sich in der Psychologie. Die Schlüsselwörter sind Lernen und Kreativität. Erkennen ist nicht bloß das Erfassen einer (subjektiv modulierten objektiven) Welt, sondern ein innerer Prozess, bei dem sich der Erkennende, insofern er dabei lernt, selbst verändert und entwickelt. Ich kann etwas „verstanden" haben, wie etwas funktioniert, oder ich kann mich durch einen „Sachverhalt" anregen lassen, weiterzudenken. Das Schlüsselwort dabei ist „Inter-esse" (= dazwischen sein), d.h. es geht gar nicht mehr um ein Subjekt und Objekt, sondern um einen beide umfassenden Prozess, eine Bewegung in zwei Richtungen. Ich erkenne etwas „Objektives", das ich aber gleichzeitig subjektiv moduliere, verändere – und indem ich davon „ergriffen" bin und selbst weiterdenke, verändere, entwickle ich mich selbst. Das nicht zweimal in denselben Fluss steigen Können des Heraklit gilt nicht nur für den Fluss vor der Haustür, sondern auch und vor allem für den Erkenntnisprozess. Die Frage nach einem „festgestellten" Objekt und einem „bestehenden" Subjekt verliert ihre Bedeutung, verschwindet im Prozess und in der Dynamik des Erkennens. Quantentheorie und Tiefenpsychologie läuten auch das Ende des statischen Weltbilds ein.

Die Mikrowelt erschien den Architekten der Quantentheorie zunächst als eine völlig absurde Welt. Das erste Fremdartige – noch vor dem Welle-Teilchen-Dualismus – war das Moment der Ganzheitlichkeit, auf das schon Max Planck gestoßen war. Schon das war der „Todesstoß" der klassischen Physik, der sich dann in weiteren

Schritten nach und nach konkret vollzog. Zuvor waren Wellen und Teilchen etwas Eigenständiges, sodass man auch die Wellen als eigene Entitäten, eben als Objekt sehen konnte. In der herkömmlichen Logik hätte man jetzt schließen müssen, dass Wellen auch nur Energiepakete sind, also auch nur Teilchen. Damit wäre im Sinne der Entweder-Oder-Logik eine Seite (das Wellenartige) eliminiert und das Bild der Welt vereinheitlicht worden. Da es aber unterschiedliche Experimente waren, die entweder Teilchen oder Wellen als Ergebnis hervorbrachten, war es nicht mehr möglich, wie bis dahin gewohnt, eine Seite der Gegensätze zu eliminieren.

Damit hatte sich der cartesische Schnitt zwischen Subjekt und Objekt in Richtung Subjekt verschoben. Die „Welt" ist gleichzeitig teilchen- und wellenartig. Was den Unterschied macht, ist das Experiment oder die Art und Weise, wie man hinschaut. Man kann die „Welt" teilchenartig oder wellenartig sehen. Beide Sichtweisen werden ihr nicht gerecht, sondern es braucht beide – so gegensätzlich sie sind –, um die Wirklichkeit zu beschreiben. Damit zeigte sich aber auch, dass die klassische Physik nicht einmal in der Lage ist, die materielle Welt zu beschreiben, weil sie einem ausschließlichen Teilchendenken entspricht. Klassisch gibt es eine objektive Welt, in der der Raum mit Dingen angefüllt ist. Das, was nicht eigentlich dinglich ist, wird als dinglich angesehen oder geleugnet. Das ist eine direkte Folge des Galilei'schen Postulats des Messens, was messbar ist. Und messbar machen, was nicht messbar ist. Damit kann man die Welt mechanistisch erklären. Allerdings nur dann, wann man alles nicht Messbare leugnet (Pietschmann).

In der Quantenphysik ist die Teilchensicht nicht mehr ausreichend, es muss das Wellenbild hinzukommen. Letztlich ist das der Einzug des (ausgedehnten Wellendenkens in die bisher vom (isolierenden) Teilchendenken beherrschte Physik. In der Sprache der Psychologie und Symbolik ist es der Einzug des weiblichen Beziehungsdenkens in eine vom männlichen Objektdenken dominierte Physik. Das sind aber nur Sichtweisen. Im anschaulichen Denken und in Experimenten können wir nur entweder von Teilchen oder von Wellen reden. In „Wirklichkeit" geht es um ein und dasselbe Phänomen, das uns nur entweder so oder anders erscheint. Man kann Wellen als Energiepakete sehen und Teilchen als nicht wirklich begrenzte Phänomene. Die Trennung liegt nur in der Sprache und Anschauung. Auch ein Teilchen existiert nur als Wechselwirkung.

Dinge sind eigentlich Prozesse. Es gibt nichts Statisches, die Welt ist dynamisch. Mit anderen Worten: Es gibt nur das Ganze, die isolierten Teile oder die Begrenzungen steuert unsere Anschauung bei. Die Wirklichkeit besteht nicht aus isolierten Bestandteilen. Oder wie es Hans-Peter Dürr formuliert: Es gibt nur Verbundenheit (und nicht einmal Verbindung von Teilen), das Ganze ist gar nicht fragmentierbar, aber wir können nicht denken, ohne zu fragmentieren.[88]

Noch einmal anders formuliert: Wir müssen vom statischen Denken (Teilchensicht) wegkommen wieder zu einem dynamischen Denken in Feldern (Wellensicht). Aber nicht indem wir das eine verwerfen und zum anderen übergehen, sondern indem wir beide Sichtweisen als komplementär betrachten, als Gegensätze, die nur zusammen die Wirklichkeit ergeben. Das gilt auch für die (makroskopische) Lebenswelt: Wir leben in einer Welt der Dinge, mit denen wir umgehen, die aber bei genauerem Hinsehen gar nicht von ihrer Umwelt zu trennen sind, die eine Geschichte haben, sich entwickelt haben und sich weiterentwickeln. Alles ist Gewordenes im Kontext; was wir als Dinge oder Objekte wahrnehmen, ist nur eine Momentaufnahme in einem lebendigen Prozess.

Das Erkennen verändert nicht nur das Erkannte, sondern auch den Erkennenden, der sich dadurch weiterentwickelt. Das ist es, was wir als Lernen bezeichnen. Nichts ist statisch. Das Lebendige kennt keine Begrenzung und keinen Stillstand. Die Psychologie „lebt" davon. Die moderne Physik hat gezeigt, dass das auch für die materielle Außenwelt gilt. Teilchen sind keine Teilchen, sondern Prozesse. Sie bestehen nur in Wechselwirkung und im Kontext der gesamten Umwelt. Was die Mikrophysik in den Teilchenbeschleunigern untersucht, ist nur mehr Werden und Vergehen in beinahe unendlich kleinen Zeiträumen. Dabei lässt sich nichts direkt beobachten, sondern nur an Messinstrumenten (Zeigerausschlägen, Fotoplatten, Nebelkammern), die ein statisches Bild suggerieren.

---

[88] „Die toten Sachen haben noch eine Beziehung, und die nennt man Wechselwirkung. Die Lebendigen haben eine Beziehung, die nur zum Teil mit Wechselwirkung beschrieben werden kann. Das ist vornehmlich Verbundenheit. Verbundenheit mit Differenzierung. Wenn ich öfter gesagt habe, alles ist Beziehung, dann habe ich eigentlich Verbundenheit gemeint. Eine Beziehung, bei der ich nicht gleichzeitig auf A und B reflektiere, sollte ich besser neutral ‚Verbundenheit' nennen. Verbundenheit meint ‚nicht-fragmentierbar'. Und die Beziehungsstruktur ist dann die Art und Weise, wie wir darüber reden. Das ist schon Reduktionismus." Hans-Peter Dürr: Wir erleben mehr als wir begreifen, S. 150

Selbst das Bewusstsein scheint so ein Messinstrument zu sein, das die Dynamik der äußeren und inneren Welt nicht abbilden kann und uns damit eine statische Welt vorgaukelt, die mit dem Teilchenbild allein ausreichend beschrieben werden kann. Was allerdings nicht mehr den Tatsachen entspricht. Das Fließen, der Prozess des Lebendigen muss komplementär ergänzt werden.

Vielleicht können wir dem bislang ungeklärten Phänomen des Bewusstseins näherkommen, wenn wir es nicht als Entität, sondern als Feld betrachten, in dem zwischen Subjekt und Objekt, zwischen Hirn, Körper und Umwelt zwar unterschieden, aber nicht getrennt werden kann.

Tatsachen, Psychologie und Superposition

Bevor wir ein Quantenphänomen messen, hat es keine bestimmten Eigenschaften, sondern ist quasi überall in Superposition, einer Überlagerung aller Möglichkeiten. In unserer Welt – das heißt, in der Welt der Wechselwirkungen – ist das nicht möglich, kein Objekt ist an mehreren Orten gleichzeitig. Allerdings sind auch unsere Objekte Objekte nach einer Messung, denn Hinschauen ist ja auch eine Messung. Wenn wir unsere Welt durch die Logik der Quantenwelt sehen, dann fallen uns möglicherweise doch sehr viele Parallelen auf. Voraussetzung wäre nur, das gewohnte Teilchendenken hintanzustellen oder zu erweitern, das Wellendenken mit einzubeziehen und zu akzeptieren, dass wir in das, was ein Phänomen oder Ereignis unabhängig von unserer Beobachtung ist, keinen Einblick haben.

Wir tun so, als wäre in unserer gewohnten Welt alles so eindeutig und klar. Dem ist aber nur so, weil wir nur die materielle, „objektive" Welt (durch die Brille eines physikalistischen Weltbildes) vor Augen haben. Diese Welt gibt es aber in der (von der klassischen Naturwissenschaft geforderten) Eindeutigkeit nicht. Immer sind es wir, die etwas sehen, und wir sehen es so, wie wir sehen, nicht so, wie eine fiktive objektive Welt zu sein hat. Für asiatische Weltanschauungen ist die Welt eine Illusion (wir sehen sie nur so, wie sie uns erscheint) – und mit quantenphysikalischen Augen gesehen haben sie damit sogar Recht. Wir sehen alles so, wie wir eben sehen, wir sehen nichts so, wie es wirklich ist. Und die Frage, wie etwas

„wirklich" ist, ergibt in der Quantenwelt gar keinen Sinn. Das sollte hellhörig machen und die Frage zulassen, ob die Vorstellung einer eindeutigen und wirklichen Welt nicht ebenso sinnlos ist.

Nehmen wir eine Situation, in der noch nicht klar ist, „wie sie wirklich ist", etwa das Attentat von Nizza am 14. Juli 2016[89]. Bilder verbreiten sich medial, aber man weiß noch so gut wie nichts. Im Lastwagen wurde der Pass eines Franko-Tunesiers gefunden, aber es ist noch nicht mal klar, ob es der des Amokläufers ist. Aber statt vorerst von einem Amoklauf zu reden, fallen sofort Begriffe wie Moslem, Terrorakt (das Muster entspricht ja tatsächlich der Strategie des IS) und Islamismus. Wenn man genau hinschaut, überlagern sich hier verschiedene Bilder von möglichen Szenarien, die sich mit eigenen Phantasien vermischen.

Unser „Teilchendenken" hält erst mal fest an dem, was wahrnehmbar ist: Lastwagen, Täter, Opfer, Tote, Verletzte. Die Frage, wie es wirklich war, hat letztlich gar keinen Sinn. Zu viele Details sind unbekannt, und für nicht in Nizza Beteiligte hat das alles denselben Wirklichkeitswert wie ein Hollywood-Film. Das heißt, wir haben eine Wolke von Möglichkeiten und Bedeutungen, und das hat durchaus Ähnlichkeit mit der Superposition von Quantenphänomenen. Durch die Messung (Verifizierung) kollabieren diese in die Realität. Im Fall von Nizza müssen wir recherchieren, identifizieren, Hintergründe beleuchten, interpretieren, bis dann langsam ein Bild der „realen" Situation entstehen kann. Aber das wird dauern. Hier handelt es sich nicht um eine einfache isolierte Situation (wie in der Physik), sondern um eine natürliche komplexe Situation, die nicht aus ihrem Kontext gelöst werden kann. Daher können wir zwar nicht von einem „Kollaps" in die Realität sprechen, aber von Konkretisierungen, bei denen immer Mögliches durch „Tatsächliches" ersetzt wird – und zwar immer nur annäherungsweise. Auch wenn die Fakten einmal einigermaßen klar sein sollten, so dass ein „Teilchenbild" des Geschehens hervortritt und ein „Wellenbild" der Zusammenhänge und wie es dazu kommen konnte, wird doch immer etwas offenbleiben, weil wir z.B. nicht in die Psyche des Täters direkt hineinschauen können. Und weil wir andererseits auch immer nur das sehen können, worauf wir hinschauen. Daher können wir (subjektiv empfunden) ein relativ klares Bild des Geschehens

[89] https://www.zeit.de/gesellschaft/zeitgeschehen/2016-07/attentat-nizza-frankreich-anschlag-fakten-faq

haben, aber die Frage, wie es wirklich war, unabhängig von unserem Hinschauen und unserer Interpretation, ist immer noch so unsinnig wie die Frage, was ein Quantenphänomen unabhängig von einer Messung ist. In der Quantenphysik können wir nur von statistischen Wahrscheinlichkeiten für ein Kollektiv reden. Ein Einzelereignis kann nicht Gegenstand einer physikalischen Beschreibung sein. Das geht nur in der makroskopischen Lebenswelt. Tatsächlich? Gibt es hier wirklich Einzelereignisse, also elementare Ereignisse? Bei genauerer Betrachtung sicher nicht, denn jedes Ereignis ist dermaßen komplex und hängt mit derart vielen anderen zusammen, dass es gar nicht als elementares Einzelereignis in den Blick kommt. Wenn wir von „Fakten" reden, meinen wir letztlich immer nur die „objektive" Außenwelt. Wir können das Ereignis aber nur im äußeren Kontext und nur vor dem Hintergrund unserer eigenen Biografie sehen. Was bedeutet, dass jeder dieses objektive Ereignis unter subjektiven Prämissen sieht. Das lässt sich gar nicht trennen. Sehen ist kein Abbilden und unser Wahrnehmungssystem keine Fotoplatte. Überdies ist ein Ereignis wie das Attentat von Nizza ein derart komplexes Geschehen, dass von eindeutig und objektiv gar nicht die Rede sein kann. Alles, was wir wahrnehmen, ist ein Zusammenspiel von Außen- und Innenwelt, nicht als zwei Entitäten, sondern als Wahrnehmungsfeld, das zwischen außen und innen aufgespannt ist und beide „Welten" umfasst.

Begriff und Bedeutung

Begriff und Bedeutung sind zu unterscheiden, aber nicht zu trennen. Unterscheiden können wir auch eine „objektive" und eine „subjektive" Bedeutung, aber auch das ist nicht zu trennen. Jeder Begriff hat eine objektive Bedeutung, zu der aber immer auch eine oder mehrere subjektive hinzukommen. Das ist kein Gegensatz, sondern eine Gewichtung. Die Gewichtung entscheidet, ob wir „naturwissenschaftlich" oder „psychologisch" denken. Damit sind zwei Bereiche zwar notwendigerweise zu unterscheiden, aber nicht zu trennen.

In der Quantenmechanik kommt das sehr schön zum Ausdruck. Objektiv ist die (mathematische Formulierung der) Quantenmechanik die fundierteste Theorie, die wir haben. Über Interpretation und Bedeutung der Formeln sind sich die Physiker jedoch bis heute nicht einig. Andererseits beschäftigt sich die Psychologie mehr mit der (subjektiven) Bedeutung, etwa in der Traum- oder Schicksalsanalyse/Biografiearbeit. Doch auch da gibt es objektive Kriterien. Bestimmte Traumsymbole habe eine „objektive" Bedeutung, die subjektiv überlagert ist. Die subjektive Bedeutung – die mehr oder weniger weit weg von der objektiven Bedeutung liegen kann – ist das, was in der Analyse im Vordergrund steht. Das unterscheidet die psychologische von der naturwissenschaftlichen Sicht. Die Naturwissenschaft verweist das Subjektive ins Reich der Fantasie, was so nicht stimmt. Für die Psychologie ist das „Objektive" bloß Anhaltspunkt, das methodisch (etwa durch Assoziieren und Amplifizieren) konkretisiert und individualisiert werden muss.

Damit ist die Psychologie näher an der konkreten „Wirklichkeit" als die Naturwissenschaft, die eine Situation konstruiert, die mit der Wirklichkeit wenig zu tun hat (ein isoliertes Experiment), aber sich an der Realität bewähren muss. Die Psychologie hat den konkreten Einzelfall, wie er in der Natur vorkommt, zum Ziel, das nur annäherungsweise zu erreichen ist. Die Naturwissenschaft hat als Ausgangspunkt eine Konstruktion (Hypothese, Theorie), zu der sie aus Beobachtung und Intuition kommt und die im Experiment durch die Natur widerlegt wird oder nicht.

Eine naturwissenschaftliche Theorie hat Voraussagen zu machen, die sich im Experiment bewähren müssen oder widerlegen lassen. Beweisen kann sie nichts, aber was nicht widerlegt werden kann, ist Stand des Wissens. Eine psychologische Theorie muss Wege aufzeigen, wie man eine isolierte Situation (eine Fixierung, ein Krankheitsbild) auflösen kann, um die Person in ein freieres Leben zu entlassen. Da die Ursachen in der Biografie liegen, geht es darum, in die vergangene Welt der Überlagerung alles Möglichen zu gehen. Was wir jetzt sind, ist sozusagen das durch Messung (aus dem Weltbild heraus) zum Teilchenbild gewordene Ich, quasi die festgestellte Vergangenheit. Durch psychologische Methoden geht man sozusagen hinter die Messung (das Selbstbild) zurück, um andere mögliche „Vergangenheiten", die in „Superposition" unbewusst da sind und wirken, zu durchleuchten. Und wie im Doppelspaltexperiment wird nicht die Vergangenheit geändert, obwohl es durchaus so aussieht, sondern ein anderer Strang der „Möglichkeiten" aktualisiert.

Philosophisch ist unser konkretes Leben die Reduktion der (Gesamt-)Wirklichkeit auf das, was wir Realität nennen. Da erscheint uns vieles als konkret dinghaft, obwohl das nur durch Messung, durch die Art des Hinschauens so erscheint. Gehen wir hinter dieses Weltbild und dessen Sichtweise (bestimmte Messung) zurück, erfahren wir mehr (weil nicht mehr punktuell, sondern „wellenförmig"), aber weniger scharf (logische Unschärferelation). Nehmen wir beides in den Blick, erkennen wir, dass Wissen (Messung, Hinschauen) immer einen viel größeren Bereich des Nicht-Wissens (Wahrscheinlichkeitsfunktion, Überlagerung alles Möglichen) ausschließt. Wenden wir das auf die Kulturgeschichte an, können wir das Wissen durch Messung und begriffliche Definition mit unserem heutigen naturwissenschaftlich-begrifflichen Denken gleichsetzen. Davor haben die Menschen überwiegend bildhaft-symbolisch gedacht (Mythos). Das religiöse könnten wir als ganzheitliches Denken beschreiben, in dem das Wort zum Symbol wird. Ob das jemals konkret realisiert wurde, ist eine andere Frage.

Wenn wir die Entweder-Oder-Logik nicht zum alleinseligmachenden Denken hochstilisieren, dann können wir die damit suggerierte Ansicht, dass das moderne Denken das „richtigere" sei, fallenlassen. Es sind verschiedene Sichtweisen (Feststellungen) der Wirklichkeit, die den historischen „Fortschritt" begründen, die aber auch nebeneinander bestehen können und müssen. Aus dieser Sicht ist der Mythos nicht überholt, sondern eine Sichtweise, die uns verloren gegangen ist, die aber im Unbewussten, in Träumen und Fantasien weiterlebt und für unsere Selbsterkenntnis fundamental ist.

Mit der Teilchensicht stellen wir fest und be-greifen statisch die dingliche, objekthafte Außenwelt; mit der Wellensicht nehmen wir wahr die Symbole der Innenwelt, die ambivalent, mehrdeutig die Beziehung zwischen bewusst und unbewusst dynamisch darstellen. Sie sind Ausdruck der Archetypen im Unbewussten, die alle Möglichkeiten ihrer Bedeutung in ihrer Ganzheit (quasi in Superposition) beinhalten. Wirklicher Fortschritt kann heute nur so aussehen, dass beide Sichtweisen zum Tragen kommen. Das würde auch bedeuten, dass wir das Symbolisch-Mythologische nicht als überwunden betrachten, sondern als im modernen Denken verdrängt. Dass wir es als das weibliche Wellen-/Beziehungsdenken zum aktuellen männlichen Teilchen-/Objektdenken hinzunehmen müssten, um das bisher einseitige Bild zu ergänzen.

Die Überwindung des Dualismus

Am Anfang der Neuzeit standen Galilei, Newton und Descartes. Der Beitrag von Descartes war ein scheinbarer Dualismus: Wir beschäftigen uns mit Materie in Raum und Zeit, alles andere überlassen wir den Theologen und der Religion. Das wurde endgültig zum Dualismus, als das Ganze in zwei voneinander unabhängige Teile getrennt und damit aus der Unterscheidung eine Trennung wurde. Descartes schuf die Voraussetzung, die Reduktion auf die Materie. Galileis Beitrag war die Methode, das Experiment, und Newton schuf das System der Naturwissenschaft (die nichts mehr mit der Natur zu tun hatte). Das funktionierte großartig in der Welt der Materie, alle modernen Errungenschaften wurden damit ermöglicht. Der Preis war das Ausklammern der Fragen nach dem Ganzen, auch die Frage nach dem Menschen.

Der Dualismus gebiert das Leib-Seele-Problem, das in dieser Form unlösbar ist. Aus dem Dualismus gibt es so keinen Ausweg. Er ist statisch, es gibt keine Bewegung mehr. Es gibt kein Dazwischen, keine Dynamik, keine Entwicklung. Das Leib-Seele-Problem lässt sich nur lösen, indem man sieht, dass es nicht existiert. Vorher (und nachher) gibt es die Frage Körper-Seele-Geist. Das dualistische muss zu einem dynamisch-trinitarischen Denken werden, um aus der Falle zu entkommen.

Erst durch die Drei ist Dynamik und Entwicklung möglich, und die Spannung des Dazwischen, die das Leben ausmacht. Körper und Seele im dualistischen System sind Abstraktionen, die so gar nicht existieren. Der (rein materielle) Körper ist das, was nach dem Ende des Lebens im Sarg liegt, und die Seele wird zum Phantasiegebilde, das nicht zur objektiven Welt gehört.

Im trinitarischen Denken sind wir Seele, ein Dazwischen – zwischen einem abstrakten Subjekt und der genauso abstrakten objektiven Welt. Wir bringen das Teilchen- und Wellenbild der Quantenmechanik deshalb nicht zusammen, weil wir nur noch gewohnt sind, in Teilchenbildern zu denken. Die objektive Außenwelt besteht nur in einer Ansammlung von isolierten Teilchen, die subjektive Innenwelt (die mehr dem Wellenbild gleicht) hat für uns keine Realität. Real (von res = Ding) ist nur die Außenwelt. Mit der grundlegenderen Innenwelt können wir nichts anfangen.

Von der Physik könnten wir lernen, dass erstens Teilchen nicht bloß isolierte Teilchen sind und dass sie ohne die Kräfte dazwischen nichts wären. Das Elementare sind nicht die Teilchen, sondern die Wechselwirkungen. Ohne Gravitation gäbe es keine Atome, keine Moleküle, keine Sonnensysteme und keine Galaxien. In unserer ureigenen Lebenswelt tun wir aber so, als gäbe es nur Teilchen, Körper und Gegenstände. Noch in der Quantenmechanik werden sogar Kräfte als „Teilchen" beschrieben – auch wenn in der Quantenwelt Teilchen keine Teilchen sind.

Das Dazwischen, die Seele, das Leben, die Attraktion, die Liebe haben wir eliminiert. Auch die Quantenphysik hat nichts mit unseren Lebensproblemen zu tun (Wittgenstein). Das ist möglicherweise der Grund, warum das Denken der Quantentheorie noch nicht in ein allgemeines Weltbild eingegangen ist. Der andere, interne Grund ist, dass auch die Quantentheorie noch vom männlichen Teilchendenken durchdrungen ist. Daher werden auch Wellen irgendwie wie Teilchen behandelt und Kräfte als Teilchen beschrieben. Zwar ist die Einsicht, dass das weibliche Beziehungsdenken (Wellensicht) zum Teilchen- oder Objektdenken hinzukommen muss, nicht mehr aus der Physik zu eliminieren, aber eben diese Physik durch das weibliche Beziehungsdenken zu sehen, ist bisher nur wenigen vergönnt. Man darf gespannt sein, wann die bisher männerdominierte Physik einmal zumindest gleichberechtigt von Frauen übernommen wird.

Die Überwindung des Dualismus kann jedenfalls kein Monismus sein, der eine Seite des Gegensatzpaares im anderen aufgehen lässt. In diesem Sinne sind weder Idealismus noch Materialismus geeignet, mit Wirklichkeit umzugehen. Es ist zwar heute einleuchtender, alles Geistige inklusive Bewusstsein aus der Materie abzuleiten, es ist aber um nichts besser, als in billiger Esoterik alles auf den Geist zurückzuführen. Einziger Ausweg kann nur sein, den Sprung über die bisherige aristotelische Logik zu wagen, das Entweder-Oder ad acta zu legen und – wie es Quantenphysik und Tiefenpsychologie gleichermaßen nahelegen – die Komplementarität und Ganzheitlichkeit ernst zu nehmen. Das hieße, die Dualität in Komplementarität überzuführen. Materie und Psyche sind (für unsere Anschauung) einander ausschließende Sichtweisen, die aber beide notwendig sind, um Wirklichkeit zu beschreiben. Sie gehören als Außenwelt und Innenwelt komplementär zusammen, sind letztlich eines, auch wenn wir (wie in den Kippbildern) nur entweder die eine oder nur die andere Ansicht wahrnehmen können. So sind Materie und Psyche nur zwei Seiten einer Medaille. Wenn man Religion nicht als Dogmatik, sondern als (psychische) Erfahrung sieht – Religion ist ohne Psychologie und Symbolik gar nicht zu verstehen –, dann gilt das auch für Naturwissenschaft und Religion. Das sind ebenfalls zwei verschiedene Bereiche, Religion kann nichts über Naturwissenschaft und diese nichts über Religion aussagen, aber auch sie gehören komplementär zusammen.

Die Unschärferelation als universales Gesetz

Als Werner Heisenberg 1927 seine berühmte Unschärferelation formulierte, war das etwas völlig Ungewohntes. Wenn z.b. der Ort eines Teilchens gemessen wird, dann bleibt die Geschwindigkeit unbestimmt. Eigentlich heißt es genauer auch Unbestimmtheitsrelation, denn es geht nicht nur darum, dass nicht beides zugleich gemessen werden kann, sondern dass durch die Messung eines Wertes der andere tatsächlich unbestimmt ist. Ein Elementarteilchen besitzt keine Eigenschaft, bevor sie gemessen wird.

Zu dieser Zeit war klar, dass die Welt des Mikrokosmos ganz anders funktioniert als unsere gewohnte Welt. Es war aber auch klar, dass Newtons klassische Physik nicht falsch, sondern nur ungenau war und ist. Im Makrokosmos tut sie weiterhin ihre Dienste. Die Frage, wo die Gesetze des Mikrokosmos aufhören und die des Makrokosmos anfangen, kann bisher nicht definiert werden. Aber das ist vielleicht auch eine Scheinfrage. Es gibt ja keine „objektive" Grenze, weil es nicht eine Frage des „Objekts", sondern der Anschauung ist.

Im Elementaren gibt es zwei Anschauungen, die eine führt zur dynamischen Wellensicht, die andere zur statischen Teilchensicht der einen Wirklichkeit. Hier wäre es genauso absurd, nach der Grenze zwischen Teilchen und Welle zu fragen. Eine bessere Näherung ist der Begriff des Feldes. Die Ausdehnung des Feldes (theoretisch bis ins Unendliche) entspricht der Welle, die konzentrierte Feldstärke an einem „Ort", der aber nicht umgrenzt oder exakt „definiert" ist, entspricht dem Teilchen. Aber es ist nur *ein* Phänomen. Nach einer Grenze zu fragen hieße zwei Entitäten anzunehmen, und das wäre schon falsch, es sind eher zwei Anschauungsformen. Es gibt daher auch im Feld keine Grenze zwischen dem, was uns als Teilchen erscheint, und dem, was uns als Welle erscheint. Letztlich gibt es nur das Feld.

Die brisante Frage ist vielmehr: Ist das in unserer (makroskopischen) Lebenswelt wirklich so anders? Wir sehen überall um uns nur Objekte oder Dinge. Tatsächlich ist es so, dass es auch in unserer Lebenswelt keine isolierten Dinge gibt. Kein Ding hört an seiner Oberfläche wirklich auf. Das Bild eines Hauses ist z.b. nicht die ganze Wahrheit. Da gibt es Wärmestrahlung, die Luft, die auch zum Haus gehört und sich ständig austauscht, sogar die Wände „atmen". Das Haus ist auch nicht so statisch, wie es uns erscheint, es hat eine Geschichte. Die Wirklichkeit ist immer dynamisch, nur unsere Anschauung ergibt momentan ein statisches (Teilchen-)Bild.

Noch komplexer wird es, wenn wir die Bedeutung eines Dinges hinzunehmen. Und was wäre ein Ding oder Begriff ohne seine Bedeutung? Es wäre wie ein Teilchen ohne Feld. Bedeutung ist immer Bedeutung für mich. Das Haus, das ich sehe, ist also nichts bloß Objektives, sondern ich sehe es vor dem Hintergrund meiner Lebenserfahrung, die ich nicht von der „objektiven" Wahrnehmung trennen kann. Ich verbinde damit Heimat, Wohnung, Familie, verschiedene Lebensbereiche usw. All das ist mit dabei, wenn ich ein Haus sehe. In psychologischer Sprache könnten wir sagen, auch das konkrete Haus ist nicht bloß Begriff, sondern Bild oder Symbol. Auch ich als Mensch bin nicht durch meine Hautoberfläche begrenzt. Auch da gibt es Wärmestrahlung, Atmung, Biografie, Beziehungen usw.

C.G. Jung und Wolfgang Pauli haben in ihrer Diskussion, vorliegend in ihrem Briefwechsel, die These erarbeitet, dass Physik und Psychologie sich komplementär verhalten, also zwei Seiten desselben darstellen. Ein Bild, das sie dafür verwenden, ist die Spiegelung. Materie ist die Spiegelung der Psyche und umgekehrt. Damit lassen sich die Gesetze der einen Wissenschaft auf die andere anwenden und die Erkenntnisse so vertiefen. In der Sprache spiegelt der Begriff die Bedeutung und umgekehrt. Beides lässt sich nicht trennen, weil es komplementär zusammengehört, auch wenn es unterschieden werden muss, um kommunizieren zu können.

Durch die Wiedereinbeziehung des Beobachters oder der Beobachtungsmittel in der Physik wird umgekehrt sozusagen das Erkannte in den Erkenntnisprozess hineingenommen. So wie man Ort und Zeit/Bewegung eines Quantenphänomens nie gleichzeitig exakt messen kann, weil das eine nie völlig unabhängig vom anderen ist, so auch Physik und Psychologie, Materie und Psyche. Das klassische Weltbild postuliert eine voneinander unabhängige Außen- und Innenwelt. In der modernen Sicht der Einbeziehung des Erkennens/Messens in den Erkenntnisprozess kann es das nicht geben. Die Außenwelt ist immer auch subjektiv, und die Innenwelt immer auch objektiv.

Den Ort eines Teilchens exakt zu bestimmen würde die Bewegung unbestimmt und unbestimmbar lassen. Die Bewegung eines Teilchens exakt zu bestimmen würde den Ort unbestimmt und unbestimmbar lassen. Die klassische Sicht hat vorgegeben, es könnte so etwas wie die gleichzeitige Bestimmung von Ort und Bewegung geben. Die klassische Sicht suggeriert, es könnte so etwas wie eine bloß objektive Außenwelt und eine bloß subjektive, auf einen abstrakten Punkt reduzierte Innenwelt geben.

Der Dialog zwischen Jung und Pauli hat auch generell die Naturwissenschaft und Geisteswissenschaft in dieses Verhältnis gesetzt. Zählte man früher die Psychologie zu den Geisteswissenschaften, so betonte C.G. Jung den naturwissenschaftlichen Charakter seiner Forschungen. Allerdings mit dem Postulat einer inneren Natur als Pendant zur äußeren.

Gemäß dem Teilchen- und Wellenbild der Anschauung können wir nur entweder von Dingen (Teilchenbild) oder von Beziehungen (Wellenbild) reden. Wobei „Beziehung" nicht Beziehung von etwas oder von Dingen bedeutet, sondern Verbundenheit (Hans-Peter Dürr). Die Außenwelt (Materie) ist eine Welt der Dinge, die Innenwelt (Psyche) ist eine Welt der Beziehung und Verbundenheit. Doch gibt es diese Unterscheidung nur in unserer Anschauung, es sind keine getrennten Welten.

Gemäß der Unschärferelation kann es aber immer nur ein Mehr oder Weniger sein. Es hängt bloß davon ab, wie wir hinschauen, es sind aber bloß zwei Seiten einer Medaille. Sehe ich nur Dinge oder Objekte, dann wird die Verbundenheit unbestimmt, sehe ich nur die innere Beziehung, wird das „Objektive" unbestimmt. Die Logik bemüht sich um Eindeutigkeit, kommt damit zu einer exakten Teilchensicht – und entfernt sich dadurch von der fließenden Dynamik (Wellensicht) der Welt.

Die Psychologie – zumindest die Tiefenpsychologie – gilt nicht als Naturwissenschaft, weil sie sich um Beziehungen und nicht um Dinge bemüht. Sie kann nur zu unscharfen Begriffen kommen, weil sie nichts vom Kontext trennen kann. Archetypen und archetypische Vorstellungen im Sinne C.G. Jungs sind wie Welle und Teilchen eines Feldes, aber immer geht es um Bilder und nicht um Dinge. Die Psychologie muss daher auch einer anderen Logik folgen, die nicht exakt trennen kann, die mehr in Bildern als in Begriffen denken muss.

Wenn wir wie Platon von einer lebendigen Wirklichkeit des Ganzen ausgehen, dann kann man nicht zwischen Außen- und Innenwelt trennen, auch wenn man sie unterscheiden muss. Dann ist auch die Welt der Ideen der konkreten Welt inhärent und Platon ist kein Dualist[90]. Platon denkt nicht entweder Sein (Parmenides) oder Werden (Heraklit), sondern er versucht, Sein und Werden zusammen zu denken. Es geht nicht um Seiendes, sondern um Lebendigkeit. Die findet er in der „physis", der wir nicht gerecht werden, wenn wir sie als „Natur" übersetzen, oder als das, was wir heute unter Natur verstehen. Physis ist Dynamik, Lebendigkeit, Entfaltung, nicht Sein, sondern Erscheinen, zum Vorschein-Kommen, das Wesen des Erscheinens. Das hat nichts zu tun mit unserer objektiven Welt, sondern ist ein Mysterium. Lebendigkeit ist im Griechischen die „psyché", was wir heute als „Seele" übersetzen. Lebendigkeit ist das Wesen des Erscheinenden, psyché ist das Wesen der physis. Platon trennt (noch) nicht zwischen außen und innen.

Wenn Jung und Pauli der Komplementarität von Materie und Psyche nachspüren, befinden sie sich auf den Spuren Platons. Und wenn nach Jung das Selbst als Ganzheit der Psyche identisch mit den Gottesbildern ist, dann sind wir wieder bei Platon, der die Seele als eine Gottheit sieht – die wir wieder nicht verwechseln dürfen mit dem, was wir heute unter Gott (nicht) verstehen. Und wenn es Platon nicht um eine Lehre ging, sondern um das Verstehen im Dialog, dann taucht auch das wieder in 20. Jahrhundert auf, wenn Bohr und Heisenberg betonen, dass es in der Physik nicht um die Natur, sondern um unser Sehen der Natur geht. Dieser kurze Ausflug in die Antike soll exemplarisch zeigen, dass es immer schon ein Denken gab und gibt, das nicht dem fragmentierenden Denken der Naturwissenschaft und des „modernen" Weltbilds entspricht.

---

[90] Vergleiche: Christoph Quarch, Platon und die Folgen, J.B. Metzler Verlag 2018.

Es ist jedoch heute kaum möglich, das nachzuvollziehen, weil wir geprägt sind vom Denken Newtons. Wir können uns der Einheit der Phänomene nur über die Komplementarität nähern, indem wir lernen, die Teilchen- und Wellensicht wie Kippbilder zu verwenden. Es muss klar sein, dass uns die Logik des Aristoteles von der Lebendigkeit der Natur/Psyche entfernt hat. Die Fixierung auf Dinge und Begriffe hat uns von der lebendigen Wirklichkeit entfernt. Es gibt so etwas wie eine logische Unschärferelation: Je exakter wir etwas ausdrücken, desto begrenzter ist die Bedeutung, und desto weniger hat es mit einer umfassenden Wirklichkeit oder Natur zu tun. Bewegt sich umgekehrt das Denken nahe an der lebendigen Wirklichkeit, kann es nicht exakt sein.

Die Mathematiker unter den Physikern gehen oft so weit, dass sie nur die Einfachheit und „Schönheit" der Formeln interessieren. Es braucht dann die Experimentalphysiker, um herauszufinden, was und ob überhaupt das mit der physikalischen Wirklichkeit zu tun hat. Paradebeispiel ist das „Quantengenie" Paul Dirac[91].

Dualität und Bezogenheit

Was steckt hinter der urmenschlichen Dualität des Männlichen und Weiblichen? Was wir historisch überblicken ist eine patriarchale Entwicklung, die auch ganz bestimmte, patriarchal geprägte Rollenbilder von Mann und Frau hervorgebracht hat. Dies wurde im 20. Jahrhundert bewusst und führte unter anderem zum Feminismus und der Emanzipation – zumindest der Frauen. Daneben wurde auch eine andere Unterscheidung bewusst: die zwischen dem biologischen (Sex) und dem sozialen Geschlecht (Gender). Das gipfelte sogar in der absurden These, dass es kein biologisches Geschlecht gäbe oder dieses gar keine Rolle spiele.

Tatsache ist, es gibt diese Stereotype von Mann und Frau, die kulturell-patriarchalisch geprägt und noch lange nicht überwunden sind. Allerdings sind das stereotype Prägungen (Gender), die an sich gegebene biologische Tatsachen (Sex) überformen, diese aber nicht obsolet machen. Es ist wohl auch diese auf das europäische Unvermögen, mit Gegensätzen umzugehen, zurückzuführen, dass die Ent-

---

[91] Graham Farmelo, Der seltsamste Mensch. Das verborgene Leben des Quantengenies Paul Dirac. Springer Verlag, 2. Aufl. 2018

deckung des einen (Gender) für viele die Elimination des anderen (Sex) bedeuten muss.

Dazu kommt wieder das bekannte Unvermögen, zwischen Begriff und Symbol zu unterscheiden. Es ist etwas völlig anderes, ob wir konkret von Mann und Frau reden, oder vom Männlichen und Weiblichen als Symbole. Das Patriarchat entstand aus der (missverständlichen) Umlegung des Symbolischen ins Reale, aus der Verwechslung des Männlichen/Weiblichen mit Mann/Frau.

Wenn man heute entdeckt, dass das soziale Geschlecht bloß kulturbedingte Stereotype bedient, dann ist das sicher richtig und aufklärungs- wie forschungsbedürftig, betrifft aber weder das biologische, noch das symbolische Geschlecht. Biologie und Symbolik sind eigenständige Gegebenheiten, die man nicht verdrängen sollte.

Simon Baron-Cohen und Jennifer Connellan konnten zeigen, dass sich Mädchen und Buben bereits unmittelbar nach der Geburt anders verhalten[92]. Sie zeigten Neugeborenen Gegenstände und Gesichter. Dabei zeigten Mädchen mehr Interesse an Gesichtern, Buben mehr an Gegenständen. Das heißt, bereits unmittelbar nach der Geburt sind die Geschlechter differenziert in personbezogen und sachbezogen. Das kann also noch gar nicht gesellschaftlich bedingt sein. Empathie ist „weiblich", Objektivieren „männlich". Das mündet dann darin, dass Bezogenheit weiblich und abstraktes Wissen männlich ist. Da bewegen wir uns aber schon im Bereich des Symbolischen und nicht des konkreten Mann- und Frauseins. Konkret hat ja jeder Mann auch weibliche und jede Frau auch männliche Züge – jeweils in unterschiedlicher Ausprägung, sodass die Stereotype nicht immer zutreffen müssen.

Hinter dem immer heftiger kritisierten Patriarchat steckt aber nicht (nur) das Machtstreben des Mannes, das wäre zu einfach, sondern ein „männliches" Weltbild, das sich nicht nur in der Weltanschauung, sondern auch in der Sprache zeigt. Und da wir alle mehr oder weniger an diesem männlichen Weltbild teilhaben und in ihm denken und leben, nämlich Männer wie Frauen, ist Emanzipation schwierig bis unmöglich, solange sie nicht dieses männliche Weltbild sprengt. Auch die manchmal grotesken Versuche, sich sprachlich über das Patriarchale hinwegzuschwindeln, werden nicht funktionieren, solange niemand sich das dahinter liegende Weltbild näher anschaut und zu ändern versucht.

---

[92] Zit. In: Raphael M. Bonelli: Frauen brauchen Männer und umgekehrt. Couchgeschichten eines Wiener Psychiaters. Kösel Verlag 2018, S. 154 ff.

Emanzipation kann ja nicht darin liegen, dass Frauen mehr Gewicht in einer männlichen Welt bekommen, die dann immer noch oder noch mehr männlich ist. Die Welt wäre dann nicht weiblicher geworden, sondern immer noch eine männliche. Die Frauenquote in den Vorstandsetagen bringt so bloß Anzug tragende Managerinnen hervor, die vielleicht sogar besser (weil sie es schwerer haben, dorthin zu kommen), aber auch männlicher sind als ihre männlichen Kollegen. Und genau das hat mit Emanzipation nichts zu tun, weil es letztlich doch nur die männliche Welt stützt und aufrechterhält.

Während die Genderforschung (oft in der Negierung von Biologie und Symbolik) versucht, die Unterschiede zu nivellieren, entdeckt die Medizin zunehmend Unterschiede, die sie noch bis vor kurzem übersehen und ignoriert hat: Es gibt „männliche" und „weibliche" Krankheiten (Autisten sind zu 90 Prozent männlich), ein weiblicher Herzinfarkt sieht ganz anders aus als ein männlicher (ein massiver Nachteil für Frauen, weil bis dahin nur der männliche Herzinfarkt beforscht und der weibliche viel öfter übersehen wurde), der weibliche Organismus reagiert auf Medikamente anders als der männliche, usw. Die Differenzierung geht bis hinein ins Hirn und in die Körperzellen.

Innerhalb der Gesellschaft und auch in weiten Bereichen der Wissenschaft ist das ungemein schwierig zu argumentieren, weil die Tiefenpsychologie (und damit auch die Symbolik) nicht nur im allgemeinen Weltbild, sondern auch in weiten Teilen der Wissenschaft verdrängt und ignoriert wird. Die „Leitwissenschaft" ist seit dem 17. Jahrhundert die Physik mit ihrem Fokus auf Materie und Außenwelt. Dieser Fokus wurde im naturalistischen und materialistischen Weltbild dermaßen internalisiert, dass auch die (akademische) Psychologie und die „Geisteswissenschaften" diese Denkstruktur (des „männlichen" Objektivierens) mehr oder weniger übernommen haben. Obwohl aber sogar in der Physik selbst diese Denkstruktur seit hundert Jahren nicht mehr haltbar ist, bleibt sie doch im allgemeinen Weltbild und in weiten Teilen der Wissenschaften erhalten. So haben wir heute die Situation, dass nicht nur die Tiefenpsychologie, sondern auch die moderne Physik ignoriert wird und gesellschaftlich wirkungslos bleibt. Die neue Leitwissenschaft ist zwar die Hirnphysiologie, die agiert aber weitgehend noch auf dem Stand der Physik vor 1900.

Die klassische Physik ist menschliches Wahrnehmen mit Hilfsmitteln, von Fernglas und Lupe bis zum Teilchenbeschleuniger. In dieser

Welt haben wir Gegenstände und wirkende Kräfte. Dem entsprechen in der Physik Teilchen und Wellen. Um 1900 beginnt dann die allgemeine Verwirrung. Lichtwellen sind „quantisiert", bestehen aus winzigen Paketen, und dann entdeckte Albert Einstein, dass das Licht beides ist – wie auch die anderen Elementarteilchen. Je nach Versuchsanordnung zeigt sich entweder der Teilchen- oder der Wellencharakter. Wobei es sich um ein einziges, aber unanschauliches Quantenphänomen handelt, das in der klassischen Sprache nur entweder als Teilchen oder als Welle vorgestellt und beschrieben werden kann.

Die Mathematik dahinter wird verfeinert und stellt sich in den folgenden Jahrzehnten als zuverlässig heraus. Aber man hatte ein Problem, das es bisher nur in den Geisteswissenschaften gab: das Problem der Interpretation. Die Kopenhagener Deutung der Quantentheorie hat sich zwar als Standardmodell durchgesetzt, ist aber bei weitem nicht die allgemein akzeptierte einzige Interpretation. Einigkeit herrscht bis heute nicht. Was auch gar nicht verwunderlich ist, hat ja die Quantentheorie unter anderem auch die Eindeutigkeit eliminiert.

Andere Wissenschaften beginnen langsam nachzuziehen. Als das Human Genome Project in der Endphase war, kam es ebenfalls zu dieser völlig unwissenschaftlichen Euphorie wie in der Physik des ausgehenden 19. Jahrhunderts und wie kurz danach in der Hirnforschung. Überall war zu hören, jetzt haben wir das Genom und haben „den Menschen" entschlüsselt. Dann kam die große Ernüchterung: Wir haben gar nichts verstanden, unter anderem weil wir den nicht sequenzierten Teil gar nicht verstehen, und das ist quasi die Partitur für das Genom, das ansonsten nicht so sehr von dem der Drosophila (Taufliege) unterschieden ist. Es geht aber nicht um das sequenzierte Genom, sondern vielmehr um die Verschaltungen und Relationen, die weit darüber hinausgehen. Wieder könnte man Anleihen beim Begriff der Beziehung und der Verbundenheit in der Quantenphysik machen.

Da wurde beim Ausrufen der Biowissenschaften als „Nachfolger" der Physik als Leitwissenschaften etwas völlig vergessen oder unterschlagen, was die Physiker bereits Anfang des 20. Jahrhunderts gelernt haben: dass die Welt nicht aus Teilchen „besteht", sondern die Sicht auf Wellen, Beziehungen, Relationen und Felder dazu kommen muss, um überhaupt etwas zu verstehen. So sagen die einen, dass mehr als ein Jahrzehnt nach dem berüchtigten Manifest der Hirnforscher[93] die Voraussagen nicht eingetroffen sind, während

---

[93] http://www.hoye.de/hirn/lieferung4.pdf

ein Beteiligter, Wolf Singer, bereits erklärt, dass man dabei ist, diesen Erkenntnisrückstand aufzuholen.

„Wir müssen langsam begreifen, dass Information nicht in der Aktivität einzelner Nervenzellen kodiert ist, sondern in der Relation, und zwar in der Relation von Zigtausenden. Das ist uns nicht vorstellbar, weil unsere Kognition nicht optimiert worden ist, sich solche Systeme vorstellen zu können.“ In diesem Zitat bewegt sich Wolf Singer bereits weg vom Teilchendenken, das auch in der Hirnforschung noch vorherrscht. Das erinnert beinahe schon an die Verbundenheit bei Hans-Peter Dürr. Die Richtung stimmt, ist man versucht zu sagen, der Absprung vom ausschließlichen (und mechanistischen) Teilchendenken wird auch noch gelingen.

Nur müssten wir dann auch langsam begreifen, dass uns diese Aussage auch aus dem isolierten Bereich des Hirns herausführt zur Relation Hirn – Leib – Umwelt[94]. Ohne diese erweiterten Relationen können wir auch das Hirn nicht „begreifen“.

Gibt es einen psychischen Determinismus?

Hat der Mensch einen freien Willen oder nicht? Neuerdings sprechen Hirnforscher – ganz im Sinne des Determinismus der Naturwissenschaft des 19. Jahrhunderts – dem Menschen den freien Willen ab. Alles sei vom Gehirn und seinen Neuronen und Verbindungen determiniert. Nach den berühmten Experimenten von Benjamin Libet wissen wir, dass „das Gehirn“ bereits entschieden hat, wenn das Ich zu entscheiden glaubt. Aber genau genommen sind das nicht die Fakten, sondern deren Interpretation. Neu ist das ohnehin nicht, die Psychologie weiß das seit einem Jahrhundert. Wir wissen seit Freud und Jung, dass das Ich nicht „Herr im eigenen Haus“ ist. Das Hirn ist eben nicht das ganze Haus. Also zurück an den Start.

Alles hat eine Ursache, daher kann ich gar nicht anders handeln, als ich handle. Auch wenn ich mich noch so frei in meinen Entscheidungen fühle, jeder Psychologe kann mir nachweisen, warum ich so und nicht anders gehandelt oder entschieden habe, warum ich nicht anders handeln und entscheiden konnte. Allerdings: Hätte ich anders

---

[94] Siehe auch: Hans Jürgen Scheurle: Das Gehirn ist nicht einsam. Resonanzen zwischen Gehirn, Leib und Umwelt. Kohlhammer Verlag, 2. überarb. Aufl., 2016

entschieden oder gehandelt, hätte mir derselbe Psychologe wieder nachweisen können, warum ich - determiniert durch die Vergangenheit – genau so entschieden habe.

Kausalität funktioniert nur als ein regressum ad infinitum. Jede Ursache hat selbst wieder eine Ursache, und so fort bis ins Unendliche oder bis Adam und Eva. Allerdings liegt dem auch ein lineares Weltbild zugrunde, das quasi die dreidimensionale Welt auf zwei Dimensionen verkürzt: B ist Ursache von A, und C ist Ursache von B, D ist Ursache von B, usw. – Ende nie. Eine kausale Begründung zu formulieren (B ist Ursache von A) heißt also paradoxerweise, nicht nach weiteren Begründungen zu suchen.

Dieses lineare Verständnis ist aber eine Verkürzung, ein Modell, das so in der Realität gar nicht vorkommt. Es gibt im wirklichen Leben kaum je nur eine Ursache, sondern immer ein ganzes Bündel von Verursachungen. Kausalität funktioniert nicht entlang einer Kausalkette, sondern innerhalb eines Netzes von Zusammenhängen. Der Psychologe geht bei seiner Begründung einer Entscheidung A entlang einer nicht geraden Verbindung entlang von Knotenpunkten in die Vergangenheit zurück und findet dort die „eigentliche Ursache". Bei seiner Begründung einer gegensätzlichen Entscheidung B tastet er sich entlang einer anderen nicht geraden Verbindung, einer anderen Kausalkette in die Vergangenheit und kommt zu einer anderen Erklärung. Er wird aber möglicherweise auch auf die Vieldeutigkeit von Erklärungen hinweisen.

Damit bin ich möglicherweise in meinen Entscheidungen doch frei, weil ich mich zwischen verschiedenen Kausalketten entscheiden kann. Der Psychologe wird sagen, die eine Kausalkette, für die ich mich entschieden habe, war eben stärker als die andere. Wenn ich mir aber der unterschiedlichen Stärke oder psychischen Energie dieser Kausalketten bewusst bin, dann könnte ich also durchaus frei entscheiden, nämlich auch gegen die stärker wirkende Kausalkette. Dies erfordert nur Bewusstheit und Innehalten.

Es wird davon abhängen, wie viele Möglichkeiten (von Kausalketten) ich mir bewusst machen kann. Sie sind in ihrer Vernetzung, die sich in ihrer gegenwärtigen Komplexität und Beziehung bis in die Vergangenheit erstreckt, mehr im Dunkeln als im Bewusstsein. Somit könnte es zwar Freiheit potenziell geben, aber als Aufgabe der Bewusstwerdung, die nie vollständig sein kann. Daher werde ich immer (mehr oder weniger) frei und unfrei zugleich sein. Die

Psyche ist auch in dieser Hinsicht eine Überlagerung verschiedenster Zustände, in der prinzipiell – wenn auch mit verschiedener Gewichtung und Energie – alles möglich ist. Meine bewusste Entscheidung entspricht einer Messung in der Quantenphysik und konkretisiert eine dieser Möglichkeiten. Die in der Psyche vorliegende Superposition aller möglichen Entscheidungen „kollabiert" in die eine oder andere reale Situation, für die ich mich entschieden habe. Die dann auch einen neuen Knotenpunkt bildet, der in zukünftigen Entscheidungen eine mehr oder weniger deutliche Rolle spielen kann.

Das heißt unser Psychologe kann zwar immer hinterher meine Entscheidung begründen, nicht aber voraussagen, wie ich künftig entscheiden werde. Er kann allerdings – wenn er mich in der Therapie kennengelernt hat – durchaus eine Wahrscheinlichkeit angeben, wie ich aufgrund bestimmter psychischer Dispositionen zukünftig entscheiden werde. Das bedeutet andererseits, dass der Vorwurf an die Psychologie, sie wäre viel zu vage und schwammig, die Psychologie nicht trifft, weil sie da in genau derselben Situation ist wie die Quantenphysik. Wer der Psychologie Unwissenschaftlichkeit vorwirft, müsste denselben Vorwurf gegen die Quantenphysik richten, die auch keine Einzelereignisse vorhersagen, sondern nur Wahrscheinlichkeiten angeben kann.

Die Freiheit ist an das Innehalten-Können gebunden, und das kann nicht berechnet werden – oder nur in der Form, dass eine Fähigkeit dazu vorhanden ist. Der Psychologe kann damit nur von einer Disposition reden, die er wieder nur in einer Wahrscheinlichkeit angeben kann, mit der jemand diese Fähigkeit in einer konkreten Situation nützen wird oder nicht.

Gibt es also Freiheit, oder gibt es sie nicht? Eine heftig diskutierte, aber falsche Frage. Sie versucht, das Problem auf Ja oder Nein (entweder – oder) festzulegen. Das entspricht der aristotelischen Logik (etwas ist oder ist nicht), die wir – polemisch ausgedrückt – um 1900 hätten entsorgen müssen, weil sie zwar logisch, aber im wirklichen Leben kaum anwendbar ist.

Gibt es den freien Willen oder gibt es ihn nicht? Sind wir frei oder determiniert? Die Quantenphysik hat den durchgehenden Determinismus widerlegt, es gibt den objektiven Zufall. Das wäre schon ein Hinweis für jene, die guten Willens sind. Allerdings ist es auch nicht zulässig, Quantenphysik auf Psychologie oder Lebenswelt einfach zu übertragen. Quantenphysik ist immer noch Physik und nicht Psychologie. Allerdings ist es ein Hinweis, dass unser auf die klassische Physik und die aristotelische Logik konditioniertes Denken zumindest nicht ausreicht.

Im wirklichen Leben geht es nicht um Zufall und Notwendigkeit, sondern um Selbst- oder Fremdbestimmung. Wobei es auch eine innere Fremdbestimmung, nämlich aus dem Unbewussten und aus der Biografie gibt. Aber so wie in der Physik Gegensätze zwar Gegensätze sind, aber komplementär zusammengehören, so sind auch Selbst- und Fremdbestimmung keine Gegensätze im Sinne eines Entweder-Oder. In freien Handlungen sind determiniert und indeterminiert nicht unbedingt ein Gegensatz. Anders gesagt: sie sind zwar ein Gegensatz, aber komplementär aufeinander bezogen.

Frei bin ich dann, wenn ich selbst Urheber meiner Handlungen bin. Wieder ist die Frage nicht, ob ich es entweder bin oder nicht bin. Psychologisch und pragmatisch gedacht ist es ein Mehr oder Weniger. Einmal mehr macht sich bemerkbar, dass die klassische Logik und Naturwissenschaft die Zeit eliminieren. Einsteins Raum-Zeit ist für uns deshalb so schwer verständlich, weil wir die Zeit aus unserem Denken verbannt haben. Nicht Einstein ist schwer verständlich, sondern unser gewohntes Denken geht am Leben vorbei.

Fremdbestimmung und innere Bestimmung sind gar nicht zu trennen. Innere psychologische Determinanten können mit äußeren Situationen assoziiert werden, mit Kindheit, Eltern, frühen Erfahrungen, Traumatisierungen usw. Außen und innen zu trennen geht auch am Leben vorbei. Tatsächliche Entscheidungen – bei den Experimenten von Benjamin Libet ging es nicht um Entscheidungen, bzw. sind die Entscheidungen schon vor der Versuchssituation gefallen – können psychologisch begründet werden, und zwar egal wie die Entscheidung ausgefallen ist. Aber in einer bewussten Entscheidung bin ich selbst der Urheber dieser Entscheidung, selbst wenn das Warum in der Vergangenheit liegt. Die Betonung liegt auf „bewusst", denn wieder geht es nicht um ja oder nein, sondern um mehr oder weniger bewusst. Der Ausgang aus der Unmündigkeit nach Kant muss gelernt werden, das ist eine Entwicklung. (Über „selbstverschuldet" könnten wir diskutieren.) Niemand ist frei oder nicht frei, sondern wer sein Leben (immer mehr) bewusst in die Hand nimmt, nähert sich auch dem selbstbestimmten Handeln. Aber prinzipiell sind Freiheit und Determination nicht zu trennen, sondern komplementär aufeinander bezogen, und in dieser Spannung geschieht Entwicklung.

Dies hat eine hohe gesellschaftliche Relevanz, denn ohne potenzielle Selbstbestimmung gäbe es auch keine Verantwortung, und das gesamte Rechtssystem würde auseinanderfallen. Inwieweit jemand selbstbestimmt gehandelt hat, ist die zentrale Frage der Gerichtsbarkeit. Da geht es auch nicht um Ja oder Nein, sondern um Motivation, Gutachten, Ermessen und Beweiswürdigung. Pragmatisch geht es nicht ohne Paragraphen, aber auch nicht nur mit Paragraphen. Jede/r Richter/in hat einen Ermessensspielraum, der bis ins Individuelle – oft ins Willkürliche – reicht, auch wenn er/sie sich an das Gesetz hält.

Wenn es bei der zu erwerbenden, möglichst bewussten Selbstbestimmung um eine Entwicklung geht, welche Eigenschaften sind dabei gefragt? Neben allgemeiner Erfahrung und Reflexion ist es vor allem so etwas wie Innehalten-Können. Wer – vor eine Entscheidung gestellt – sofort reagiert, reagiert in der Regel (von innen) fremdbestimmt. Wer vor seiner Entscheidung bewusst innehalten und leer werden kann, wird eher frei und kreativ (nicht reagieren, sondern) agieren. Diese Fähigkeit ist aber im asiatischen Raum (zumindest in der Tradition) mehr verankert als im Westen.

Die Gehirnphysiologie ist da durchaus aufschlussreich. Benjamin Libets Experimente haben ergeben, dass das Bewusstsein sich nicht sofort einstellt, sondern eine gewisse Zeit benötigt. Dem bewussten Entschluss gehen unbewusste Prozesse bereits voraus. Ein Hundertmeterläufer kann beispielsweise gar nicht darauf warten, bis er den Startschuss gehört hat, da hätte er nämlich schon 500 ms, eine halbe Sekunde verloren, die möglicherweise nie mehr aufzuholen wäre. Er hat ihn aber nur wiedererkannt und augenblicklich darauf reagiert. Erinnerungen sind nämlich viel schneller verfügbar als das Gegenwartsbewusstsein.[95] Der Läufer verwechselt dabei Wahrnehmung und Erinnerung.

---

[95] „Unbewusstes Wiedererkennen und Reagieren sind Gedächtnisleistungen, die dem sogenannten prozessualen oder intrinsischen Gedächtnis angehören und sehr viel schneller erfolgen als bewusstes Erleben. Bilden und Abrufen einer visuellen Erinnerung im sogenannten sensorischen Gedächtnis benötigen nur einen geringen Bruchteil einer Sekunde (ca. 20-50 ms). Gedächtnisleistungen sind daher dadurch sehr viel schneller verfügbar als das Gegenwartsbewusstsein. Die zeitliche Differenz zwischen beiden ist mithin wesentlich für die Konstitution von Bewusstsein." Fußnote in: Hans Jürgen Scheurle: Das Gehirn ist nicht einsam, S. 109

Ebenso glaubt der Proband Libets, sich bewusst entschieden zu haben, während ihm der Beginn des Handlungsablaufs gar nicht bewusst gewesen sein kann. Dem bewussten Akt geht ein unbewusstes latentes Wollen voraus. Die Frage an die Momentaufnahme, das Standbild sozusagen – frei oder nicht frei? –, geht am Prozess des Handlungsablaufs vorbei. *„Weder Wahrnehmen noch Handeln sind ursprünglich freie Akte."*[96] Dazu muss man sich überlegen, dass Wahrnehmen weder ein bloß passiver noch ein bloß aktiver Vorgang ist. Er ist von innen wie von außen determiniert, von innen durch die Biografie, nach außen reicht es in eine nicht verfügbare Welt hinein. Wenn daraus Handeln resultiert, ist sie von innen und außen determiniert.

Der freie Wille betrifft nicht den Willensprozess, sondern ein Ergebnis, denn sobald eine Intention bewusst wird, kann sie auch unterbrochen werden. Die Freiheit liegt also nicht im Tun, sondern im Nicht-Tun, im Unterlassen-Können. Dafür gibt es ein bestimmtes Zeitfenster (nach Libet 1/10 bis ¼ Sekunde, bestätigt durch Schultze-Kraft et al. 2015[97]), in dem eine Spontanhandlung noch reversibel ist. Der Schlüssel zur Willensfreiheit ist damit die Möglichkeit, nicht zu handeln. Freiheit ist nur in der Gegenwart möglich, die wir normalerweise nicht erleben, sondern immer schon erinnern. Damit bekommt das „Leben im Hier und Jetzt", von Esoterikern meist missverstanden (über Freiheit zu reden macht nicht frei), eine völlig andere Bedeutung. Der Schlüssel liegt im Sein-lassen-Können, das nur im Innehalten möglich wird. In diese Richtung gehen die Meditation (im Osten) und die Kontemplation (im Westen). Das beginnt damit, die Gedanken sein zu lassen, sie nur unbeteiligt zu beobachten, wodurch sie ihre suggestive Kraft (zum Handeln) verlieren.

Freiheit liegt darin, etwas willentlich unterlassen oder zulassen zu können. Damit ist es möglich, eine Kausalkette zu unterbrechen oder zuzulassen – ungeachtet aller unbewussten Motive – oder sich für eine andere zu entscheiden.

---

[96] Ebda, S. 111
[97] Ebda, S. 112

Ein Leben ohne Träume

Man stelle sich vor: ein Leben ohne Träume. Nur Fakten, nur Realität, nur Dinge, die der Fall sind. Keine Träume, keine Fantasien, keine Wünsche, kein Ahnen, keine Liebe ... Ja, auch keine Liebe, denn Liebe ist immer Wirklichkeit gewordener Traum. Nicht, dass man diesen Partner geträumt hätte, der platzt meist unangemeldet in die Geschichte, aber ohne zu träumen könnte er das wahrscheinlich nicht oder würde genauso schnell wieder verschwinden. Aber auch das alltägliche Leben würde wohl nicht funktionieren. Gut, dass Kinder mehr träumen als rational denken, ist klar. Aber wird ihnen das nicht beizeiten ausgetrieben? Nur scheinbar. In der Pubertät werden aus den Träumen Fantasie-Tsunamis. Manches tritt euphorisch ins Leben, wird banal, verschwindet im Nebel. Der Mensch wird wieder „realistischer". Um weiter zu träumen, was aus ihm werden soll, Beruf, Berufung, Interessen, Partner, Lebenspartner. Wieder Ablenkung durch die Realität des Berufs, des Lebens, der Beziehungen. Illusionen kommen und gehen. Und werden von anderen abgelöst.

Es gibt Träumer und Realisten (Gemeint als Stereotype, die im Leben selten in Reinform vorkommen). Träumer stehen zu ihren Träumen, Realisten nicht. Träumer haben ein Traumauto, ein Traumziel, einen Traumberuf, einen Traumpartner ... Und wenn Träumer am Ende ein Resümee ihres Lebens ziehen, stellen sie fest, manches ist Wirklichkeit geworden, manches nicht so, wie man es erträumt hat, aber doch irgendwie, und anderes gar nicht. Aber alles in allem ist man doch gut gefahren damit.

Realisten sehen nur das, was ist. Und dabei bleibt es auch. Keine Überraschungen. Kein Stress. Oder doch? Das Leben ist eigensinnig und nimmt auf Realisten keine Rücksicht. Wo Träumer irgendwie vorbereitet sind – es gibt ja nicht nur die Wunschträume, sondern auch Träume, die Negatives vorwegnehmen –, da trifft es Realisten völlig unerwartet – Gutes wie weniger Gutes. Der Realist entgleist sehr leicht, hat im Grunde (denn um den Grund allen Seins kümmert er sich ja ebenfalls nicht) Angst vor dem Leben, Angst vor dem Tod, will alles planen und allem ausweichen, was nicht dazu passt. Und am Ende des Lebens weicht er auch lieber aus, als sich dem Unerwarteten zu stellen. Denn selbst wenn das gesamte Leben realistisch war, der Tod ist es nicht. Realisten werden oft Ärzte, um den Tod mit allen Mitteln zu bekämpfen – und dem eigenen auszuweichen. Was natürlich auch nicht geht. Aber sie haben wenigstens heroisch gekämpft.

Da haben es Träumer leichter. Sie haben Wünsche, Sehnsüchte und andere Süchte, lesen oder schreiben Märchen und Geschichten, Aphorismen und Gedichte (deren innerpsychischen symbolischen Realismus kein Realist je begreift). Träumer leben in ihrer eigenen Welt, Realisten in einer objektiven Welt, die nicht ihre eigene ist. Träumer fliegen immer wieder weg – um immer wieder anzukommen. Realisten bleiben immer da – und kommen nie an. Träumern wird immer wieder der Boden unter den Füßen weggezogen – und sie finden immer wieder einen neuen Boden, einen neuen Grund. Auch wenn der sich wieder in Luft auflöst. Realisten stehen fest auf dem Boden, haben einen Standpunkt – und keinen Horizont. Träumer schauen, wo immer sie stehen, bereits zum Horizont und ahnen, das ist auch nicht das Ende.

Das Leben des Realisten ist überschaubar, berechenbar, ohne Risiko, aber flach und langweilig. Auch, oder gerade dann, wenn viel passiert. Dann landen sie in der Sackgasse Burn-out. Und sogenannte Schicksalsschläge werfen ihn aus der Bahn. Das Leben des Träumers ist unberechenbar, unüberschaubar, himmelhoch jauchzend, zu Tode betrübt, aber abwechselnd und immer spannend. Daher kann ihn auch nichts überraschen. Er ist im Glück nachdenklich, im Schmerz optimistisch. Er kann Leid ertragen und Liebe geben. Und am Ende wird er sagen: Das war es. Es war, wie es war. Und auch der letzte Horizont wird ihn nicht überraschen können.

PS.: Dem Träumer ist sehr oft bewusst, dass er eine gewisse Bodenständigkeit als Gegengewicht und zum Ganz-Werden braucht. Der Realist, der alles nicht Rationale verdrängt und verleugnet, findet daher auch schwer den ergänzenden Ausgleich.

Das Muster ist unschwer zu erkennen: Es ist die Teilchensicht (die Isolation des Realisten) und die Wellensicht (das Auf und Ab eines Träumers). Bei letzterem können sich Wellenberge und Wellentäler verstärken zu Höhen und Tiefen, die dem Ich-isolierten Realisten auf immer verschlossen bleiben.

PHILOSOPHIE

„... was ist sie, wenn nicht eine Weise, nicht so sehr über das, was wahr oder falsch ist, zu reflektieren als über unser Verhältnis zur Wahrheit. Philosophie ist eine Bewegung, mit deren Hilfe man sich nicht ohne Anstrengung und Zögern, nicht ohne Träume und Illusionen von dem freimacht, was für wahr gilt. Philosophie ist die Verschiebung und Transformation der Denkrahmen, die Modifizierung etablierter Werte und all der Arbeit, die gemacht wird, um anders zu denken, um anderes zu machen und anders zu werden, als man ist."

Michel Foucault: Der maskierte Philosoph

„Was ich meine, ist, wenn ich das Ganze angucke, dann sehe ich nicht die Summe der Teile. Das Ganze ist eben etwas anderes. ...
Das Ganze, das ist Potentialität, nicht Realität."
„Je heller das Bewusstsein, umso getrennter.
Und je tiefer das Bewusstsein, umso weniger getrennt."
„Wenn wir anfangen zu denken, kommen wir in die Irre.
Wir dürfen nicht denken, weil das Denken ja immer fragmentierend ist.
Wir können nicht denken, ohne zu fragmentieren."

Hans-Peter Dürr

Wandel im Weltbild

Im 17. Jahrhundert wurde durch Galilei, Descartes und Newton auf Basis der aristotelischen Logik ein Denkrahmen geschaffen, der seither nicht nur die Wissenschaft, sondern auch unser allgemeines Weltbild bestimmt, indem er zur Konstruktion unserer Wirklichkeit auch im Alltag herangezogen wird.

Die vier Säulen dieses mechanistischen Denkrahmens nach Herbert Pietschmann sind: Alles messen (Galilei), alles in kleinste Teile zerlegen (Descartes), immer entweder-oder (Aristoteles) und immer Ursachen finden (Newton). Im 18. Jahrhundert führte dieses Denken zur Aufklärung, seit der Mitte des 19. Jahrhunderts wird es mehr und mehr zum Hindernis für eine weiterführende und umfassendere Erkenntnis.

Naturwissenschaft beruht darauf, dass sie auf eine Beschreibung der Natur verzichtet und eine künstliche Welt konstruiert. Ihre Modelle werden auch nicht an der Realität, sondern in Experimenten geprüft. Also an vereinfachten Systemen, die so isoliert in der Natur nicht vorkommen. In der Natur wäre ja alles einmalig, und daher auch nichts wirklich reproduzierbar, und damit gar nicht naturwissenschaftlich erfassbar. Man muss verallgemeinern und vereinfachen, um zu den Naturgesetzen zu kommen. Darüber hinaus müssen noch der Mensch selbst und seine Subjektivität aus dem Wissenschaftsbetrieb herausgehalten werden.

Umgekehrt haben wir auch in unserer Lebenswelt unser Weltbild an die Objektivität der Naturwissenschaft angelehnt. Die aber ist schlicht eine Illusion. Wir sehen keine objektive Welt, sondern eine im Hinschauen (Messen) veränderte Welt. Wir finden uns in der „objektiven" Welt zurecht, indem wir das subjektive Element vernachlässigen, stoßen aber immer wieder auf Situationen, wo transparent wird, dass die Auffassung z.b. von Zeiträumen und Entfernungen individuell sehr verschieden ist. Eben weil die gemessene Zeit und die gemessenen Orte oder Längen Konventionen sind, die so unabhängig in einer vernetzten Natur gar nicht vorkommen.

Heisenbergs Formulierung der Unschärferelation war völlig neu und überraschend. Wenn ich z.b. den Ort eines Teilchens messe, dann ist die Geschwindigkeit unbestimmt. Dabei geht es nicht nur darum, dass nicht beides zugleich gemessen werden kann, sondern dass der andere Wert tatsächlich unbestimmt ist. Ein Elementarteilchen besitzt keine Eigenschaft, bevor diese gemessen wird.

Es zeigte sich immer deutlicher, dass die Welt des Mikrokosmos ganz anders funktioniert als unser gewohnter Makrokosmos. Aber Newtons klassische Physik ist nicht falsch, sondern nur ungenau. Im Makrokosmos unserer Lebenswelt ist sie weiterhin als Annäherung brauchbar. Die Frage nach der Grenze zwischen Mikro- und Makrokosmos, ist eine Aufgabe heutiger Experimente. Sie ist aber sehr wahrscheinlich eine Scheinfrage. Es gibt ja keine „objektive" Grenze, weil es nicht eine Frage des „Objekts", sondern vielmehr der Anschauung ist.

Die Mikrowelt an sich ist unanschaulich. Beschreiben lässt sie sich nur komplementär – entweder durch die Wellensicht oder die Teilchensicht, die erst zusammen eine Beschreibung der Wirklichkeit ergeben. Der Begriff des Feldes rückt beide Sichten etwas näher zusammen. Die Ausdehnung des Feldes entspricht der Wellensicht, die konzentrierte Feldstärke an einem „Ort", der aber nicht umgrenzt oder „definiert" ist, entspricht dem Teilchenbild. Im Experiment zeigt sich jeweils das eine oder das andere Bild, es ist aber ein Quantenphänomen. Im Bild des Feldes gehen Welle und Teilchen ineinander über, ohne dass es eine Grenze gibt.

Bei genauer Betrachtung trifft das aber auf unsere makroskopische Lebenswelt genauso zu. In der Natur gibt es keine isolierten Objekte, sondern nur Übergänge. Kein Ding ist isoliert von seinem Kontext denkbar.

Wir sehen gewohnheitsmäßig überall um uns Objekte oder Dinge. Seit es Ontologie gibt, besteht die Welt aus Seiendem, vulgär Dinge. Wir fragen nach der „Wahrheit" und meinen die Wirklichkeit der Welt des Seienden. Als ob es von vornherein ausgemacht wäre, dass die „Welt" aus Dingen besteht. Auch wenn es nicht bloß um Dinge geht, sondern um Tatsachen oder um das, was der Fall ist (Wittgenstein), dann ist damit zwar mehr gemeint als Dinge, aber es geht doch immer um die (Außen)Welt. Es wäre an der Zeit, zu dieser Teilchensicht auch die Wellensicht und in letzter Konsequenz auch die Innenwelt hinzuzunehmen.

So wie wir in der Physik nicht von absoluten Längen und Zeiten reden können, sondern nur vom Messen, so auch in der Alltagswelt. Hier können wir nicht von „Fakten" reden, sondern nur vom Sehen oder Wahrnehmen (was auch nur ein Messen ist). Die Exekutive kann ein Lied davon singen, wenn es um Zeugenaussagen geht. Wenn fünf Personen dasselbe Ereignis beschreiben sollen, dann sind das fünf mehr oder weniger verschiedene Versionen des Erlebten.

Die Psychotherapie beruht z.B. darauf, dass wir „Fakten" verändern können, wenn wir das Sehen (Messen) oder unsere Einstellung verändern. Sogar wenn diese in der Vergangenheit liegen. Während uns die (klassische) Physik eine statische und bloß äußere Welt vorspiegelt, beschäftigt sich die Psychologie mit einer sich ständig wandelnden inneren Welt. Betrachtet durch die Perspektive unseres Gedächtnisses ist auch die Vergangenheit in ständigem Wandel. Die Physik vor 1900 war teilchenartig, die Quantentheorie hat das Wellenartige dazugenommen, die Psychologie ist viel mehr wellenartig oder feldartig. Jung und Pauli kamen zu der Erkenntnis, dass Materie und Psyche komplementär (wie Teilchen und Welle) zusammengehören und dass wir eine gemeinsame Sprache (Pauli) dafür entwickeln müssten.

Die Quantentheorie legt nahe, die Phänomene mit einem völlig neuen Denken anzugehen.

Es gibt keine isolierten Dinge oder Objekte (Teilchendenken), sondern was wir sehen, ist von seiner Umgebung und seiner Geschichte gar nicht zu trennen. Das ist ein völlig neues Moment der Ganzheit in der Physik. Diese lässt sich aber auf unsere Lebenswelt umlegen.

Unsere gewohnte Anschauung ist bloß eine Vergröberung. Was wir als Dinge (Teilchenbild) sehen, ist gleichzeitig ausgedehnt und ohne wirkliche Grenze (Wellenbild). Es gibt nur Feldartiges mit jeweils zwei Aspekten, die gegensätzlich sind, aber doch eines sind (Komplementarität).

Die lebendige Wirklichkeit ist dynamisch. „Fakten" sind isolierte Standbilder, die nichts über den Film aussagen können. Dynamisch zu denken haben wir noch nicht gelernt. Eben weil auch Standbilder und Film, Statisches und Dynamisches komplementär sind. Das heißt, wir können nur entweder das eine oder das andere sehen, obwohl es eines ist.

Der Zusammenhang der beiden Anschauungsformen wird analog der Heisenberg'schen Unschärferelation bestimmt. In der Teilchensicht wird der Wellencharakter unbestimmt und umgekehrt.

Das allgemeine Weltbild ist vorwiegend vom Teilchendenken geprägt und an die klassische Physik angelehnt. Aber ein Wandel ist längst im Gange, in der Quantenmechanik und Quantenfeldtheorie, in der Tiefenpsychologie und vor allem in der Analytischen Psychologie C.G. Jungs, die über das gewohnte Weltbild hinausgehen und ein neues vorbereitet haben. Sie mit dem alten Denken zu „begreifen", ist unmöglich, und ein neues Denken muss sich erst langsam herausbilden. Dabei wären festgefahrene Denkgewohnheiten loszulassen. Das (statische) Teilchendenken wäre durch ein (dynamisches) Wellendenken zu ergänzen und in einem Felddenken zusammenzufassen.

Denken, Sprache und Sein

Alles, was wir erleben, spielt sich innerhalb eines Weltbilds ab, das unseren Denkrahmen bildet. Wir sehen wie durch ein Fenster in die Welt, sehen damit nur einen kleinen Ausschnitt, und der Blick geht verbindend von innen nach außen. Sein ist daher immer dieses Sein da draußen, konstituiert durch den Blick von innen. Der Fokus im Außen abstrahiert vom Innen. In der klassischen Physik wird das auf die Spitze getrieben in der Eliminierung des Subjekts und der Forderung nach einer völlig abstrakten Objektivität.

Erst die Quantenphysik richtete den Blick wieder darauf, dass das Subjekt nicht vom Objekt zu trennen ist, dass innen und außen einander bedingen und komplementär zusammengehören. Im Mikrokosmos, weit unterhalb unseres Anschauungsbereichs (an dem Denken und Sprache evolutionär gewachsen sind), können wir die Phänomene nur mittels gegensätzlicher Vorstellungen, nämlich Welle und Teilchen, beschreiben, obwohl das Phänomen eines ist. Das liegt daran, dass sich unser Denken und unsere Logik an der Anschauung der dinglichen Außenwelt entwickelt haben, an der Unterscheidung von Ich und Welt und der Differenzierung des Verschiedenen.

So unterscheiden wir nicht nur zwischen Dingen und Objekten, sondern auch zwischen Subjekt und Objekt, und verdinglichen damit nicht nur die Außenwelt, sondern auch das Subjekt und die Innenwelt. Deshalb wird uns gar nicht bewusst, dass es beim Erkennen nicht um Subjekt und Objekt, sondern um den dynamischen Vorgang des Sehens, des Wahrnehmens und damit um die Verbundenheit von Subjekt und Objekt geht. In der Sprache bedeutet das, dass die Substantiva statisch und für sich nichts sind, erst die Verben verbinden und ermöglichen Aussagen. Aber wir kategorisieren immer nur die Substantiva. Dieses dingliche Objektsehen betoniert die dynamische, fließende Wirklichkeit in eine statische, festgefrorene oder festgestellte Realität.

Rupert Riedl beschreibt das in seiner „Spaltung des Weltbildes": *„So zeigt es sich, dass wir für Vorgänge und Gegenstände jeweils einen so verschiedenen Begriff haben, als handle es sich um unvereinbare Qualitäten, die wieder nicht vermengt werden dürfen. Und zwar in einer so drastischen Weise, dass mir keine menschliche Sprache bekannt ist, die nicht Gegenstände und Vorgänge als Sub-*

stantiva und Verba notwendigerweise trennen muss. Selbst wenn sie sich wechselseitig wandeln, werden keine Übergänge gestattet, und, was das Merkwürdigste ist, nie entsteht ein Begriff aus beiden."[98] So gehören z.b. Beine und laufen zusammen, aber dafür gibt es keinen Begriff. Das ist „quantenphysikalisches" Denken im täglichen Leben.

Durch den Vorgang der Analyse, der immer nur zu dem führt, was ist, haben wir auch keinen Begriff vom Werden, von Wandel und Dynamik, letztlich auch nicht von Zeit. Das liegt daran, dass wir Kontinuität immer auflösen müssen in diskrete Einzelschritte. Dass Kontinuierliches und Diskretes nicht zusammenpassen, zeigten schon die Paradoxa des Zenon.

Letztlich geht es darum, dass Welt, Sprache und Denken dual angelegt sind, so dass wir Sein und Werden, Statik und Dynamik, Welle und Teilchen, Objekt und Subjekt prinzipiell nicht zusammen denken können. Das kommt wiederum daher, dass sich unser Denken auf die Seite der Statik, der Objekte und Dinge geschlagen hat, so dass man von einem Teilchendenken sprechen kann. Das Wellenartige, die Beziehung, das Dynamische geht damit verloren und müsste ergänzend hinzukommen in einem komplementären Denken. Doch das ist noch Utopie. Wir bewegen uns immer noch im Teilchendenken, obwohl Quantentheorie und Tiefenpsychologie ein komplementäres Denken erfordern. Sogar Physiker sprechen aus Gewohnheit von Teilchen (Elementarteilchen), obwohl sie wissen, dass das keine Teilchen sind. Dass als Teilchen und Welle beschrieben werden muss, was weder Teilchen noch Welle im klassischen Sinne ist.

Man kann das mit Film und Foto veranschaulichen. Jedem ist klar, dass ein Foto nur eine Momentaufnahme ist, im Falle der Sportfotografie ist das Bild gefrorene Bewegung. Um die Bewegung festzuhalten, brauche ich einen Film. „Festhalten" deshalb, weil der Film beim Betrachten schon Vergangenheit ist. Auch aus dem Film kann ich ein Standbild herausnehmen, dann ist aber der Film, die Bewegung verloren. Analog haben wir beim Teilchendenken quasi immer nur Fotos oder Standbilder, und die Bewegung geht verloren. Wir reden dann von Dingen und Objekten, und das Wellenartige, Feldartige, die Beziehung und das Dynamische, Fließende gehen verloren.

Daher ist es so schwer, die Vorgänge im Mikrokosmos zu verstehen. Das Teilchendenken, die an der objekthaften Außenwelt entwi-

---

[98] Rupert Riedl: Die Spaltung des Weltbildes. Biologische Grundlagen des Erklärens und Verstehens. Verlag Paul Parey, 1985, S. 35

ckelte Logik, ist dazu nicht geeignet. Ein Denken, das beides – Teilchen und Welle, Dinge und Beziehung – unter einen Hut bringt, gibt es noch nicht. Selbst die Physiker bezeichnen die Kräfte zwischen den Elementarteilchen wieder als „Teilchen", obwohl sie wissen, dass weder die Teilchen noch die Bindungskräfte Teilchen sind. An der Analogie mit dem Film ist leicht einzusehen, dass der Film der Wirklichkeit näher kommt als die fixierten Standbilder der (klassischen) Naturwissenschaft. Was bedeutet, dass wir mit unserem Teilchendenken nicht nur die Mikrowelt (für die wir gar keine Anschauung haben können), sondern auch unsere dynamische Lebenswelt nicht verstehen können.

Einem weit verbreiteten Irrtum wäre allerdings vorzubeugen: Es geht nicht darum, die Lebenswelt oder das Bewusstsein quantenphysikalisch zu erklären, sondern darum, aus der Quantenphysik zu lernen, dass wir die Wirklichkeit nicht allein mit dem Teilchendenken erklären können. Physik ist immer noch Physik, aber sie hat im ersten Drittel des 20. Jahrhunderts die klassische Physik und deren Logik überschritten, während unser allgemeines Weltbild im 19. Jahrhundert steckengeblieben ist.

Wir leben heute vorwiegend noch immer im Weltbild der klassischen Physik. Realität ist nur das Messbare (Galilei), die Welt ist das, was sich mathematisch beschreiben lässt (Newton), das ist die materielle Welt (Descartes' res extensa), die zuerst unterschieden, dann getrennt von einer geistigen Welt gedacht, und letztere dann eliminiert wurde oder in einem Pseudomonismus in der materiellen Welt aufgegangen ist. Damit wurde das Wellen- oder Feldartige der Welt, die Welt der Beziehung und des Wandels eliminiert und natürlich nicht mehr verstanden. Aber so wie es in der Quantenfeldtheorie nur noch Felder gibt, die sich unendlich erstrecken, mit einer lokalen Dichte, die als „Teilchen" erscheint, obwohl es das nicht ist, so müssten wir auch unsere Lebenswelt sehen lernen. Es gibt keine isolierten Dinge oder Objekte, sondern nur ein Beziehungsgefüge, in dem alles mit seiner Umgebung zusammenhängt. Es gibt keine statischen Dinge, sondern nur eine allem immanente Dynamik. Jedes Ding, auch ein Haus oder ein Berg, hat eine Geschichte, ist entstanden, hat sich gewandelt und entwickelt und vergeht auch wieder, nur sind wir das nicht gewohnt mitzudenken, weil wir keinen Sinn für Dynamik haben. Die Dynamik haben wir in Mechanik übersetzt, womit das Lebendige eliminiert ist.

Für das Teilchendenken ist die Welt eine Ansammlung von Dingen oder Objekten, die sich gegeneinander bewegen – jedes isoliert vom anderen. Sein ist das statische Sein von Seiendem. Im Wellendenken ist die Welt ein dynamisches Beziehungsgefüge, in dem es Entstehen, Werden und Vergehen, Geburt, Wachstum und Tod gibt – nichts Bleibendes und nichts Feststehendes. Sein ist das dynamisch Ganze dieses Beziehungsgefüges, in dem nichts fest-gestellt werden kann.

Die von Rupert Riedl thematisierte Spaltung des Weltbildes ist in unserem Denken grundgelegt, das nur entweder Teilchen (Objekte) oder Wellen/Felder (Beziehung) denken kann, nie beides zusammen. Das beginnt bei Parmenides (Sein) und Heraklit (Werden), setzt sich über die vielen Variationen von Rationalismus und Empirismus fort und „endet" im Streit zwischen Naturwissenschaft und Religion in heutiger Zeit. Immer gab es vereinzelte Versuche, die Gegensätze komplementär zusammen zu sehen, beispielsweise bei Leibniz, und seit Anfang des 20. Jahrhunderts bahnt sich in der Physik (Quantentheorie, Quantenfeldtheorie) und Psychologie (Tiefenpsychologie, C. G. Jung) ein Weg an, die Einseitigkeit in einem komplementären Denken zu überwinden.[99]

Die wirklich großen Wissenschaftler waren immer auch Philosophen. Lange Zeit gab es gar keine Trennung, die Physik vor Galilei nannte sich Naturphilosophie – wie schon seit Aristoteles. Die Forscher, die Bedeutendes zur Entwicklung der Quantenmechanik beigetragen haben (Planck, Einstein, Born, Bohr, Heisenberg, Pauli, Schrödinger, um nur einige Namen zu nennen) waren alle auch Philosophen. Erst nach dieser „Gründungszeit" setzte sich der Dualismus wieder durch und die einen ziehen sich auf die Mathematik zurück, die anderen beschäftigen sich auch mit der Deutung und Interpretation. Trotzdem gibt es immer noch eine interdisziplinäre Zusammenarbeit von Physikern (z.B. Herbert Pietschmann) mit Philosophen.

Ähnlich ist es in anderen Disziplinen, etwa in der Biologie (Ernst Mayr oder eben Rupert Riedl), wo aus der Zusammenarbeit mit Philosophen die evolutionäre Erkenntnistheorie entwickelt wurde. Das

---

[99] Die Begegnung zwischen C.G. Jung und Wolfgang Pauli eröffnete sogar die Perspektive, Psychologie und Physik als komplementär aufeinander bezogen zu sehen. Siehe C.A. Meier: Wolfgang Pauli und C.G. Jung. Ein Briefwechsel 1932 – 1958. Springer Verlag, 1992

aktuelle Denken ist das Ergebnis der Erfahrungen der Menschheitsgeschichte. Die genetische Erfahrung enthält „*Entscheidungshilfen als Anpassung an relevante Ausschnitte aus der Realität zur Lösung von Lebensproblemen unserer weit zurückliegenden Vorfahren. Von ihnen aus beliebig zu extrapolieren kann deren Mängel nur vergrößern.*"[100] Weder haben wir in einer „objektiven" Welt die ganze „Welt" vor uns, noch gehen wir ohne innere Prädisposition an diese heran. „*Denn die Erfahrung, welche ein Individuum, eine Weltanschauung, eine Kultur macht, ist ja zunächst nur der Vollzug oder die Konsequenz jener Erwartungen, welche wir mit unserer erblichen Ausstattung an einen (scheinbar) relevanten Ausschnitt unserer Welt herantragen.*"[101]

Um diese janusköpfige (innen – außen) Wahrnehmung kommen wir nicht herum. Sie in einen Pseudomonismus aufzulösen (Idealismus oder Realismus, Rationalismus oder Empirismus) ist keine Lösung, ist keine Vereinheitlichung, sondern eine Vereinseitigung. Umgangssprachlich nennt man das das Henne-Ei-Problem. Die Frage, was war zuerst, ist unsinnig. Die Henne enthält das Ei und das Ei die Henne. Die Trennung hat nichts mit dem Leben, mit der Wirklichkeit zu tun. Aber wir haben nur getrennte Begriffe von Henne und Ei. Ebenso ist das Leib-Seele-Problem ungelöst und unlösbar, weil es kein Problem ist. Weil das keine zwei Entitäten sind, sondern zwei Sichtweisen auf ein und dasselbe. Das eigentliche Problem ist, dass wir trennen und nicht in der Einheit unterscheiden.

Auf die Notwendigkeit einer neuen Logik, in der die Gegensätze nicht eliminiert werden müssen (Satz vom ausgeschlossenen Dritten), sondern komplementär zusammen gesehen werden müssen, hat uns die Quantenphysik aufmerksam gemacht. Das Eliminieren der Gegensätze, das die klassische Physik von Erfolg zu Erfolg eilen ließ, kam an sein Ende: Der Gegensatz von Teilchen und Welle war nicht mehr zu eliminieren. An die Stelle des Gegensatzes trat die Komplementarität (Niels Bohr). Gleichzeitig gelten die klassischen Begriffe (der Teilchensprache) nicht mehr. Wir reden zwar noch immer von „Teilchen" und „Welle", wissen aber gleichzeitig, dass es sich eben nicht um Teilchen und Welle im klassischen Sinne handelt, sondern um etwas ganz anderes, für das wir aber keine Anschauung haben. Wir müssen in dualer Sprache von einer Einheit reden.

---

[100] Riedl: Die Spaltung des Weltbildes, S. 27
[101] Ebda, S. 29

Es ist aber nicht nur die Quantenphysik, die eine Überwindung des gewohnten durch ein neues Denken, der klassischen Logik durch eine „Quantenlogik" fordert. Im selben Zeitraum entwickelten sich die Tiefenpsychologie und Psychotherapie. Und nicht zufällig wurde beinahe zeitgleich auch in der Psychologie (von C. G. Jung) der Begriff Komplementarität eingeführt. Sowohl Jung als auch Bohr entlehnten den Begriff aus der chinesischen Philosophie, der das fragmentierende Denken fremd ist.

In der Psychologie geht es nicht um eine Außenwelt, sondern um die Innenwelt, nicht um Dinge und Objekte, sondern um Beziehung. Psychologie erfordert daher ein Beziehungsdenken (Wellensicht), mit dem gewohnten Teilchendenken ist Psychisches nicht zu verstehen. Daher die Anwürfe einer sich objektiv gebärdenden Naturwissenschaft, die Psychoanalyse sei keine Wissenschaft. Das ist aber bloß ein Sprachproblem. Wenn man diese zwei Sprachen und Sichten nicht nivellieren will, sondern die eine in die andere „übersetzen" lernt, dann ist eine Kommunikation durchaus möglich. Bis zu dem Punkt, dass Physik und Psychologie zwei Seiten derselben Medaille sind, also komplementär zusammengehören. Leider wurde dieser Ansatz von Jung und Pauli nicht weiterverfolgt.

Aus psychologischer Sicht entspricht die Teilchensicht der Begriffssprache, die Wellensicht der Symbolsprache. Begriffe sind eindeutig (lokal), definiert (abgegrenzt) und möglichst klar. Symbole sind mehrdeutig (nicht-lokal), nicht deutlich abgegrenzt und „dunkel". Begriffe sind klar definiert, haben aber wenig mit der Wirklichkeit zu tun. Symbole sind weniger klar und dunkel, liegen aber näher an der Wirklichkeit. Es gibt hier so etwas wie eine logische Unschärferelation: Je klarer ein Begriff ist, desto weniger hat er mit der Wirklichkeit zu tun, in der alles zusammenhängt und nichts isoliert existiert, und je mehr er mit der Wirklichkeit zu tun hat, desto dunkler und mehrdeutiger ist er. Logische Schärfe und Abbildung der Wirklichkeit können nicht gleichzeitig gegeben sein. Das Idealbild der formalen Logik ist die Mathematik, und die hat als reine Denkgesetze nichts mit Inhalten oder der Wirklichkeit zu tun. Archetypen sind nicht Abbilder der Wirklichkeit, sondern kommen aus der Tiefe der Wirklichkeit selbst. Sie sind aber nicht in klare Begriffe zu fassen. Man kann nur ihre Bedeutung umkreisen und an individuellen Bildern (archetypischen Vorstellungen) erforschen. Es geht ja nicht um eine Außenwelt, sondern um die (feldartige) Innenwelt. Wobei diese gar nicht zu trennen sind, was Jung und Pauli am Beispiel der Synchronizität – Koinzidenzen, die nicht kausal festgemacht werden können – erklären.

Es scheint ein anthropologisches Merkmal zu sein, dass Wahrnehmung, Denken und Welt dual sind und diese Dualität nur komplementär aufzulösen ist. Die meisten Versuche, ein monistisches Einheitsmodell zu schaffen, enden in einem Pseudomonismus, der eine Seite in der anderen aufgehen lässt und damit die andere eliminiert. Vom Denken her müssen wir unterscheiden, um Klarheit zu gewinnen und Ordnung zu schaffen. Diese Klarheit geht aber sofort verloren, wenn aus der Unterscheidung eine Trennung wird (wie in der Subjekt-Objekt-Spaltung). Wir haben riesige Fortschritte gemacht in der Erforschung der Außenwelt, sind aber letztlich an einem Punkt angelangt (in der Quantenphysik), an dem die „objektive" Außenwelt sich als abstrakt erweist, weil sie nicht vom Subjekt, und nicht von der Innenwelt (Psychologie) zu trennen ist.

In Zukunft wird es notwendig sein, nicht mehr in Kategorien von Subjekt und Objekt (beides als isolierte Teilchen), sondern vom Wahrnehmen (als verbindendes Feld) zu reden, nicht von den Fragmenten, sondern vom Ganzen auszugehen. Wenn wir nicht mehr von abstrakten, begrenzten Dingen ausgehen, sondern von vernetzten Bezügen, nicht von isolierten Objekten, sondern von Beziehungen und Verbundenheit, dann nähern wir uns einem Weltgefüge, das der Wirklichkeit näherkommt als alles, was wir bis jetzt gedacht haben. Ausnahmen gab es natürlich immer: Leibniz hat z.B. in seiner Monadologie ein solches System von Weltbezügen geschaffen[102]. Er ist nicht nur deshalb interessant, weil er das letzte Universalgenie war, sondern weil er die in der Generation vor ihm (durch René Descartes) angelegte Subjekt-Objekt-Spaltung nicht mitgemacht hat.

---

[102] Siehe auch: Hans Heinz Holz: Leibniz. Das Lebenswerk eines Universalgelehrten. WBG 2013

Wir brauchen abstrakte Bezugspunkte

Wir leben in einem pseudonaturwissenschaftlichen Weltbild, in dem die Methode zur Ideologie geworden ist. Die Methode besteht darin, eine künstliche Welt zu konstruieren, um einen „festen" Bezugspunkt zu haben, den es in der Wirklichkeit nicht gibt, wie schon Archimedes feststellte. Wir beziehen das Fallen der Körper auf das Vakuum: Alle Körper fallen gleich schnell. Beobachten können wir das nirgends, weil wir nicht im Vakuum leben und es auch gar kein ideales Vakuum gibt. Aber wir haben einen (künstlichen) Bezugspunkt und können damit rechnen (nicht erleben).

Ebenso beziehen wir Zeit auf etwas absolut Regelmäßiges und können damit rechnen (nicht erleben). Mit der erlebten Zeit könnten wir nicht rechnen, weil diese subjektiv ist. Zeit „verrinnt" schnell im intensiven Erleben und langsam, wenn wir auf etwas warten. Und wenn wir einen Wartenden und ein ineinander versunkenes Liebespaar an einer Bushaltestelle sehen, dann kann der Unterschied im Zeiterleben nicht größer sein. Wir messen die Zeit „objektiv", aber das ist für beide in diesem Augenblick bedeutungslos. Die Zeit, die wir messen, kommt in unserem (Er)Leben gar nicht vor, es sei denn als künstlicher Bezugspunkt.

Für Kant waren Raum und Zeit apriorische Kategorien, ohne die wir nicht denken können. Auf unsere Anschauung trifft das auch zu. Immer schon klar war, dass wir uns Raum gar nicht vorstellen können, sondern immer nur Gegenstände im Raum. Und Zeit erleben wir in einer Art Bewegung des Jetzt. Das hat mit Bewusstsein zu tun und nicht mit gemessener Zeit. Und wenn wir sagen sollten, was Zeit ist, dann können wir es nicht (Augustinus).

Vom Erleben her scheint Raum etwas (mehr) Objektives, Zeit etwas (mehr) Subjektives zu sein. In der Naturwissenschaft zählt nur das äußere Objektive, das, was wir vor uns haben und analysieren können. Das Subjekt hat darin nicht vorzukommen. So kam die Physik auf ihrer Suche nach den kleinsten (objektiven) Teilchen auf das Atom und weiter zu den Elementarteilchen. „Alles messen, was messbar ist", war die Forderung Galileis. Damit wurde nicht nur das Subjekt, sondern auch die Zeit aus dem Wissenschaftsbetrieb eliminiert. Das Gemessene, Festgestellte ist Fixiertes, Erstarrtes, Festgelegtes. Wissenschaft heißt damit so viel, wie aus einem Film die Standbilder zu fixieren und isoliert zu untersuchen. Damit wissen wir genau, woraus so ein Film „besteht", aber die Dynamik – und damit der Film selbst – ist damit verloren. Das gesamte Fächerspektrum an den Universitäten geht letztlich nur einer einzigen Frage nach: Was ist der Mensch? Selbst die Physik sagt wenig über die Natur (und nichts über eine „objektive" Natur, die es nicht gibt) und viel über den Menschen, weil es in den Naturwissenschaften nicht um die Natur, sondern um unser Sehen der Natur geht. Die „objektive Natur" ist eine Fiktion.

Die Naturwissenschaft erforscht Materie in Raum und Zeit, das, was für alle Menschen in gleicher Weise gilt – obwohl wir keine Vorstellung von Raum und Zeit haben und, wie wir seit der Quantentheorie wissen, auch nicht von Materie. Wir haben künstliche Oberbegriffe geschaffen, die wir nicht oder nur in Konstruktion definieren können. Und das Wichtigste, aber eigenartigerweise Unauffälligste ist, dass das subjektbefreite Erforschen der „objektiven" Welt nicht nur das Subjekt, sondern auch das Leben aus dieser Forschung heraushält. Leben ist Dynamik, messen kann ich nur Erstarrtes. Selbst die gemessenen Werte in der Medizin, die sich auch hinter der Naturwissenschaft versteckt – obwohl es da um den Menschen geht, der in der Naturwissenschaft nicht vorkommt –, sind aus dem dynamisch Lebendigen extrahierte Momentaufnahmen, die so noch gar nichts über die Herkunft (Ätiologie) und Dynamik einer Erkrankung aussagen können.

Auch die Philosophie kann man mit einiger Berechtigung als Wissenschaft bezeichnen. So wie die Naturwissenschaft künstliche Bezugspunkte schafft, um rechnen zu können, so schafft die Philosophie künstliche Begriffe, um rational denken zu können. Sie analysiert (definiert, grenzt ein, unterscheidet), um ein System zu schaffen, das genauso wie die Naturwissenschaft ein Modell der Wirklichkeit und nicht die Wirklichkeit selbst ist. Was das Vakuum (das nicht wirklich existiert) für die Fallgesetze ist, sind z.B. die Begriffe „Sein" und „Werden" seit Anbeginn für die Philosophie. Begriffe müssen abstrakt sein, das heißt vom Ganzen absehen, um Fragmente „begreifen" zu können. Weder Sein noch Werden gibt es in dieser isolierten, unterschiedenen Form. Wenn, dann gibt es ein Sein im Werden, das wir auch so erleben, aber darüber können wir nicht reden oder denken. Daher ist das Erleben der Wissenschaft nicht zugänglich. Die Prozessphilosophie (Whitehead und andere) versucht, hier einen Ausweg zu finden, und steht damit vor demselben Dilemma wie die Quantenphysik.

Objektivität, Statistik und Interpretation

„Mit Statistik lügen", „Trau keiner Statistik, die du nicht selbst gefälscht hast", usw. Alles Aussagen, die an der Realität der Statistik vorbeigehen. Statistik lügt nicht, sondern stellt Korrelationen her, beschreibt Wahrscheinlichkeiten, und die müssen interpretiert werden. Trauen oder misstrauen können wir der Interpretation der Statistik. Außerdem kann die Statistik nur Aussagen über komplexe Situationen, aber keine Aussagen über Einzelfälle machen. Aber das kennen wir schon aus der Quantenphysik.

Unsere Welt ist rational, sie ist logisch und wir können uns darin zurechtfinden. Logik ist eine Methode, die Welt so zu vereinfachen, dass sie überschaubar und verstehbar ist. Der Trugschluss dabei: Logik betrifft nicht Naturgesetze, sondern Denkgesetze, hat daher mit der Natur direkt nichts zu tun. Auch ein Roman muss logisch sein, aber er muss nichts mit der Wirklichkeit zu tun haben.

Naturwissenschaft ist eine Methode, die Welt zu analysieren, d.h. so zu vereinfachen, dass sie überschaubar und verstehbar, und vor allem vorhersehbar, weil berechenbar ist. Naturwissenschaft ist quasi ein Kunstgriff: Naturwissenschaft, so Herbert Pietschmann, ist durch das Herauslösen des für alle Menschen in gleicher Weise beschreibbaren Teils der Wirklichkeit aus der Gesamtwirklichkeit entstanden. Dieser Bereich ist die Materie in Raum und Zeit, und das für alle gleichermaßen Geltende nennen wir „Naturgesetze". Zu diesen Naturgesetzen führt aber kein logischer Weg, sondern nur die durch Intuition geleitete Anschauung (Einstein). Die Naturwissenschaft beruht damit sogar auf dem, was sie ausschließt und was man heute vorschnell glaubt leugnen zu müssen!

Die Naturgesetze sind menschliche Konstrukte, wir können sie gar nicht beweisen (Pietschmann). Beweisen kann man nur die Sätze der formalen Logik, insbesondere der Mathematik. Naturgesetze sind jedoch verlässlich, weil sie im Experiment nicht widerlegt wurden. Auch Experimente können nichts beweisen, sondern nur falsche Theorien ausscheiden. Unser Vertrauen in die Naturgesetze, so der Physiker Pietschmann, kommt einem Akt des Glaubens sehr nahe.

Das kommt daher, dass auch der Naturwissenschaftler ein Mensch ist. Er kann sich ja nicht selbst auf Materie in Raum und Zeit reduzieren, denn dann wäre er ein Roboter. Er formuliert Hypothesen.

Wie er zu diesen Hypothesen kommt, ist keine Frage der Naturwissenschaft. Er macht ein Gedankenexperiment mit möglichst wenigen Parametern, um so der Komplexität der Wirklichkeit zu entkommen. Und er denkt sich ein Experiment aus, um seine Hypothese zu überprüfen. Mit seiner Hypothese kann er Voraussagen treffen, die als Fragen an die komplexe Natur zu verstehen sind. Aber auch das Experiment ist eine isolierte und vereinfachte Situation, und nicht die komplexe Natur. Man sucht eine Übereinstimmung mit der Natur (genauer dem Experiment), oder zumindest möglichst wenig Abweichung. Auch die Reproduzierbarkeit ist etwas, das es eigentlich nicht gibt. In der Natur ist alles individuell und einmalig. Daher müssen alle errechneten Werte mit einer Fehlertoleranz angegeben werden, innerhalb derer man noch von „reproduziert" ausgeht. Solange diese Hypothese nicht widerlegt ist, gilt sie als stichhaltig.

Das heißt, Naturwissenschaft kann die Natur nur indirekt untersuchen. Das Experiment ist eine vereinfachte Situation, die so in der Natur gar nicht vorkommt. So leiten sich die Fallgesetze davon ab, so Herbert Pietschmann, dass man sagt, alle Gegenstände fallen gleich schnell – das tun sie allerdings nur im Vakuum, und das gibt es gar nicht. In unserer Welt – die es zu beobachten gibt – wäre das nicht ein Gesetz, sondern eine Lüge. Naturwissenschaft konstruiert eine künstliche Welt und vergleicht diese dann mit der Natur. Planetenbahnen sind Ellipsen, in deren Brennpunkt sich die Sonne befindet. Auch das gibt es in der Realität nicht. Das träfe nur dann zu, wenn es im gesamten Universum nur eine Sonne mit einem Planeten gäbe. Aber man kann damit rechnen. Interessant ist aber vor allem die Differenz zwischen (Gedanken-)Experiment und Realität.

Warum wir relativ exakte Voraussagen machen können, hat einen anderen Grund: Naturwissenschaft erforscht das für alle in gleicher Weise Gültige, und das ist Materie in Raum und Zeit. Die Gesamtwirklichkeit darauf zu reduzieren, ist das Erfolgsgeheimnis der Naturwissenschaft. Seit der Etablierung der (Tiefen-)Psychologie durch Freud und Jung hat sich auch diese Disziplin bemüht, als (Natur-)Wissenschaft anerkannt zu werden. Aber genau das war/ist der Irrtum der Psychologen. Der Anteil des für alle Menschen in gleicher Weise Gültigen ist in dieser Disziplin verschwindend gering oder etwas völlig anderes. Mit einiger Nachsicht könnte man vielleicht die Jung'schen Archetypen als solche sehen. Aber auch die sind zwar Allgemeingültiges, jedoch mit individueller Bedeutung.

Das für alle in gleicher Weise Gültige ist in der Psychologie nicht die Materie (Dinge, Objekte), sondern eine Grundstruktur, Prinzipien, Beziehungen (Wellen, Felder). Psychologie ist somit zwar Wissenschaft, „rechnet" aber nicht mit der Teilchensicht, sondern mit der Wellensicht.

In der Physik wird diese individuelle Bedeutung komplett eliminiert, aber auch nur, indem man ein künstliches Subjekt konstruiert, das man aus allem heraushalten kann. Wie wir wissen, geht auch das nur schwer und in der Quantenmechanik gar nicht mehr.

Naturwissenschaft erforscht das für alle in gleicher Weise Gültige, das Einmalige ist damit nicht erfassbar. Schon das zeigt, dass Naturwissenschaft mit einer konstruierten Welt experimentiert, denn in der Natur ist alles einmalig, auch jede Beobachtung ist genau genommen einmalig, deshalb darf der Beobachter im Experiment keine Rolle spielen. Das Einmalige, das Menschliche kann diese Methode nicht erfassen. In der Natur ist aber alles einmalig, es gibt keine zwei gleichen Menschen, sogar eineiige Zwillinge sind nicht gleich, es gibt nicht einmal zwei gleiche Schneeflocken. Ohne Angabe der Fehlertoleranz wäre auch in der Naturwissenschaft nichts wirklich reproduzierbar.

Geht man allerdings tief genug, dann scheint es anders zu sein: Ein Elektron ist ein Elektron, im menschlichen Körper genauso wie irgendwo im Weltall. Aber wo die Individualität schwindet, haben wir ein anderes Problem: Die Phänomene sind nur noch statistisch erfassbar. Es ist sinnlos, von zwei gleichen Teilchen zu reden, denn „Teilchen" oder „Welle" beschreibt diese Wirklichkeit nicht mehr adäquat. Wo es keine „Teilchen" gibt, ist es auch nicht mehr sinnvoll, von „gleich" oder „nicht gleich" zu reden. Hier versagt jegliche Anschauung, und nur mehr die Mathematik ist imstande, damit zu „rechnen". Und deren Voraussagen betreffen nicht mehr Teilchen, sondern Wahrscheinlichkeiten.

Am Beispiel des Einmaligen wird klar, dass man das, was die naturwissenschaftliche Methode ausschließt, nicht einfach leugnen und alles auf die Spielwiese der (konstruierten Welt der) Naturwissenschaft reduzieren kann. Im Gegenteil sind die für uns Menschen wichtigen Fragen naturwissenschaftlich nicht einmal zu stellen. Am klarsten hat das Wittgenstein formuliert (Tractatus 6.52): *„ Wir fühlen, dass selbst wenn alle möglichen wissenschaftlichen Fragen beantwortet sind, unsere Lebensprobleme noch gar nicht berührt sind. "*

Ein Beispiel: Für die Medizin bedeutet das, dass alles, was wir naturwissenschaftlich über den Menschen je herausbekommen können, doch niemals den Menschen als Ganzes erklären kann. So wie die Biochemie des Gehirns nicht geleugnet werden kann, kann auch das Bewusstsein oder das Leben nicht geleugnet, aber auch nicht auf biochemische Vorgänge reduziert werden. Was naturwissenschaftlich nicht erfasst werden kann, ist deswegen nicht gleich „unwirklich". Ein materielles Korrelat zu finden heißt nicht, ein Phänomen materiell erklären zu können. Es wird heute zunehmend klarer, dass die Naturgesetze allein für eine Erklärung des Lebens nicht ausreichen. Die großen Fragen der Menschheit einfach ad acta zu legen, wäre eine Falle, in die wir nicht unbedingt tappen sollten.

Zusammengefasst:
1. Die naturwissenschaftliche Methode ist die Reduktion der Wirklichkeit auf die materielle Ebene, auf Materie in Raum und Zeit
2. mit der Methode des Experiments, d.h. einer vereinfachten, isolierten Situation, die so in der Natur nicht vorkommt,
3. zur Modellbildung, wobei das wissenschaftliche Modell nichts mit der Natur zu tun hat, außer dass die Voraussagen der Theorie jederzeit an der Natur (im Experiment) geprüft werden müssen,
4. denn zu den Naturgesetzen führt nur die auf Beobachtung beruhende Intuition.

Das Problem des Dualismus

René Descartes steht am Beginn des naturwissenschaftlichen Zeitalters. Mit seiner Unterscheidung von Materie (res extensa) und Geist (res cogitans) ermöglichte er der Naturwissenschaft, ihren Bereich auf das Messbare (wie es Galilei gefordert hatte) zu beschränken. Im Laufe des Fortschritts (der wie so oft gleichzeitig auch ein Rückschritt war) wurde aus der Unterscheidung eine Trennung, und in der Folge eine Elimination des Geistes. Res cogitans wurde zum Epiphänomen der Materie degradiert, wodurch aus dem Dualismus wieder ein (allerdings Pseudo-)Monismus wurde. Glücklich wurde damit niemand (außer vielleicht fundamentale Materialisten), weil dieser Reduktionismus auch dem Fortschritt der Naturwissenschaft in den Rücken fiel. Ganz im Sinne der Selbstähnlichkeit tauchte der Dualismus in der Quantenmechanik wieder auf, als Dualismus von Teilchen und Welle. Und infolge der Verdrängung des Decartes'schen Dualismus ist dieser Dualismus innerhalb der Physik, der sich jetzt als Komplementarität darstellt, bis heute nicht wirklich bewältigt.

Als der Mensch aus dem Dunkel der Unbewusstheit erwachte, versuchte er das Ganze in Bilder zu fassen (Mythos). Das Interesse galt der Entstehung des Ganzen. Dem heutigen Denken sind diese Bilder dunkel, sie erfassen aber etwas, das dem heutigen Denken nicht mehr zugänglich ist. Die Bilder des Ganzen müssen noch nicht definiert und damit begrenzt werden. Durch das Definieren und Begrenzen, das für den Forstschritt des Bewusstseins notwendig ist, geht dann aber das Ganze verloren.

C.G. Jung beschreibt das in einem Brief an Wolfgang Pauli: *„Die innere psychische Spaltung wird ersetzt durch ein gespaltenes Weltbild und zwar unvermeidlicherweise, denn ohne diese Diskrimination wäre bewusste Erkenntnis unmöglich. Es ist in Wirklichkeit keine gespaltene Welt, denn dem geeinten Menschen steht ein ‚unus mundus' gegenüber. Er muss diese eine Welt spalten, um sie erkennen zu können, ohne dabei zu vergessen, dass das, was er spaltet, immer die eine Welt ist, und dass die Spaltung ein Praejudiz des Bewusstseins ist.“*[103]

Grundsätzlich ist die Welt polar aufgebaut: Materie – Geist, Körper – Seele, männlich – weiblich, bewusst – unbewusst usw. Am Leib-Seele-Problem haben sich Generationen von Philosophen abgearbeitet, ohne dass eine „Lösung" in Sicht wäre. Nach Descartes ist sie letztlich unmöglich geworden. Heute wie damals steht die Frage ungelöst im Raum, wie wir überhaupt etwas wissen können. Philosophisch muss eine – wie immer geartete – Einheit von Denken und Sein angenommen oder vorausgesetzt werden. Heute bringen wir das nicht mehr zusammen und flüchten uns oft in irgendwelche Pseudo-Monismen wie Idealismus, Szientismus, Naturalismus usw.

Philosophisch steht am Anfang der Dualismus von Denken und Sein in den verschiedensten Variationen. Das Problem kennen wir seit der Antike. Historische Rückblicke sind aber immer problematisch,

---

[103] Brief von C.G. Jung an Wolfgang Pauli, in C.A. Meier (Hrg.), Wolfgang Pauli und C.G. Jung. Ein Briefwechsel 1932-1958. Springer 1992, S. 156

wenn man das heutige Denken in die Geschichte zurückprojiziert. Seit der Subjekt-Objekt-Spaltung des Descartes sind Körper und Seele getrennte Entitäten, das waren sie aber in der Antike nicht, zumindest nicht in dieser radikalen Form. Die antiken Philosophen mussten nicht Getrenntes zusammenbringen, weil sie von einer Einheit ausgingen. Im „logos" sind Denken und Sein vielleicht unterschieden, aber nicht getrennt. Logos – Ratio – Vernunft – Intellekt ist die Geschichte eines Bedeutungswandels und einer Verengung und Degeneration dieses Begriffs. Im ursprünglichen „logos" waren Ratio und Irrationalität noch nicht getrennt. Das nicht Rationale wurde dann im Lauf der Geschichte immer mehr abgespalten und verdrängt.

Wie bei allen Lebensproblemen sollten wir langsam lernen, sie aus statischer Teilchensicht und dynamischer Wellensicht zu sehen. Letztere sieht nicht Dinge oder Objekte, sondern Beziehungen und Prozesse. Erst lange nach Darwin wurde der Fokus auch auf die individuelle Evolution des Individuums gerichtet, auch das meist nur aus der Teilchenperspektive. Bei der Untersuchung der Dyade Mutter–Kind werden zwei Personen und deren Wechselwirkung untersucht, als wäre das ein physikalischer Vorgang. Erst spät wurde klar, dass es dabei um Bindung geht, nicht um Wechselwirkung, sondern um Beziehung. Das Neugeborene muss bindungsfähig werden, das kann es an der Mutter, am Kindermädchen oder an kollektiver Elternschaft, wie in der Karibik, lernen. Es kommt weniger auf das Objekt an als auf die Bindung. Da wir noch immer einseitig im Teilchendenken leben, wird darauf heute wenig Rücksicht genommen. Wir stecken die Unter-Dreijährigen in Kitas, ohne uns um die Notwendigkeit der Bindung zu kümmern – mit Folgen, die dem Kind ein Leben lang nachhängen können.

Wir ignorieren meist auch, dass in unserer Wahrnehmung „Denken und Sein" noch gar nicht getrennt sind und die krampfhafte Übereinstimmung von Denken und Sein viel zu spät kommt. Wer beides trennt, darf sich nicht wundern, dass er dann mit deren „Vereinigung" so seine Probleme hat. Das beginnt schon damit, dass Gehirn und Körper (und Umwelt) nicht zu trennen sind. Ein vom Körper und von der Umwelt getrenntes Gehirn entzieht sich unserer Erfahrung. Und Erfahrung kommt aus der ursprünglichen Einheit von Hirn, Körper und Umwelt.

Der Mensch ist von Geburt an, oder schon zuvor, auf Kommunikation angewiesen. Er kann nur am anderen zum Ich werden. Ein isoliertes Ich ist kein Ich. Descartes' radikale Trennung von res extensa und res cogitans ist völlig widernatürlich. Niemand muss sich seiner Existenz versichern, niemand fragt sich bei einer Verletzung, ob das sein/ihr Schmerz ist. Erfahrung braucht kein Subjekt, Erfahrung IST. Anders gesagt: Erfahrung braucht Subjekt UND Objekt, aber nicht als isolierte Entitäten, sondern als Beziehung, als Zusammengehörendes.

Das Thema Imitation, Einfühlung, Empathie bis hin zu den Spiegelneuronen ist nicht teilchenartig als Wechselwirkung zwischen Subjekt und Objekt zu verstehen. Der Andere ist nicht der Fremde, sondern das Wesen, ohne das ich gar nicht als Selbst existieren würde. Das Ich ist nicht bloß Subjekt, sondern das Selbst in Beziehung zu anderen. In der Beziehung zum anderen bildet sich ein Ganzes, aus Ich und Du wird Wir.

Radikal hat das Leibniz gedacht, dessen Monade individuell und einzigartig ist, aber deswegen, weil es das Ganze der „Welt" aus der eigenen Perspektive spiegelt. Die Welt ist der Gesamtzusammenhang, und durch jede Änderung eines Einzelnen ändert sich die gesamte Welt. Die Monade hat keine „Fenster", weil es gar kein (Innen und) Außen gibt, weil sie – in moderner Terminologie – nichtlokal ist.

Der konkrete Dualismus ist nicht der zwischen Entitäten (Denken – Sein, res cogitans – res extensa, Subjekt – Objekt), sondern zwischen zwei Sichtweisen oder Perspektiven. Das sind zwei gegensätzliche Sichten, die einander widersprechen und ausschließen, aber nur beide zusammen ergeben eine Auffassung von Wirklichkeit. Sie sind gegensätzlich aber komplementär, das heißt es kann nicht eine Seite dieses Gegensatzes eliminiert werden, wie es die Logik des Aristoteles fordert, weil dies zu einer fundamentalen Einseitigkeit führt. Idealismus und Realismus, Empirismus und Rationalismus standen sich in allen möglichen Abwandlungen gegenüber, erst die Logik der Quantenphysik (Komplementarität von Teilchen und Welle) müsste uns wieder davon überzeugen, dass wir beide Seiten brauchen, wenn wir ernstlich Wirklichkeit erfassen wollen. Was auch Platon schon bekannt war, aber der hat die gesamte europäische Kultur, jedoch meist nur als Missverstandener, beeinflusst[104].

---

[104] Christoph Quarch: Platon und die Folgen. J.B. Metzler Verlag 2018, S. 2

Dazu kommt, dass es auch um die Dualität von „rational" und „irrational" geht. (Natur)Wissenschaft ist rational, erkundet das Allgemeine und Reproduzierbare. Dadurch wird das Konkrete und Einmalige als irrational ausgeschlossen. Die Wissenschaft betrifft damit gar nicht das konkret Seiende, sondern das abstrakt Allgemeine, das (für Einzelfälle) nur Wahrscheinlichkeiten angeben kann. Die heilige Kuh der klassischen Physik und der menschlichen Ratio war/ist (neben der Objektivität) die Kausalität. Die ist aber nichts anderes als die (eine mögliche) Interpretation der zeitlichen Aufeinanderfolge von Ereignissen. In der Quantenphysik wird klar, dass über Einzelereignisse gar nichts ausgesagt werden kann, sondern nur mehr Wahrscheinlichkeiten für deren Eintreten. Kausalität ist damit nichts anderes als große Wahrscheinlichkeit. Genau genommen ist das in der klassischen Physik auch nicht anders. Voraussagbarkeit und Reproduzierbarkeit gibt es nicht für Einzelereignisse. Exakte Reproduzierbarkeit zu fordern wäre das Ende der Wissenschaft.

Die fundamentale Dualität der zwei Sichtweisen zeigt sich auch durch das statische und das dynamische Denken. Naturwissenschaft analysiert, zerlegt in immer kleinere Teilchen und kommt damit zu Momentaufnahmen oder Standbildern, während der ursprüngliche Film, die dynamische Wirklichkeit des Ganzen verloren geht. Die statische und die dynamische Sicht sind komplementär, somit nicht gleichzeitig realisierbar. Dem objektiven Teilchendenken geht das dynamische Ganze der Wirklichkeit verloren. Wer das feldartige Ganze sehen will, muss auf Symbole zurückgreifen, weil Begriffe da versagen. Analysieren kann man nur Teilsysteme, das dynamische und lebendige Ganze geht damit aber verloren. Das Lebendige ist mit dieser Methode nicht zu erfassen. Lebendiges zu analysieren heißt es zu sezieren und damit zu töten.

In der Antike wurde versucht, das Dilemma zwischen seiend und nicht-seiend durch den Begriff des „der Möglichkeit seiend" aufzulösen. Dies kommt der Quantenphysik sehr nahe – oder die Quantenphysik kommt dieser ursprünglichen Auffassung wieder sehr nahe. Die (unanschauliche) Wirklichkeit kann als eine Superposition aller Möglichkeiten aufgefasst werden. Durch Messung (Beobachtung) wird eine der Möglichkeiten realisiert, als wellenartig (Interferenzmuster) oder als teilchenartig (Objekt, Ding). Vorher ist ein Quantenphänomen nicht seiend, sondern nur der Möglichkeit nach seiend.

Wolfgang Pauli geht noch einen Schritt weiter. Er ist der einzige Physiker, der auch in sich beide Sichten vereinigt, indem er sich mit Physik (Teilchensicht) und Psychologie (Wellensicht) gleichzeitig beschäftigt. Er wendet den Wirklichkeitsbegriff der Quantenmechanik (Superposition aller Möglichkeiten) auf das Unbewusste an. Das Wirkende ist nicht nur das Unanschauliche, das als archetypische Bilder ins Bewusstsein dringen kann, sondern das dem Psychischen wie Materiellen zugrunde Liegende. Es kann, wie auch C.G. Jung betont, gar nicht als bloß psychisch erklärt werden, sondern ist, wie Pauli postuliert, zugleich im Menschen und in der Natur. Damit kann er nicht nur Einzelschicksale, sondern auch das Phänomen der Synchronizität erklären. Das hieße, dass Materie und Geist (wie Teilchen und Welle) anschauliche Hilfsbegriffe für etwas sind, das sich gar nicht trennen lässt[105].

Pauli schreibt damit auch seinen Lieblingsphilosophen Schopenhauer um. „Die Welt als Wille und Vorstellung" übersetzt er neuzeitlich (oder antik) in „Die Welt als Trieb und Vorstellung" oder noch besser als „Amor und Vorstellung", und damit als eine Verbindung von Rationalem (Vorstellung) und Irrationalem (Trieb oder Liebe) – was wiederum dem Teilchenbild (Begriff) und Wellenbild (Beziehung) entspricht.

Die Reduktion des Dynamischen zum Statischen

Seit der Antike konkurrieren zwei entgegengesetzte Weltbilder, Sein oder Werden, Raum oder Zeit, statisch oder dynamisch, Teilchen oder Welle. Aus heutiger Sicht hatte das statische Weltbild in der Geschichte meist einen Überhang. In der (klassischen) Physik schien das statische Teilchenbild seinen Siegeszug abgeschlossen zu haben, allerdings rechneten die Protagonisten nicht mit der natürlichen Ganzheitlichkeit der Natur, die sich nicht in einseitige Anschauungen pressen lässt. Die Analyse, das Zerlegen in immer

---

[105] Pauli schreibt von einer „correspondentia zwischen Physik (und Mathematik) und Psychologie" (Briefwechsel, S. 122 f.). In der Antwort von C.G. Jung heißt es: „Psyche wie Materie sind beide als ‚matrix' an und für sich ein X, d.h. eine transzendentale Unbekannte, daher voneinander begrifflich nicht zu scheiden, also praktisch identisch und nur sekundär verschieden als verschiedene Aspekte des Seins." (Briefwechsel, S. 126)

kleinere Teilchen, sollte dazu führen, die kleinsten Bausteine der Welt zu finden und damit alles erklären zu können. Dieses Unterfangen scheiterte daran, dass sich auf diesem Weg herausstellte, dass die „kleinsten Teilchen" gar keine Teilchen mehr sind. Die Operation war „gescheitert", die Wirklichkeit ist dynamisch. Ohne Beeinflussung sind die Photonen oder Elektronen keine statischen Teilchen, sondern eher dynamische Wellen. Ersichtlich im Doppelspaltexperiment am Interferenzmuster, das niemand erwartet hat. Das liegt daran, dass das vorherrschende Denken ein Teilchendenken ist, das die Wirklichkeit nicht „abbilden" kann.

Erst die Messung macht aus den „Wellen" die erwarteten „Teilchen". Durch das Messen, das Feststellen, erhalten wir eine objektive Welt, eine Welt der Dinge und Objekte, der jegliche Dynamik, jegliche Lebendigkeit, ausgetrieben wurde. Die Quantenmechanik – schon das Wort „Mechanik" passt hier nicht mehr – stieß uns aber gleichsam mit der Nase darauf, dass wir beide Sichten brauchen, um die Wirklichkeit zu erklären. In der Physik brauchen wir Teilchen und Wellen, in der Wissenschaft brauchen wir Physik und Psychologie, im Leben brauchen wir Sein und Werden/Entwicklung, Objektives und Subjektives – alles immer im Wissen, dass beides zusammen eigentlich etwas anderes ist.

Es gibt in Europa nicht nur diesen Entwicklungsstrang, der von Aristoteles zur (klassischen) Physik führt, sondern immer auch Menschen, die anders dachten. Einer davon war Leibniz, der am Anfang der Entwicklung der Naturwissenschaft lebte, aber dieses Denken nicht mitmachte, sondern eine Gegenposition zu Descartes und Newton entwickelte. Seine Monaden kann man als Atome der Innenwelt bezeichnen, die dynamisch das Ganze aus individueller Perspektive spiegeln. Substanz hat hier nichts mit Teilchen zu tun.

Der Begriff der Autopoiese bei Humberto Maturana und Francisco Varela geht nicht von einer starren Trennung von Subjekt und Objekt aus, sondern von einem zusammenhängenden, organismischen System. Unser Wahrnehmungssystem hat immer schon ein Gesamtes als Situation erfasst, bevor wir rationale Unterscheidungen treffen (was zur Bewusstwerdung unerlässlich ist). Das Gehirn ist kein isoliertes Steuerorgan, so Hans Jürgen Scheurle[106], sondern

[106] Hans Jürgen Scheurle: Das Gehirn ist nicht einsam. Resonanzen zwischen Gehirn, Leib und Umwelt. Verlag W. Kohlhammer, 2. Aufl. 2016

bildet ein Wahrnehmungsfeld zusammen mit dem Körper und der Umwelt. Leben, Denken und Bewusstsein manifestieren sich immer als Polarität, aber diese Polarität ist immer ein Ganzes. Erfahrung ist ungeteilt, erst die Reflexion unterscheidet und muss unterscheiden.

Vor diesen Unterscheidungen ist nach Merleau-Ponty *„die Einheit des Menschen noch nicht zerbrochen, der Leib ist noch nicht der menschlichen Attribute beraubt und noch nicht zu einer Maschine geworden, die Seele ist noch nicht definiert als Existenz für sich"*.[107]

Nach Simone Weil *„erfasst der Körper einen Zusammenhang und nicht Einzelheiten"*[108]. Das Ganze und die Relation (Wellendenken, Beziehung) sind ursprünglicher als Dinge und Objekte. Im gewohnten Teilchendenken analysieren und unterscheiden wir in Objekt und Subjekt. Das Leib-Seele- oder Körper-Geist-Problem wird erst zum Problem durch diese nachträgliche Unterscheidung oder gar Trennung. Subjekt und Objekt, Seele und Körper, Gehirn, Körper und Umwelt können nicht getrennt werden. Rational müssen wir sie unterscheiden, um eine bewusste Vorstellung zu haben, dürfen sie aber nicht trennen, weil damit die lebendige Einheit und damit das Leben verloren geht.

Atom und Individuum

Die griechischen Philosophen machten sich auf, die kleinsten Bausteine der Welt, das Unteilbare (atomos) zu suchen. Was sehr viel später die Physik als Atom bezeichnete, stellte sich bald als teilbar heraus, war also noch kein Atomos. Die Technik war da, um auch das „Atom" noch zu zerteilen in Elementarteilchen. Daher machten sich die Physiker gegen Ende des 19. Jahrhunderts auf, die kleinsten Bausteine der Welt, das wirkliche Atomos, zu suchen. Wieder dachte man, wenn es soweit wäre, könnte man damit den Aufbau der gesamten Welt, inklusive des Komplexesten, des menschlichen Gehirns, erklären.

Die Griechen hatten die Idee davon, die Physiker hatten die Technik, um die kleinsten Bausteine des Gebäudes zu finden, aber sie

---

[107] Maurice Merleau-Ponty, zit. in Siri Hustvedt: Die Illusion der Gewissheit. Rowohlt Verlag, 2. Aufl. 2018, S. 304

[108] Simone Weil, zit. ebda, S. 305

hatten die Rechnung ohne die Natur gemacht. Den antiken Philosophen war allerdings bereits klar, dass es im Materiellen eine Teilbarkeit ins Unendliche geben muss und dass das Atom daher nichts Materielles im engeren Sinne sein kann. Atom und „kleinste Bausteine" sind ein Widerspruch in sich. Das war den Physikern gegen Ende des 19. Jahrhunderts noch nicht oder nicht mehr bewusst.

Unser Gehirn ist ein komplexer Vereinfachungs- und Vergröberungsmechanismus. Zwar sind die Begriffe „Gehirn" und „Mechanismus" ideologisch vorbelastet, aber für den Moment können wir damit umgehen. Die Natur ist nie so, wie wir sie denken (auch nicht naturwissenschaftlich), und je tiefer wir in sie eindringen, desto weiter entfernt sie sich von unserem gewohnten Denken. Man erwartete gegen Ende des 19. Jahrhunderts, die kleinsten Bausteine der Welt zu finden, und was man Anfang des 20. Jahrhunderts fand, hatte mit (im gewohnten Sinn materiellen) Bausteinen rein gar nichts mehr zu tun.

Wenn man, wie die Griechen, dem Atom nachsinnt, dann ist klar, dass dieses nichts Materielles, Dingliches sein kann, denn das wäre dann ja immer noch teilbar. Unteilbar kann nur etwas sein, das keine Ausdehnung hat. Das aber ist nicht vorstellbar und mit unserer Vorstellung von Materie nicht vereinbar. Materielos ist ein mathematischer Punkt, und der Weg zum Ausgedehnten ist damit versperrt, denn auch die Aneinanderreihung von Millionen Punkten ergibt auch nicht mehr als einen Punkt.

Soweit zur Erkenntnis der Natur. Bleibt der Mensch selbst, als Individuum. Wir verstehen unter Individuum unser Unverwechselbares und Einmaliges. In-dividuum bedeutet aber „das Unteilbare", somit genau dasselbe wie das A-tomos der Materie. Wir suchen das Atom, das Unteilbare nicht nur im Außen, sondern auch im Inneren. Wobei die synonyme Bedeutung von Individuum und Atomos meist nicht bewusst wird. Als einer der wenigen ist Leibniz der Philosoph des lebendigen Individuums.

Die Geburtsstunde der (modernen) Psychologie fällt interessanterweise zeitlich zusammen mit der modernen Physik, nämlich um 1900. Das sollte ein Indiz dafür sein, dass es nicht bloß um diese zwei Disziplinen, sondern um Fundamentaleres ging. So wie die Physik die altgriechische Idee des Atoms wieder aufnahm, so die Psychologie die Idee einer Innenwelt. René Descartes, der Vater des

Dualismus, hatte zwischen diesen „Welten" unterschieden, diese Unterscheidung wurde dann (erst später) zu einer Trennung, und aus dieser Trennung wurde letztlich im naturalistischen Pseudo-Monismus die Elimination des „Geistes" durch Reduktion auf die Materie. Diese Trennung und Verdrängung gab es vorher nicht. Bei Aristoteles, und später bei Thomas von Aquin, war die „Seele" die Form des Körpers, unterschieden, aber nicht getrennt.

Etwa bei Ignatius von Loyola, dem Begründer des Jesuitenordens, finden wir eine viel tiefer gehende Psychologie als bei Sigmund Freud, der die Psyche wiederentdeckte. Während Freud mit seiner Entdeckung des Unbewussten sich auf die innerseelischen Konflikte beschränkte und dabei einen wunden Punkt seiner Zeit traf, ging C. G. Jung tiefer und entdeckte eine differenzierte Innenwelt. Für beide war das bewusste Ich nur noch ein Oberflächenphänomen und nicht das, was den Menschen als Gesamtes ausmacht. Wenn wir, wie Jung, in der Psyche differenzieren zwischen Ich, Persona, Anima, Animus, Schatten, Selbst usw. als Komponenten der Innenwelt, dann stellt sich wieder die Frage, was denn dann das Unteilbare, das In-dividuum ist, das „hinter" all dem steht. Die Psyche ist ein komplex Zusammengesetztes, und das Individuum ist das unteilbare, nicht mehr als (Seelen-)Teilchen beschreibbare psychische „Atom". In der Analytischen Psychologie von C.G. Jung ist es das Selbst als Ziel der In-dividuation, das Zentrum und Umfang der bewusst-unbewussten Psyche ist.

Aber zunächst haben wir eine Außenwelt und eine Innenwelt, die aufeinander bezogen nicht unabhängig voneinander existieren. Das Erleben (wie auch die Sprache) verbindet diese beiden Welten, verbindet (das abstrakte) Subjekt und (das ebenso abstrakte) Objekt. Doch können wir Wirklichkeit nicht mit dieser Dualität beschreiben. Das Subjekt ist die der Vielheit der Objekte entgegenstehende Einheit. Aber wie schon Fichte sagte, es geht nicht um die Einheit und Vielheit, sondern um die Einheit von Einheit und Vielheit. Subjekt und Objekt sind das in Beziehung, in Kommunikation Tretende. Das Subjekt (als das Zugrundeliegende) steht noch „hinter" dem (grammatikalischen) Subjekt und Objekt.

Weder bei den Griechen noch bei Thomas von Aquin oder Ignatius von Loyola finden wir diese Trennung von Außenwelt und Innenwelt, wie sie erst Descartes radikalisiert hat. Daher wird auch vieles missverstanden, wenn wir es von unserem fragmentierenden

Denken aus rückblickend und in die Geschichte zurück projizierend betrachten. Da wird dann die Unterscheidung von Welt und Idee zum Leib-Seele-Problem und Platon zum Dualisten. Aber das sind neuzeitliche und nicht antike, sondern auf die Antike zurückprojizierte Anschauungen. Man hat wahrscheinlich damals auch zwischen Wissen und Gewusstem nicht so unterschieden, wie wir das heute tun.

Der europäische Mainstream – es gab natürlich immer auch andere Strömungen – verengte sich von Aristoteles bis zur Naturwissenschaft bis ins 19. Jahrhundert. Man erforschte seit dem 17. Jahrhundert sehr erfolgreich die Außenwelt unter Vernachlässigung der Innenwelt. Unsere gesamte Lebenswelt profitiert von dieser Erfolgsgeschichte, von der Dampfmaschine bis zum Computer und zum GPS. Gleichzeitig leiden wir unter der Verbannung alles Menschlichen aus dieser objektivierten und technisierten Welt. Denn, wie schon Wittgenstein in seinem Tractatus 6.52 feststellte (um ihn wieder einmal zu zitieren): *„Wir fühlen, dass selbst wenn alle möglichen Fragen der Wissenschaft beantwortet sind, unsere Lebensprobleme noch gar nicht berührt sind."*[109]

Die Naturwissenschaft ist eine erfolgreiche Methode der Weltkonstruktion, die aber mit der Natur nur indirekt zu tun hat und nicht in der Lage ist, ein Bild der Welt zu kreieren. Trotzdem bewegen wir uns in einem pseudo-naturwissenschaftliches Weltbild und haben damit aus der Wissenschaft eine Ideologie gemacht. Darin wird alles, was mit dieser Methode nicht beschreibbar ist, als irreal bezeichnet. Aber genau diese Einstellung ist irrational.

Der Ausweg kommt aus der Physik (des 20. Jahrhunderts) selbst. Die Natur stellte sich so absurd dar (Heisenberg, Bohr etc.), dass klar wurde, dass der europäische Denkrahmen nicht einmal geeignet ist, die Materie und deren Festigkeit zu beschreiben (Pietschmann). Bestand der Erfolg der klassischen Physik darin, das Subjekt aus der Forschung herauszuhalten, stellte sich in der Quantenphysik heraus, dass das gar nicht geht. Wir beschreiben nicht die Natur, sondern unser Sehen der Natur. Leicht überspitzt gesagt wird der Wissenschaftsbetrieb damit zur Erkenntnistheorie. Wir untersuchen gar nicht mehr ein abstraktes „Objekt", sondern unser Hinschauen.

---

[109] Man möge mir den oftmaligen Verweis auf dieses Wittgenstein-Zitat verzeihen.

Damit spricht die moderne Physik sozusagen die Forderung aus, die Subjekt-Objekt-Spaltung zu überwinden. Während wir außerdem geneigt sind, die Quantenwelt als völlig unverständlich zu erklären, weil sie mit dem bisherigen Weltbild nicht in Einklang zu bringen ist, zeigt uns die Quantenphysik letztlich doch nur, wie unser Sehen und Denken funktionieren, wie sie immer schon funktioniert haben. Niemand hat je eine objektive Welt gesehen, das war immer eine Fiktion, sondern durch die Wechselwirkung der Innen- und Außenwelt „kollabiert" die Superposition der Wirklichkeit in die wahrgenommene Realität.

Statik und Dynamik

Nichts Lebendiges in der Welt ist statisch, Leben ist Dynamik. Rein statisch nur ist das, was wir als tot bezeichnen. Der Tod ist das Ende der Dynamik eines Systems, das in seine Untersysteme zerfällt. Er ist damit auch das Ende der Ganzheit. Wer nur eine statische Welt untersucht, untersucht tote Materie.

Unsere Sicht einer objektiven, dinglichen Welt ist daher eine Illusion, ist kein „Abbild" der lebendigen Wirklichkeit. Das, was wir (buchstäblich) fest-stellen, was wir messen oder was wir (zu) sehen (glauben), ist immer nur eine Momentaufnahme, ein Anhalten und Feststellen der natürlichen Dynamik. Das, was wir messen, ist nicht das Phänomen, sondern eine Wechsel-Wirkung, die Reduzierung seiner Dynamik, seiner Geschichte und seiner Bedeutung auf einen statischen Zustand. Bildlich gesprochen ist die (dingliche, objektive) Realität die ihrer Lebendigkeit beraubte Wirklichkeit.

Leben ist Werden, oder Sein im Werden. Im Lebendigen finden sich keine isolierten Dinge. Sein ist das, was nicht wird, sondern ist. Das, was ist, ist entweder das Ganze (das aber in sich dynamisch ist) – und nur dafür eignet sich der Begriff Sein – oder die zur (dinglichen, objektiven) Realität erstarrte Wirklichkeit, Seiendes, dem man das Werden, die Dynamik ausgetrieben hat. Ein Objekt ist ein definierter Zustand unter Ausblendung seiner Eigendynamik, des Kontextes und der Wahrnehmung. Durch Messen oder Wahrnehmen wird etwas „festgestellt", d.h. es wird seiner Dynamik (des Lebendigen) beraubt. Das wird in der Quantenphysik wieder bewusst.[110]

Durch diese Reduktion auf das Messbare war die Naturwissenschaft so erfolgreich wie kaum eine Methode zuvor. Man konnte jetzt Ereignisse „objektiv" beschreiben, unabhängig vom beobachtenden Subjekt, aber auch unabhängig von seiner Dynamik. So kam man zu einer exakten (aber reduzierten) Beschreibung, mit der man arbeiten konnte und die Technik generierte.

Die Physik hat sich allerdings radikal gewandelt, als man in der Quantentheorie entdeckte, dass das Messen das Gemessene verändert. Es gibt letztlich keine Unabhängigkeit vom Messapparat und vom beobachtenden Subjekt. Die Naturwissenschaft untersucht im Allgemeinen isolierte Systeme unter Vernachlässigung aller Einflüsse von außerhalb des beobachteten Systems. Dies bedeutet eine doppelte Isolation: unabhängig vom Messapparat und vom beobachtenden Subjekt sowie unabhängig von der Umgebung. Sie untersucht also künstliche Situationen, die so in der Welt nicht vorkommen.

Erst in der Quantentheorie geht es um Wechselwirkungen und die Einbeziehung des Messapparats und des Beobachters, aber immer noch um isolierte Situationen. Daher wird z.b. die Bedeutung eines abstrakten Ortes eingeschränkt. Bei exakter Bestimmung des Ortes kann die Geschwindigkeit nicht exakt angegeben werden, weil damit die Dynamik verlorengegangen ist. Dies gleicht dem Versuch, ein Standbild aus einem Film zu extrahieren, womit man ein Foto, aber keinen Film mehr hat.

Galileis Forderung, alles zu messen, inkludiert, dass man das Lebendige nicht naturwissenschaftlich erfassen kann. Daher beschäftigt sich die Physik mit „toter Materie". Bis man in der Quantentheorie entdeckte, dass „hinter" dieser toten Materie „etwas" ist, das wieder mehr dem Lebendigen gleicht (Hans-Peter Dürr), aber durch die Anschauung nicht fassbar ist. Oder anders gesagt, dass auch die Unterscheidung oder die Grenze zwischen lebendig und tot nicht mehr haltbar ist.

---

[110] „Die mathematische Erfassung der Möglichkeiten des Naturgeschehens in der Quantenmechanik erwies sich als ein genügend weiter Rahmen, um auch die irrationale Aktualität des Einmaligen aufzunehmen. Als Zusammenfassung des rationalen und irrationalen Aspektes einer wesentlich paradoxen Wirklichkeit kann sie auch als eine Theorie des Werdens bezeichnet werden." Wolfgang Pauli: Physik und Erkenntnistheorie. Springer Fachmedien 1984, S. 22

Messergebnisse sind letztlich nichts Objektives, sondern Ergebnis einer Wechselwirkung zwischen Messapparat und zu Messendem. Das Ergebnis ist keine Eigenschaft des zu Messenden, sondern ein Zeigerausschlag des Messapparats. Der Zusammenhang mit dem zu Messenden ist nicht einfach gegeben, sondern muss interpretiert werden.

Das Bewusstsein ist in unserer Lebenswelt quasi das „Messinstrument" des Wahrnehmungsapparats, während das Unbewusste dem Quantenzustand mit seiner Superposition entspricht. Das Bewusstsein will Eindeutigkeit, das Unbewusste Mehrdeutigkeit, die interpretiert werden will. Die Interpretation von Symbolen holt die Mehrdeutigkeit des Unbewussten ins Bewusstsein. Der Superposition in der Physik entspricht in der Psychologie die Mehrdeutigkeit von Bildern und Symbolen. Der klassischen Physik entspricht das rationale Denken, der Quantenphysik die Einbeziehung des Unbewussten, der Symbole und Archetypen in der Psychologie.

Die moderne Physik weist auch darauf hin, dass das, was man im Mikrokosmos untersuchen will, keine „objektive Realität" mehr ist. Wir können keine objektive Realität beschreiben, sondern nur unser Sehen dessen, was wir untersuchen. Das ist, grob gesagt, die Rückkehr des Subjekts in die Wissenschaft, oder zumindest der erste Schritt dahin.

Der Materialismus/Naturalismus (Teilchensicht der klassischen Physik) reduziert die Sprache auf Subjekt und Objekt und drängt noch dazu das Subjekt(ive) aus dem Wissenschaftsprozess hinaus. Sprache ist nicht Abbildung einer Realität, sondern Interaktion. Auch „Wahrheit" ist nicht die Abbildung einer objektiven Realität. Denn das wäre bloß eine kastrierte Wahrheit, eine festgestellte und damit ihrer Lebendigkeit beraubte „Wahrheit". Sprache drückt vor allem Beziehungen aus, in denen sich nicht bloß „Welt", sondern unser Tun in der Welt, in dem sich unsere Beziehung zur Welt abbildet. Oder nicht einmal abbildet, sondern unser Tun IST die Beziehung zur „Welt". Sprache ist dynamisch, sonst wäre sie nicht lebendig.

Im Wesentlichen ist auch die moderne Physik die Entdeckung, dass es so etwas wie „tote Materie"/isolierte Dinge/Objekte gar nicht gibt. Im antiken Denken war das noch selbstverständlich und im Begriff des Atoms (des Unteilbaren) impliziert. Etwas Unteilbares kann nicht „materiell" sein, denn das wäre ad infinitum teilbar. Was wir als „Atom" bezeichnen, weil man damals gedacht hat, das wäre das kleinste „Teilchen", ist kein Atom, kein Unteilbares – und die noch kleineren Elementarteilchen sind keine Teilchen mehr. Will man sie „teilen", wandeln sie sich ineinander um. Zum Gegensatz zwischen Heraklit („Es ist nur Werden.") und Parmenides („Es ist nur Sein"), der sich bei Platon und Aristoteles und in der gesamten europäischen Geschichte fortsetzt, muss man aus Sicht der Logik, die uns die Quantenmechanik eröffnet hat, sagen, dass beide Sichten (analog Wellen- und Teilchensicht) notwendig sind, um die Wirklichkeit als Ganze erklären zu können. Dies ist kein Gegensatz, der ausschließt, sondern Komplementarität als notwendiger, sozusagen einschließender Gegensatz (Platons Dialektik, Hegels Begriff des Lebendigen). Der Satz vom ausgeschlossenen Dritten ist damit obsolet. Das scheint dem „haltlosen Schweben" Heideggers sogar nahezukommen. Die Aufgabe ist sozusagen, Teilchen und Welle (analog Sein und Werden) zusammen zu denken, zurückzugehen vor diese Unterscheidung, auch wenn das (anschaulich) nicht geht. Jedenfalls ist es seit Descartes immer schwieriger geworden.

Parmenides und Heraklit haben die zwei prinzipiell möglichen Weltbilder aufgespannt. Platon hat sie in seiner Dialektik als eines gesehen. Doch durch die europäische Kulturgeschichte ziehen sich diese gegensätzlichen Sichten wie ein roter Faden: Idealismus und Materialismus, Rationalismus und Empirismus, in allen möglichen Schattierungen, aber immer als einander ausschließende Gegensätze. Bis diese Gegensätze als Teilchen- und Wellensicht in einer Disziplin, der Physik, auftauchen und in der Quantenphysik klar wird, dass sie komplementär zusammengehören, eine komplementäre Einheit bilden und damit die Subjekt-Objekt-Spaltung aufheben.

Philosophie – mehr als denken

Philosophen werden allgemein als Denker bezeichnet, doch das trifft es nicht. Wenn sich Philosophie auf das Denken beschränkt, dann ist das die Absolutsetzung des Rationalen unter Verdrängung alles anderen. Verdrängung führt aber nicht zur Erkenntnis, sondern zur Angst, die immer eine Verengung des Horizonts bedeutet.

Die übliche Definition des Menschen als „animal rationale" ist so eine Einengung, zumindest wenn wir das „rationale" als rational übersetzen. Das griechische „zoon logon echon" bedeutete allerdings noch wesentlich mehr. Daher muss man das „animal rationale" übersetzen mit „vernunftbegabtes Wesen". Und „Vernunft" (von „vernehmen") ist weit mehr als Rationalität, ist so etwas wie die Verbindung von Logik, Einfühlung und Intuition. Philosophie war ursprünglich der Name für Wissenschaft und der Philosoph Aristoteles der erste Biologe. Erst als sich die Einzelwissenschaften aus der Philosophie abspalteten, wurde diese eine eigene Disziplin. Trotzdem waren und sind Philosophen meist vertraut mit den Wissenschaften, und an den Universitäten war die philosophische Fakultät ein Dach für die Wissenschaften. Lange Zeit waren nur die juridische und die theologische Fakultät davon getrennt. Heute gibt es die interessante Entwicklung, dass die Kunstakademien und Kunsthochschulen in Universitäten umbenannt werden. Es war wohl ein Fehler, das Kreative aus dem Universalen auszuschließen, was aber am wissenschaftlichen Weltbild und dem Ausschluss des Lebendigen und Menschlichen aus der Wissenschaft liegt.

Umgekehrt ist das gesamte Fächerspektrum der Universitäten nichts anderes als die versuchte gemeinsame Antwort auf die eine Kant'sche Frage: Was ist der Mensch? Das sieht man sehr schön an der modernen Physik, in der es nicht um die Beschreibung der Natur, sondern unserer Sicht der Natur geht, also letztlich nicht um objektives Wissen, sondern um Erkenntnistheorie, um die Frage: Was kann der Mensch wissen? Die (objektive) Natur direkt zu beschreiben ist nicht Aufgabe der Naturwissenschaft. Objektivität ist eine der Kategorien, die inzwischen in der Wissenschaft obsolet geworden sind und durch Intersubjektivität ersetzt wurden.

In der Logik geht es nicht um Naturgesetze, sondern um Denkgesetze. Es ist die Methode, mit der wir an die Natur herangehen, die die Forschung bestimmt, aber auch das, was wir durch diese finden können. Logik ist immer nur eine erste Orientierung, die zeigen soll, ob ein Gedankengang überhaupt einem „richtigen" Denken entspricht. Ob dieses dann auch mit der Natur in Einklang ist, ist eine ganz andere Frage, die nicht logisch, sondern im Experiment „gelöst" werden muss. In der auf Aristoteles zurückgehenden und durch die Naturwissenschaft präzisierten Logik haben wir uns jahrhundertelang bewegt. Die Quantenmechanik ist damit nicht zu begreifen, sie geht über diese gewohnte Logik, unser gewohntes Sehen der Realität hinaus, durchbricht und erweitert den Rahmen unseres Sehens und Denkens.

Daher konnte Richard Feynman sinngemäß sagen: Wer die Quantentheorie verstanden hat, hat sie nicht verstanden. Das Messen verändert das Gemessene, das Sehen verändert die Welt, und die Wissenschaft verändert das Denken, verändert, was es heißt zu verstehen. Zumindest die westliche Logik musste bisher von zwei gegensätzlichen Aussagen eine eliminieren, weil nur eine richtig sein konnte. Jetzt wird aus Gegensätzen Komplementarität, Gegensätze schließen einander zwar aus, ergänzen sich aber zu einem Ganzen. Es ist nicht mehr sinnvoll, von der Identität von Elementarteilchen zu reden, und wenn diese entweder Teilchen oder Welle sind, je nachdem wie wir das Experiment anlegen, dann ist auch die Eindeutigkeit als Kriterium verloren gegangen. *„In der Quantenphysik werden die Eigenschaften eines Objektes durch die Messung nicht festgestellt, sondern erst hergestellt"*[111]. Die Materie ist nicht aus kleinsten Bausteinen aufgebaut, sondern aus „etwas" (bereits dieser Begriff ist falsch), das nichts mit unserer Vorstellung von Materie gemein hat. Wenn wir im Doppelspaltexperiment nicht am Spalt, sondern erst danach die Messung vornehmen, dann messen wir und legen damit fest und ändern, wie sich das Teilchen vorher (in der Vergangenheit) „entschieden" hat.

Plötzlich wird transparent, dass Denken und Logik auf das Erfassen einer objektiven Außenwelt abgezielt haben, die es eigentlich so gar nicht gibt. Andererseits wird auch schlagartig klar, dass die Psychologie es deshalb so schwer hat, weil sie eine Innenwelt beschreibt, die völlig anderen Gesetzen und einer ganz anderen Logik folgt. Da ist nichts eindeutig, sondern alles ist mehrdeutig, es können sich verschiedene Identitäten ausbilden, Gegensätze bestehen nebeneinander und bilden unsere inneren Konflikte, die wir durch Eliminieren eines Gegensatzes nicht lösen können. Viel wichtiger als Begriffe sind Symbole, die der Vielfalt, Mehrdeutigkeit und Mehrdimensionalität des Lebens eher gerecht werden.

Zurück in der Außenwelt wird wiederum klar, dass auch da unsere Gesetze der Logik nicht gelten. Die gelten nur für eine abstrakte Außenwelt. In der Natur ist nichts eindeutig, genau genommen auch nichts reproduzierbar, es herrschen Vielfalt und Kreativität. Vieles ist nicht quantifizierbar, vor allem wenn es um Leben und den Menschen geht. Das heißt, wenn es um unsere Lebenswirklichkeit, auch

---

[111] Herbert Pietschmann: Das Ganze und seine Teile. Neues Denken seit der Quantenphysik. Ibera/European University Press 2013, S. 87

um unsere Außenwelt geht, dann hat die Psychologie mehr zu sagen als die Physik. Daher sagt Ludwig Wittgenstein in seinem Tractatus logico-philosophicus (6.52): *„Wir fühlen, dass selbst wenn alle möglichen Fragen der Wissenschaft beantwortet sind, unsere Lebensprobleme noch gar nicht berührt sind.“* Die Naturwissenschaft war deshalb so immens erfolgreich, weil sie das Leben und den Menschen als Subjekt methodisch ausgeschlossen hat. Der kommt aber in der Quantenmechanik durch die Hintertür wieder herein, wodurch die Quantentheorie zunächst völlig unverständlich wirkt.

Während durch die in der naturwissenschaftlichen Methode notwendige Analyse die Zeit hinter Momentaufnahmen verschwindet, steckt im Sehen eines „Gegenstandes“ nicht nur das „Subjekt“, sondern die gesamte Biographie des Betrachters. In menschlichen Beziehungen wird es noch komplexer. Da werden Gegensätze zu Konflikten, und zuvor geht es um die inneren Konflikte, Traumata usw., um fixierte Muster, die wir so lange wiederholen, bis wir sie verändern. Auch da gibt es „Gesetze“ und eine eigene Logik, aber Objektivität spielt nur eine untergeordnete Rolle.

In der Philosophie wie in den Wissenschaften geht es um eine einzige Frage: Was ist der Mensch? Und es geht nicht primär um Denken – das verändert sich im Laufe der Zeit und der (biographischen) Entwicklung –, sondern um Staunen und Fragen. Denken legt eine Struktur über das Gedachte, bändigt und verformt es gleichzeitig, Staunen erkennt etwas als fragwürdig, und Fragen lässt offen. Denken wäre, neben Fühlen, Wollen, Träumen, Intuition usw., nur ein Teilbereich der Psychologie. Das Denken des Philosophen, das der Frage nach dem Menschen nachgehen will, muss den ganzen Menschen, das ganze Leben einschließen. Daher ist Philosophie nicht ohne das Spektrum der Wissenschaften zu sehen, insbesondere derjenigen, die über den gewachsenen Denkrahmen hinausgehen, wie eben die Tiefenpsychologie und die Quantentheorie.

Aus demselben Grund wurden – ungeachtet dessen, dass der Mensch auch ein spirituelles Wesen ist – die Religionswissenschaft und die Theologie aus dem „modernen“ Weltbild, das im ausgehenden 19. Jahrhundert steckengeblieben ist, verdrängt. Denn weder die Tiefenpsychologie noch die moderne Physik mit Relativitätstheorie, Chaostheorie und Quantentheorie sind in ein modernes Weltbild eingegangen. Dem rational-begrifflichen Denken entsprechend sind nur einige – meist missdeutete – Begriffe in die allgemeine Sprache eingegangen, wie „Relativität" oder „Quantensprung" aus der Physik, „Unbewusstes" oder „Komplex" aus der Psychologie, und dass die Chaostheorie nichts mit dem Chaos zu tun hat, bemerkt auch kaum jemand. In der Philosophie geht es jedenfalls um das Ganze, allerdings nicht um das Denken des Ganzen, denn das ist nicht möglich. Die „Objektivität" einer (abstrakten) Außenwelt suggeriert, dass man auch das Ganze von außen betrachten kann – dann wäre es aber nicht das Ganze. Man kann sich dem nur von innen her nähern, in Offenheit. Und wenn Philosophie das Ganze im Blick hat, dann kann es das nicht mit dem Denken, sondern muss mit dem ganzen Menschen geschehen. Das müsste auch alles einschließen, was die Naturwissenschaft ausgeschlossen hat: Einmaligkeit, Vieldeutigkeit, Einfühlung, Intuition, Kreativität, Träume, Ängste, Konflikte, Dynamik, die Zerrissenheit des Menschen zwischen dem Absoluten (dem, was er absolut setzt) und dem Konkreten, Endlichen, dessen Enge mit Angst besetzt ist.

Es geht nicht um „Wissen" von „etwas" (so wie es in den Religionen auch nicht um den Glauben an „etwas" geht), es geht um das Leben und um das Lebendige. Nicht um Subjekt und Objekt, sondern um Beziehung. Auch in der Mikrowelt der Elementarteilchen geht es nicht um kleinste „Bausteine", sondern „um Beziehung, aber nicht Beziehung von etwas, sondern nur um Beziehung" (Hans-Peter Dürr). Genau um das, um reine Beziehung, geht es nach theologischer „Definition" bei der Trinität. Und dazwischen (zwischen Physik und Theologie) soll es um etwas anderes gehen?

Der Sinn des Ganzen, nach dem nicht nur Philosophen fragen, ist nicht der Sinn von „etwas", sondern der Sinn unseres je eigenen Lebens. Das zeigt sich nicht im Gegenüber zur „Welt", sondern im Miteinander der Menschen in der Natur. Nicht im Wissen, sondern im Leben und Lieben. Das zu verstehen ist ohne (Tiefen-)Psychologie, ohne Innenschau gar nicht möglich. Und diese Innenschau legt nicht ein Sosein offen, sondern eine Dynamik, innere Konflikte, Traumata und Muster, die immer zum selben Chaos führen. Und es geht nicht um das Eliminieren von Gegensätzen, sondern darum, sie in Komplementarität stehenzulassen und auszuhalten, ohne die Dynamik zu vergessen.

Damit rückt die Psychoanalyse in die Nähe zur Philosophie, weil das Heilen von psychischen Erkrankungen nur ein Teil ist, der wesentlichere Teil wäre, das Leben an sich wieder in seine Dynamik zu bringen. Weil der Mensch nicht ist, was er ist, sondern erst werden soll, was er ist oder sein könnte. Dabei helfen Beziehungen weit mehr als das bloße Denken. Der Liebende sieht den Geliebten so, wie er sein könnte, und er sieht gleichzeitig über vieles hinweg, was ist. Liebe überantwortet den anderen in die ihm eigene Dynamik. Beide verlieren den zuvor festen Standpunkt und finden sich wieder im Fluss des Lebens und Liebens, dessen Ziel sie als Orientierung vor Augen haben, das aber völlig offen ist. Daher kann ein naturalistisches Weltbild mit Liebe nichts anfangen. Nicht weil sie nur biologisch gesehen wird, sondern weil sie die Vereinigung der Gegensätze ist, die sich in Komplementarität ergänzen. Weil sie nicht nur den Himmel auf Erden bringt, sondern auch die Hölle auf Erden integriert. Weil sie nichts aus-, sondern alles einschließt. Nicht Einheit im Gegensatz zum Getrenntsein, sondern Einheit von Getrenntem. Weil sie nur erfahren werden kann – unnennbar, unsagbar, unbegreiflich, unbeschreiblich und überwältigend. Diese Liebe (philia) ist aus der Philosophie nicht wegzudenken. Dazu braucht es auch mehr emotionale als rationale Intelligenz. Oder wieder einmal: Es braucht beides.

Die kopernikanische Wende oder Was ist Fortschritt?

„Fortschritt" ist uns ein wichtiger Begriff geworden. Nur erweckt dieser Begriff die Illusion, dass die Entwicklung immer von weniger zu mehr – von weniger zu mehr Wissen, weniger zu mehr Wissenschaft, weniger zu mehr Bewusstsein usw. – führt. Doch dieser lineare Fortschrittsbegriff entspricht sicher nicht der Realität, ebenso wenig wie das dazu komplementäre, emotionale Bauchgefühl, dass früher alles besser war. In historischen Dimensionen – wenn es nicht bloß um Wissen, sondern um gesellschaftliche Entwicklungen geht – haben wir auch ein Kommen und Gehen von Völkern, Weltreichen, Hochkulturen. Das Bild der Entwicklung wäre damit ein zyklisches und oft gegenläufiges.

Doch bleiben wir beim Wissen um die Welt. Nehmen wir an, der „Vater" der Naturwissenschaften, insbesondere der Physik, wäre Aristoteles. Wir hätten ein zunehmendes Wissen, Kopernikus entdeckte, dass sich die Erde um die Sonne und nicht umgekehrt bewegt, mit Galilei, Descartes und Newton begann die exakte Naturwissenschaft, und heute forschen wir in den großen Elektronenbeschleunigern nach den kleinsten „Bausteinen" der Welt, auch wenn wir wissen (müssten), dass das keine Bausteine sind.

Das sieht nach einer linearen Entwicklung aus. Immer feinere Instrumente geben uns immer tiefere Einblicke in den Aufbau der Welt. Aber beginnen wir wieder bei Aristoteles. Das griechische Weltreich versank, das römische folgte. Die Schriften des Aristoteles gingen für Europa zunächst verloren. Doch sie wurden ins Arabische übersetzt – die arabische Kultur hat viel von den Griechen übernommen – und über Andalusien, Córdoba, wieder nach Europa eingeschleust. Umgekehrt wurden Schriften der arabischen Wissenschaft und Philosophie (die gab's schon, bevor man in Europa überhaupt wusste, was das ist) von Christen übersetzt und später, als die Originale verloren waren, wieder zurückgegeben. Das ist eher ein Ping-Pong als eine lineare Entwicklung.

Und dann dürfen wir auch nicht auf Platon vergessen. Der wird immer als Dualist gesehen, weil er die Welt der Ideen der Welt der Phänomene gegenüberstellte, aber genauer betrachtet war er ein Vertreter einer ganzheitlichen Philosophie des Lebendigen. Man vergegenwärtige sich nur sein berühmtes Höhlengleichnis: Da bilden die Welt der Schatten an der Höhlenwand und die Welt außerhalb der Höhle mit Sonne, Mond und Sternen (die Welt der Ideen) keine „Gegensätze", sondern die „Endpunkte" der einen Welt als einem Gesamtgebilde. Und dazwischen gibt es auch noch einiges Bedeutsames.

Wenn man in Platon zu Recht den folgenreichsten Denker der europäischen Geschichte sieht, dann in einer Entwicklung, die weder direkt noch linear verlaufen ist. Es ist eine mehr hintergründige Geschichte: Platon hat den „*Geist Europas ständig inspiriert: mal, indem man ihm folgte – dann wieder, indem man ihn ablehnte; selten, indem man ihn verstand – meistens, indem er missverstanden wurde*"[112].

Wenn dann Alfred N. Whitehead sagte, alle europäische Philosophie wäre nur Fußnoten zu Platon, dann könnte man auch sagen, alle Philosophie lässt sich in das Bild des Höhlengleichnisses einordnen, und nur die wenigsten davon beziehen sich auf das Ganze, das Platon im Auge hatte.

---

[112] Christoph Quarch: Platon und die Folgen. J.B. Metzler Verlag 2018

Naturwissenschaft ist sozusagen die methodische Beschränkung auf die Schattenwelt, ohne Aussagen über den Rest der Gesamtwelt machen zu wollen und zu können. In den religiösen Weltbildern geht es um die Welt außerhalb der Höhle, und wenn man sie ernst nimmt, vielmehr um den Weg, der mit der Befreiung von den Fesseln und der damit möglichen Umkehr des Blickes beginnt, der Rolle des Feuers gewahr wird und den Aufstieg aus der Höhle in die Außenwelt (die eigentlich die Innenwelt ist) wagt und bei der Rückkehr auf die Ideologie derer prallt, die nur die Welt der Schatten anerkennen. (*„Es gibt mit an Sicherheit grenzender Wahrscheinlichkeit keinen Gott"*, sagt Richard Dawkins, der Papst der Atheisten.)

Damit haben wir sozusagen zwei Stränge der europäischen Kultur und Geschichte: Der eine führt von Aristoteles bis zu den Naturwissenschaften, mit Höhepunkt im ausgehenden 19. Jahrhundert. Der andere führt von Platon über die religiösen Systeme bis zur Esoterik. Das klingt wie ein Abstieg, aber das hat wiederum zwei Gründe: Diese zwei Entwicklungsstränge des europäischen Denkens haben sich im Laufe der Geschichte mehrmals angenähert und wieder voneinander entfernt. So haben Albertus Magnus und Thomas von Aquin das Christentum in der Sprache des Aristoteles ausgedrückt und beide Stränge in sich vereint. Galilei eckte viel mehr mit der Universität zu Paris und deren aristotelischem Weltbild an als mit dem Vatikan. In der Moderne haben sich die beiden Strömungen maximal voneinander entfernt, das naturwissenschaftliche Weltbild ist zur Ideologie geworden und das ganzheitliche/religiöse wurde marginalisiert. Diese Marginalisierung in der Säkularisierung führte – da der Mensch immer noch eine Ganzheit ist und sich nicht so einfach auf Eindimensionalität reduzieren lässt – auf der anderen Seite zu einer Art Vakuum, das von Okkultismus und Esoterik ausgefüllt wird.

So haben wir einerseits ein pseudonaturwissenschaftliches Weltbild, das auf Wissenschaftlichkeit und Beweis pocht, aber so rational nicht ist, wie es sich gibt, und auf der anderen Seite ein esoterisches Weltbild, das sich als über die Wissenschaft erhaben wähnt, aber sich derselben Sprache bedient und die ganzheitliche Sicht genauso verloren hat.

Und dann gibt es in der europäischen Geschichte neuralgische Punkte. Nehmen wir die nach dem berühmten Zitat von Sigmund Freud, der es verwendet hat, um seine eigene Leistung (über-) zu betonen: die „drei Kränkungen der Menschheit" (aus der Sicht Freuds) durch Kopernikus, Darwin und Freud. Kopernikus entdeckte, dass sich nicht die Sonne um die Erde, sondern die Erde um die Sonne dreht. Wenn man bedenkt, dass das zum Teil auch schon viel früher bekannt war, so ist dies keine allzu große Wende. Auch Galilei wurde nicht wegen seines Beharrens auf diesem Weltbild von der Kirche verurteilt – der Papst brauchte es sogar für seine Kalenderreform –, sondern für „Ungehorsam".

Allerdings – und das wird dabei auch unterschlagen – ist die eigentliche Wende die vom bildhaft-symbolischen zum begrifflichen Denken. Dass sich die Erde um die Sonne dreht, war ja auch schon früher bekannt. Heute noch immer nicht bekannt oder längst verdrängt ist, dass das geozentrische Weltbild ein bildhaft/symbolisches und das heliozentrische ein naturwissenschaftlich/begriffliches ist. Dass sich die Erde um die Sonne dreht, ist naturwissenschaftliches Faktum, zumindest in der klassischen Sprache bis zum 19. Jahrhundert. Dass sich Sonne und Gestirne um die Erde drehen, ist Faktum in einem symbolischen Weltbild, das nichts mit Naturwissenschaft zu tun hat. Die Erde als das Materielle steht im Mittelpunkt, bzw. ganz unten, und ist von den höheren Sphären (des Seelischen und Geistigen) umgeben. Und das ist durch die Erkenntnis des Kopernikus nicht überholt, sondern gilt (in symbolischer Sicht) auch heute noch. Die kopernikanische Wende hat sozusagen den Weg frei gemacht für den Aufstieg und Fortschritt der Naturwissenschaft, aber andererseits die symbolisch-ganzheitliche Sicht der Vergessenheit anheimgegeben – was nicht unbedingt ein Fortschritt ist.

Auch das ist ein Merkmal von Fortschritt: Eine Errungenschaft hat immer ihren Preis. Auch die heute immer wieder ins Feld geführte Aufklärung war einerseits ein ungeheurer Fortschritt, indem sie mit Aberglauben aufgeräumt und Wissenschaft forciert hat, aber andererseits war sie ein enormer Rückschritt, weil sie die ganzheitliche Sicht der Welt zu Gunsten einer reduzierten, fragmentarischen aufgegeben hat. Ganz abgesehen von der emotional-sozialen Dimension, die ein Umschlagen des Idealismus und Humanismus in die größten Grausamkeiten zeitigte. Symbol dafür ist die Guillotine, eine „rationale" Erfindung, mit der die Gräuel der Vor-Aufklärung mit noch größerer Vehemenz wieder zurückkamen.

Fortschritt war noch nie ein linearer Fortschritt und ist immer mehrdeutig wie das Leben selbst. Jeder Fortschritt hat seinen Preis, der im Rückschritt auf anderen Gebieten besteht. So mündet der Fortschritt der Wissenschaft in immer größere Spezialisierung, was eine immer größere Einengung bedeutet, die zu einer babylonischen Sprachverwirrung führt. Dadurch wird eine gemeinsame Sprache immer schwieriger – aber auch immer notwendiger.

Die neue Achsenzeit?

Karl Jaspers bezeichnete die Zeit um 600 v.Chr. (800–200 v.Chr.) als „Achsenzeit", in der sich auf der ganzen Welt für die Kulturgeschichte Erstaunliches ereignete: die Geburt der griechischen Philosophie, Plato, in Indien Buddha, in China Lao-tse und Konfuzius. Jaspers sieht als gemeinsames Charakteristikum[113]: „... *der Mensch wurde sich des Seins im Ganzen, seiner selbst und seiner Grenzen bewusst*".

Man könnte die Zeit ab 1900 (die erste Hälfte des 20. Jahrhunderts) als neue Achsenzeit betrachten – zwar ausgehend von Europa, aber sich schnell ausbreitend auf alle Kontinente. Mit Max Planck begann die Entwicklung der Quantentheorie, Albert Einstein veröffentlichte im „anno mirabilis" 1905 seine drei bahnbrechenden Arbeiten zur Relativitätstheorie. Die Physik erlebte eine Häufung von Nobelpreisträgern, die allesamt auch (mehr oder weniger) Philosophen waren, und Wolfgang Pauli war nicht nur Physiker und Philosoph, sondern lebte sich auch in die Welt der Psychologie ein – dokumentiert in der Begegnung und einem intensiven Briefwechsel mit C.G. Jung.

Diese Zeit könnte als das Ende der Subjekt-Objekt-Spaltung in die Kulturgeschichte eingehen – hätte sie diese auch im allgemeinen Weltbild beendet. Nachdem die Physiker Ende des 19. Jahrhunderts gedacht hatten, dass nun bis auf Kleinigkeiten alles bekannt wäre, setzte mit Max Planck ein Neustart ein, der die Begriffe der klassischen Physik begrenzte und neu definierte. Die bereits am Ende geglaubte Physik erlebte einen Neubeginn und Siegeszug sondergleichen, der selbst die Beteiligten schockierte. Die Protagonisten der Quantentheorie schrieben unisono, „... *es war, als würde uns der Boden unter den Füßen weggezogen!*".

---

[113] Karl Jaspers, Vom Ursprung und Ziel der Geschichte, S. 20 ff.

Parallel dazu verlief die Entwicklung der Tiefenpsychologie. Sigmund Freud datierte seine „Traumdeutung" auf das Jahr 1900. In Wien bildete sich die Wiener Schule der Psychoanalyse, in Zürich entwickelte C.G. Jung seine Analytische Psychologie, deren Ideen ganz erstaunliche Parallelen zur Logik der Quantentheorie aufwies, was seinen Niederschlag in der Begegnung und einem intensiven Briefwechsel mit Wolfgang Pauli fand.

Vielleicht werden spätere Generationen diese Achsenzeit auf 1900–2100 festlegen, denn die Konsequenzen dieser Achsenzeit sind noch gar nicht abzusehen. Sowohl Quantentheorie als auch Tiefenpsychologie sind noch nicht in ein allgemeines Weltbild eingegangen. Unser Weltbild ist quasi immer noch das der klassischen Physik des 19. Jahrhunderts, und wir leben immer noch so, als wäre das Unbewusste nie entdeckt worden (Erwin Ringel).

Die Charakterisierung dieser Zeit könnte sich an den Begriffen Atomismus, Nicht-Lokalität und Dynamik orientieren:

Atome (das äußere Unteilbare) sind die kleinsten Einheiten der Materie, die nicht räumlich zu denken sind, weil sie dann immer noch teilbar wären. Zu den Atomen kommt man nicht durch räumliches Fragmentieren, sondern durch Überschreiten der Grenze zur Nicht-Lokalität.

Individuen (das innere Unteilbare) sind die kleinsten seelischen Einheiten, die nicht zeitlich zu denken sind, weil sie dann immer noch fließend wären. Zu den Individuen kommt man nicht durch zeitliches Fragmentieren des Erlebens bis zum „gegebenen" Zeitpunkt, sondern durch Überschreiten der Grenze zur Nicht-Zeitlichkeit, zur Zeitlosigkeit oder Ewigkeit.

Der Raum „besteht" nicht aus abstrakten Orten, sondern aus Nicht-Lokalität, die Zeit „besteht" nicht aus Zeitpunkten, sondern aus Fließendem, dynamisch Werdendem.

Das Fragmentieren (das fragmentierende Denken) ist die Teilchensicht der Welt des Raumes und der Zeit.

Die Wirklichkeit des Raumes ist das, was alles Räumliche in Nicht-Lokalität enthält.

Die Wirklichkeit der Zeit ist das, was Vergangenheit und Zukunft im nicht-zeitlichen Erleben enthält.

Das Räumliche umfasst den Raum als undifferenziertes Ganzes, das Zeitliche umfasst Vergangenes, Gegenwärtiges und Zukünftiges in jedem Augenblick.

Fakten sind das in Lokalität und Zeitpunkten Fest-gestellte, dem man Raum und Zeit ausgetrieben hat – vergleichbar dem Kollaps der Wellenfunktion in der Mikrophysik.

Durch die Angabe des Ortes geht der Raum, das grenzenlos Ausgebreitete verloren. Mathematisch rechnen wir nicht mit Gegenständen, sondern mit Massepunkten. Ein Gegenstand ist aber kein Begrenztes, sondern im Raum Ausgebreitetes.

Durch die Angabe eines Zeitpunktes geht die Zeit, das Fließende, das Werden, das in der Zeit Ausgebreitete und sich prozesshaft Entwickelnde verloren. Im erlebten Bewusstsein (inklusive Unbewusstem) sind Vergangenes und Zukünftiges in „Superposition" überlagert und gegenwärtig.

Auch in der Sprache war im Anfang das Wort oder eigentlich das Symbol.

Wenn wir ein Wort verwenden, dann hat es eine vordergründige Bedeutung, die aber umgeben ist von einer ganzen Bedeutungswolke, die mit dem Wort bewusst und vor allem unbewusst mitschwingt und insgesamt das Symbol ausmacht. Daher wird in einer Psychotherapie durch Gespräch und Assoziation die für das konkrete Problem relevante Bedeutungswolke herausgearbeitet, bewusst gemacht und gegebenenfalls verändert.

Die Wirklichkeit des Wortes ist eine Überlagerung, eine Superposition vieler Bedeutungen. Ein definierter Begriff ist der Kollaps der Bedeutungsfunktion in eine konstruierte begriffliche Realität.

In der Kommunikation mit Worten verstehen wir einander intuitiv. Erst wenn einer fragt, was der andere unter einem bestimmten Wort genauer versteht, ist dieser gezwungen zu definieren, d.h. die Bedeutung einzugrenzen. Damit kollabiert die Wellenfunktion des Wortes oder des Symbols zur Teilchenrealität des Begriffs. Damit wird etwas klarer, alles andere aber unklarer. Damit tritt die zentrale Bedeutung deutlicher hervor und die mitschwingende Bedeutungswolke zurück. Es wird um der Exaktheit des Begriffs willen die umfassendere Bedeutung geopfert.

Laut (in diesem Fall logischer) Unschärferelation wird durch das exakte Definieren die Gesamtbedeutung unscharf, während bei einem intuitiven Verständnis des Wortes kein exakter Begriff, dafür aber Verstehen möglich ist. Wir glauben dann besser zu verstehen, verstehen aber nicht mehr das Ganze, sondern nur noch ein Fragment, das mit dem Gesprächspartner nicht mehr so leicht zur

Deckung gebracht werden kann wie ein intuitives Wort. Exaktere Begriffe sind dann Ausgangspunkt für scharfe Auseinandersetzungen.

Logik des Ganzen

Das naturwissenschaftliche Denken hat uns den Blick auf Details eröffnet und den Blick auf das Ganze verstellt. Das wurde mit der Relativitätstheorie und endgültig mit der Quantenmechanik anders. Der Blick in die kleinsten Details eröffnete (wieder) den Blick auf das Ganze. Allerdings ist dieser Blick für das klassisch naturwissenschaftliche, vor-quantenmechanische Denken völlig unverständlich. Für die Alltagswelt und unser Alltagsdenken sind die quantenmechanischen Verhältnisse, zumindest auf den ersten Blick, schlicht absurd. Seit den dreißiger Jahren des vorigen Jahrhunderts suchen die Physiker nach einer Interpretation der Quantenmechanik. Was wir aber wirklich brauchen, ist eine „quantenlogische" Sicht der Alltagswelt, eine „quantenlogische" Sicht unserer Wirklichkeit. Denn das an die Naturwissenschaft angelehnte fragmentierende Denken war nie in der Lage, „die Welt" als Ganze zu erklären. Ernsthafte Physiker haben das auch nie versucht oder vorgegeben. Wir leben in einer Welt, die sich nicht auf physikalische Gegebenheiten einschränken lässt.

Die Naturwissenschaft war bis gegen Ende des 19. Jahrhunderts – wenn auch nur grob gesprochen – die Erforschung der Welt, in der wir leben, etwas genauer betrachtet durch Werkzeuge wie Mikroskop, Teleskop, Teilchenbeschleuniger usw. Das ist durch Relativitätstheorie und Quantenmechanik anders geworden. Die Relativitätstheorie gilt in der Welt des ganz Großen, des Makrokosmos, die Quantenmechanik in der Welt des ganz Kleinen, des Mikrokosmos – beides weit weg von unserer Alltagswelt. Und es hat sich herausgestellt, dass diese beiden „Welten" völlig anderen Gesetzen gehorchen als unser alltagstauglicher Mesokosmos.

Ein noch immer bestehendes Problem ist, dass Relativitätstheorie und Quantenmechanik irgendwie nicht zusammengehen. Bei „Objekten" mit großen Massen auf kleinstem Raum (etwa schwarzen Löchern oder in der Nähe des Urknalls) müssten beide Theorien gelten, sie widersprechen einander aber. Daher die Suche nach einer einheitlichen Theorie, die beide zusammenfasst. Was wir brauchen, ist aber nicht nur eine einheitliche Theorie, die ohnehin nur das physikalische Universum betreffen könnte, sondern ein einheitliches Denken in vielen Bereichen. Ein Problem ist ja auch, warum unsere Welt so ganz anderen Gesetzen gehorcht oder zu gehorchen scheint als die Quantenwelt, aus der sie aber aufgebaut ist. Aber vielleicht müssen wir sogar quantenlogisch denken lernen, um auch unsere Lebenswelt wirklich zu verstehen.

Zwar ist es Unsinn, alles in unserer Lebenswelt, das schwer verständlich ist, als „Quanten-irgendwas" zu bezeichnen. Wir heilen nicht mit Quanten, und auch das Bewusstsein hat nichts mit Quanten zu tun. Es ist nur so, dass die Quantentheorie des Mikrokosmos eine Struktur der Wirklichkeit eröffnet, die in irgendeiner Form die Struktur der Wirklichkeit auch in anderen Bereichen sein muss.

Schon zu Beginn des 20. Jahrhunderts zeigte sich ein völlig neues Moment der Ganzheit. Bis dahin war Naturwissenschaft von einem fragmentierenden Denken geprägt, jetzt zeigte sich plötzlich, dass ein Elektron für sich nichts ist, sondern erst in der Beziehung zum Kontext, zur Umgebung, letztlich zum „Universum" als Ganzem. Das Doppelspaltexperiment zeigte die Doppelnatur der Wirklichkeit. Wirklichkeit ist die Superposition aller Möglichkeiten, Potenzialität, die durch Messung als Welle (sichtbar an der Interferenz) oder als Teichen (durch Festlegung auf den Weg) wahrgenommen wird. Teilchen und Welle sind aber komplementäre Anschauungsformen eines Phänomens, das am besten als Feld mit einer bestimmten Feldstärke an einem Ort beschrieben werden kann. Wobei zwischen der konzentrierten Feldstärke (Teilchen) und dem Feld (Welle) keine Grenze bestimmt werden kann.

Man rätselt noch heute, wo die Grenze zwischen Mikrokosmos (und den Gesetzen der Quantenmechanik) und dem Makrokosmos (mit den bekannten klassischen Gesetzen) liegt. Doch hat es letztlich gar keinen Sinn, von einer Grenze zu sprechen, wie man auch im Feld keine Grenze zwischen Welle und Teilchen finden wird. Genau genommen entspricht dem Begriff der Grenze nichts in der Natur. Kein wahrnehmbares Objekt, sei es ein Baum, ein Berg oder ein Haus, ist tatsächlich begrenzt. Wenn wir nicht in Dingen und Objekten, sondern in Beziehung und Prozessen denken, dann ist jedes Ereignis eng mit seinem Kontext verbunden, sodass es nirgends eine feststellbare Grenze gibt.

Im Mesokosmos gelten die Gesetze Newtons – näherungsweise. Die Quantenmechanik ist jedoch eine genauere Beschreibung der Gesetze der Wirklichkeit. Wer genau hinschauen will, wird erkennen, dass das Weltbild Newtons auch in unserer Lebenswelt nicht wirklich zutrifft. Was wir auch hier brauchen, ist eine Feldtheorie der Wirklichkeit. Alles, was wir sehen (= messen), ist nur scheinbar, oder nur durch die Messung teilchenartig. Wir sehen Dinge (Objekte) mit scharfen Grenzen – nur weil uns der Wellencharakter der Wirklichkeit nicht bewusst und nicht sichtbar ist. Wer genauer schauen will, wird bemerken, dass kein Objekt an der Oberfläche endet. Würden wir die Wärmestrahlung, die Luftbewegungen, das Atmen der Mauern z.b. bei einem Haus sichtbar machen, wäre ein Haus ohne wirkliche scharfe Begrenzung mit seiner Umgebung verbunden und gar nicht von diesem Kontext zu trennen.

Wobei das immer noch der gewohnte statische Blick auf die Wirklichkeit ist, bar jeder Dynamik, die davon auch nicht zu trennen ist. Das Haus hat eine Geschichte, eine Entwicklung, die von der Idee über die Planung bis zur Realisierung reicht, dann Renovierungen, Um- und Zubauten umfassen kann und irgendwann in den Verfall übergeht oder abgerissen wird. Das alles – der Kontext mit der Umgebung und die Geschichte – bildet ein Feld, das räumlich und zeitlich nicht mehr begrenzt werden kann. Wo Teilchen- und Wellenbild (lokale Statik und zeitliche Dynamik) zwei verschiedene Perspektiven oder Sichtweisen auf ein und dasselbe Phänomen sind, das jetzt völlig anders erscheint als das gewohnte Bild eines mehr oder weniger künstlich isolierten Objekts.

All das zusammen ist wiederum nur die eine Seite der Wirklichkeit, nämlich die Außenwelt. Noch unberücksichtigt ist die Innenwelt, die wir als Psyche bezeichnen, die Bewusstsein und Unbewusstes umfasst, das auch feldartig und nicht zu trennen ist. Alle Bewusstseinsinhalte (Teilchensicht) haben einen unbewussten Anteil (Wellensicht), der gar nicht davon zu trennen ist. Jeder noch so bewusst und exakt definierte Begriff hat seine unbewussten Anteile, die erst bei genauerem Hinsehen hervortreten. Ein wirklich exakt definierter (begrenzter) Begriff hätte nichts mehr mit der Wirklichkeit zu tun. Jeder Begriff, den wir auf wirkliche Phänomene anwenden, kann nicht exakt definiert werden (logische Unbestimmtheitsrelation). Je exakter wir etwas ausdrücken, desto weniger hat es mit der Natur zu tun. Je genauer wir auf die Natur schauen, desto unschärfer und mehrdeutiger wird das, was wir sehen. Wirklich exakt ist nur die Mathematik, und die hat als reiner Formalismus nichts direkt mit der Natur zu tun.

Tatsächlich gibt es auch keine wirkliche Grenze zwischen Begriff und Symbol. Begriffe sind (theoretisch) definiert, klar und eindeutig. Symbole sind unscharf, dunkel und mehrdeutig. Begriffe fokussieren zum Zweck einer möglichst verständlichen Kommunikation, werden dadurch aber abstrakt. Symbole sind nicht scharf begrenzt, undeutlich, aber der konkreten Wirklichkeit näher. Aber bei genauerem Hinsehen ist auch ein Begriff nicht so klar definiert wie es scheint. Neben der im Vordergrund stehenden Bedeutung ist ihm darüber hinaus eine Bedeutungswolke eigen, die immer mehr oder weniger unbewusst mitschwingt.

Bewusstsein und Unbewusstes insgesamt stehen ebenfalls in dieser Relation. Das bewusste Ich ist das durch die Wahrnehmung (= Messen) entstandene Teilchenbild der psychischen Wirklichkeit. Wobei es keine scharfe Grenze zum Unbewussten (Wellenbild) gibt. Das Ganze ist ein einziges bewusst-unbewusstes Feld ohne tatsächliche Begrenzung.

Bei all dem müssen wir zwischen Teilchen- und Wellenbild unterscheiden, weil wir über das große Ganze nicht reden können. Es sind zwei Sichten, die einander ausschließen, die aber komplementär zusammengehören und ein Ganzes bilden. Dieses Ganze ähnelt den bekannten Kippbildern. Man kann beispielsweise nur entweder die alte oder die junge Frau sehen, man kann auch zwischen diesen Bildern wechseln. Man kann aber nie das Bild als Ganzes sehen, wie es beide Sichten umfasst.

„Alles, was messbar ist, messbar machen!"

Die naturwissenschaftliche Betrachtungsweise erscheint uns heute als die angemessene Sicht der Realität. Wobei „angemessen" der richtige Ausdruck und das Schlüsselwort dieses Satzes ist. Galilei: „Alles, was messbar ist, messen!" Das war der Beginn der Naturwissenschaft. „Und alles, was nicht messbar ist, messbar machen!" Das hat man getan, indem man immer feinere Messinstrumente entwickelte, die bis dahin nicht Messbares messbar machten. Damit konnte man immer tiefer in die makro- und mikroskopischen Strukturen des Kosmos und der Materie blicken. Das Schlüsselwort in diesem zweiten Satz ist „alles". Nimmt man diesen Begriff wörtlich, dann ist der Satz falsch. Denn das „Alles", das Ganze, kann man prinzipiell nicht messen, und innerhalb des Ganzen gibt es immer auch das prinzipiell Unmessbare. Messen bezieht sich immer nur auf Teile, die durch die Messung isoliert werden oder für die Messung isoliert werden müssen. Dieses Isolieren und Analysieren löst das Gemessene aus dem Ganzen der Natur heraus und schafft eine künstliche Situation. Darüber hinaus ist alles Psychische, Lebendige, Einmalige, Kreative usw. gar nicht messbar. Das aber ist es, was den Menschen im Wesentlichen ausmacht.

Das Ganze ist nicht die Summe der Teile, sondern es ist mehr als die Summe der Teile. Dieser Satz liest sich so leicht, aber er bedeutet, dass man über die Teile nie zum Ganzen kommt. Das Ganze ist immer „alles und viel mehr" – womit es nicht mehr ist als die Teile, sondern etwas anderes. Und das Wichtigste: Das Ganze geht den Teilen voraus! Das ist eigentlich eine Bestätigung Kants: Das Ding an sich ist unserer Anschauung nicht zugänglich. Was wir „wahrnehmen", ist jener „Ausschnitt" der Wirklichkeit, den wir sehen, erkennen können. So ist auch die Physik nicht die Beschreibung der Natur, sondern unseres Sehens der Natur, oder das, was wir über die Natur sagen können. Die Wirklichkeit „an sich" ist unserer Wahrnehmung nicht zugänglich – ist aber auch keine eigene Entität.

Betrachtet man die Welt mit den Augen der Logik der Quantenmechanik, dann „entstehen" die „Teile" erst dadurch, dass wir sie messen. Dadurch wird die Potenzialität der Wirklichkeit, des Ganzen „festgestellt". Aus Beziehung, Wellen, Felder werden Objekte, Dinge, Gegenstände. Die Wahrscheinlichkeitswelle, eine mathematische Umschreibung eines Ganzen, die gar nicht direkt einer physikalischen Gegebenheit entspricht, „kollabiert" und wird durch die Messung zum Teilchen an einem bestimmten Ort. Wir können nicht sagen, wo es vorher war, wir können nicht einmal sagen, dass es vorher ein Teilchen war.

Warum tun wir uns mit der Quantenmechanik so schwer? Unser gewohntes Denken ist einfach nicht in der Lege, die Quantenwirklichkeit zu erfassen. Unser gewohntes Denken ist aber das naturwissenschaftliche Denken vor der Quantenmechanik, genau genommen das Denken des 18. und 19. Jahrhunderts. Davor dachte man anders.

Nach 1900 müsste man wieder anders denken – tun wir aber nicht. Das Denken dieser etwa 300 Jahre Naturwissenschaft hat unser Weltbild dermaßen verbildet, suggeriert durch die ungeheuren Erfolge der Naturwissenschaft, dass wir heute nur noch in Fragmenten denken können. Es hat unsere Sicht der Wirklichkeit eingeengt auf die gemessene, feststellbare und „festgestellte" Teilchenrealität. Der Blick auf das Ganze ging verloren und der Blick auf das Wellen- oder Feldartige wurde verdrängt. Die Wirklichkeit verschwand hinter den Teilchen, die nur durch unsere Messung „existieren". Das fragmentierende Denken wurde unser gewohntes, vorherrschendes Denken. Und da die Quantenmechanik – ebenso wie die Relativitätstheorie, aber auch die Tiefenpsychologie oder auch die Prozessphilosophie Whiteheads – mehr oder weniger spurlos an uns vorübergegangen ist, ist unser „modernes" Weltbild dieses fragmentierende Denken des ausgehenden 19. Jahrhunderts geblieben. Dieses Denken ist nicht in der Lage, die Quantenwelt zu beschreiben, es ist aber genauer betrachtet auch nicht in der Lage, unsere Lebenswelt und erst recht nicht die Welt als Ganze zu verstehen.

Die klassische Physik suchte nach den kleinsten Teilchen, aus denen die Welt aufgebaut sein sollte und aus denen man daher „die Welt" – inklusive des menschlichen Gehirns – erklären wollte. Was man erkennen musste, war, dass es diese kleinsten Teilchen nicht gibt, nicht geben kann. In der Welt des Mikrokosmos hat es gar keinen Sinn, von Teilchen zu reden. Was sich in einem Experiment als Teilchen „zeigt", ist in einem anders aufgebauten Experiment eine Welle. Das Phänomen an sich ist aber weder Teilchen noch Welle, sondern etwas, das mathematisch als Wahrscheinlichkeitswelle beschrieben werden kann. Physik handelt nicht von der Wirklichkeit, von der Natur, sondern von unserer Sicht der Natur. Die „Natur" selbst entzieht sich der Wissenschaft. Die Frage, wie etwas unabhängig von unserem Sehen ist, wird sinnlos.

Ein Elementarteilchen ist kein Teilchen, auch keine Welle, sondern ein Phänomen, das ein Ganzes ist, das erst durch verschiedene Versuchsanordnungen entweder zum Teilchen oder zur Welle „wird" – das uns entweder als Teilchen oder als Welle erscheint. Durch unsere Messung kollabiert die Wahrscheinlichkeitswelle, die alle Möglichkeiten, das Teilchen im Raum zu finden, umfasst, und wir „stellen es fest" als Teilchen an einem bestimmten Ort. Die Wirklichkeit „dahinter" ist weder Teilchen noch Welle, sondern Überlagerung aller Möglichkeiten, reine Potenzialität oder Nicht-Lokalität. Die „Quanten" haben nicht direkt etwas mit Bewusstsein zu tun. Nicht die Beobachtung, sondern die Wechselwirkung des zu Messenden mit den Messinstrumenten führt zum Kollaps der Wellenfunktion. Aber das Doppelspaltexperiment ist der Schlüssel zur Wahrnehmung und vielleicht sogar zum Bewusstsein. Unbeeinflusst ergibt sich das Wellenbild (Interferenzmuster), durch Messung – und auch das Hinschauen ist eine Messung – geht es verloren und führt zum Teilchenbild (isolierte Objekte). Die Quantentheorie stellt uns somit vor die Aufgabe, vom Teilchenbild wieder zum Wellenbild zu kommen. Dies bedeutet nichts anderes als eine Rücknahme der Objektivierung, der Fixierung auf Objekte und die Beschränkung auf eine objektive Außenwelt. Die Zurücknahme der (nur) in der klassischen Physik so erfolgreichen Messmethode führt zu einem Wellenbild der Wirklichkeit, das nicht zwischen innen und außen, Subjekt und Objekt unterscheiden muss, das Kausalität und Objektivität durch Interferenz, Resonanz, Beziehung und Synchronizität ersetzt. Mit anderen Worten kann die Objektontologie durch eine Prozess- oder Beziehungsontologie ersetzt werden.

Das Teilchendenken erschließt uns nur die „Realität" (res = Ding). Wir müssten das bisher verdrängte Wellendenken, die nicht-dingliche, psychische Seite der Welt, hinzunehmen und beides integrieren, um ein Gefühl für das Ganze zu bekommen. Nicht materielle „Bausteine" sind das Fundamentale des Universums, sondern Wechselwirkung und Beziehung. So könnten wir von der „Materie" (Teilchen) zu Wechselwirkungen und Energien (Wellen) und von da aus zu einem Feld der Wirklichkeit (Potenzialität) gelangen.

Das Sein als Wechselwirkung und Beziehung

Die Messung macht ein Quantenphänomen zum konkreten Objekt (Teilchen). Es werden einzelne Lichtquanten durch einen Doppelspalt geschickt. Die Intention ist herauszubekommen, was diese Lichtquanten sind. Die vermuteten Teilchen verhalten sich überraschend wie Wellen. So als wären die einzelnen „Teilchen" durch beide Spalte gegangen und hätten mit sich selbst interferiert. Oder als hätte jedes einzelne Teilchen „gewusst", ob der andere Spalt offen ist oder nicht. Werden die Teilchen jedoch hinter dem Spalt gemessen, dann gehen sie „wirklich" durch je einen Spalt und verhalten sich auch wie ganz „normale" Teilchen. Das Messen des Weges bewirkt eine Änderung – eine Änderung der Sicht. Wir haben nicht herausbekommen, was ein Quantenobjekt ist, sondern wie es nach einer bestimmten Wechselwirkung erscheint.

Bis zur Quantentheorie bestand Wissenschaft darin, objektiv Seiendes zu untersuchen – unter Ausschaltung des Subjekts, das zum abstrakten Beobachter reduziert wurde. Dies war nur möglich durch die Trennung von Subjekt und Objekt durch René Descartes. Durch die Quantentheorie wurde klar, Beobachten ist Messung und Messung ist Wechselwirkung. Das wissenschaftliche Tun ist kein Beobachten objektiver Gegebenheiten, sondern daran ist notwendig auch ein subjektives Moment beteiligt, eine Wechselwirkung, die das Beobachtete verändert. Das Ergebnis hängt davon ab, welches Experiment man durchführt.

Naturwissenschaft ist (näherungsweise) verfeinerte Alltagserkenntnis, der das Subjekt extrahiert wurde, um intersubjektiv reproduzierbar zu werden. Anders gesagt: Naturwissenschaft beschreibt das, was allen Menschen gemeinsam ist: das objektiv Da-Seiende, das Materielle. Das je Subjektive hat darin nichts verloren. *„Die Naturwissenschaft beschreibt und erklärt die Natur nicht einfach so, wie sie ‚an sich' ist, sie ist vielmehr ein Teil des Wechselspiels zwischen der Natur und uns selbst. Sie beschreibt die Natur, die unserer Fragestellung und unseren Methoden ausgesetzt ist. An diese Möglichkeit konnte Descartes noch nicht denken, aber dadurch wird eine scharfe Trennung zwischen der Welt und dem Ich unmöglich."*[114]

Die Quantenmechanik hat klargemacht, dass die Welt nicht aus abstrakt Seiendem besteht und nicht als Ansammlung von Seiendem beschrieben werden kann. Elementarteilchen sind keine Teilchen, sondern sie existieren nur als Wechselwirkung. Sie sind außerdem nichts Statisches, sondern reine Dynamik. Alles ist aus Wechselwirkung aufgebaut. Unsere Welt des Objektiven und Individuellen ist aus dieser elementaren Dynamik und der Vielfalt der Verknüpfungen aufgebaut. *„Die Welt erscheint in dieser Weise als ein kompliziertes Gewebe von Vorgängen, in dem sehr verschiedenartige Verknüpfungen sich abwechseln, sich überschneiden und*

---

[114] Werner Heisenberg: Physik und Philosophie. Ullstein 1970, S. 60 f.

zusammenwirken und in dieser Weise schließlich die Struktur des ganzen Gewebes bestimmen."[115] Naturwissenschaft zu betreiben ist nicht der Blick auf eine Welt der Objekte, sondern eine Interaktion. Für Heisenberg sind die verschiedenen Fachgebiete nach dem wachsenden Anteil des subjektiven Elements angeordnet. In der Psychologie wird beispielsweise ein größerer Anteil an Subjektivität zu finden sein als in der Physik. Aber auch in der Physik selbst gibt es diese Abstufung. Die klassische Physik Newtons versuchte, das Subjekt aus der Wissenschaft generell fernzuhalten. In der Quantenphysik ist das so nicht mehr möglich. Das Subjektive tritt durch die Fragen auf, die an die Natur gerichtet werden und sie bestimmen das Ergebnis mit. Daher ist eine völlig objektive Beschreibung der Natur nicht möglich.

Das Universum ist kein mit Seiendem angefüllter Raum, sondern ein Meer von Möglichkeiten mit berechenbaren Wahrscheinlichkeiten für ihre Realisierung, die im Experiment „festgestellt" werden können. Das Bewusstsein erschafft nicht die Welt, wie die Vertreter von Quanten-Kurzschlüssen behaupten wollen, aber die Wahrnehmung ist kein bloß passiver Vorgang, sondern sie macht etwas mit der „Welt". Das Messen verändert das Gemessene, das Wahrnehmen verändert das Wahrgenommene. Damit bleibt kein Platz mehr für eine vom Beobachter unabhängige Welt. Die gibt es zwar, aber wir können darüber nichts aussagen.

Grenzen innerhalb des Ganzen

Hätten wir nicht unser Weltbild um 1900 eingefroren, wäre uns aus Tiefenpsychologie und Quantenmechanik klargeworden, dass Grenzen nicht in der Natur, sondern immer nur im Denken verortet sind. Dass wir Grenzen projizieren, weil wir des Ganzen nicht mächtig sind. Dass wir analysieren und fragmentieren, dass wir messen müssen, weil wir Angst vor dem Unmessbaren und Unermesslichen haben. Und weil wir vergessen und verdrängen, dass das Unmessbare und Unermessliche auch unser ganz konkretes Leben ausmacht.

Bilder aus dem Weltall zeigen uns die Erde als Planeten, zeigen Kontinente und Meere, Berge und Täler, Wüsten und Flüsse.

---

[115] Ebda, S. 85

Dabei gibt es nur eine einzige wirkliche Grenze: die zwischen Land und Wasser. Aber selbst das sind keine Grenzen, das Wasser verzweigt sich ins Festland hinein und das Grundwasser ist quasi das unterirdische Meer. Andererseits türmen sich im Meer Gebirge, und durch Vulkantätigkeit verändert sich die unterirdische Landschaft ständig.

Bilder aus dem Weltall zeigen uns keine Staatsgrenzen. Die sind menschengemacht und veränderlich. Die historische Entwicklung von Staatsgrenzen zeigt uns die willkürliche und ständig sich wandelnde Grenzziehung. Sie ist nicht identisch mit Sprach- oder Kulturgrenzen. Migrationsströme negieren seit Urzeiten Grenzen, lassen sie verschwimmen.

Geografen kartographieren diesen Planeten, vermessen Kontinente und Inseln, Gebirge und Täler, Wälder und Flüsse, Landschaften und Städte, verzeichnen Gesteinsstrukturen und Bodenschätze. Geografische Landkarten zeigen natürliche Grenzen. Die sind aber keine Grenzen in diesem Sinne, sondern Übergänge.

Historiker beschreiben Grenzen im Wandel der Zeiten. Von isolierten Stammesgrenzen zu den Weltreichen, die entstehen und wieder zerfallen. Grenzen, die immer wieder neu gezogen werden.

Biologen beschreiben Flora und Fauna, Biotope und Lebensbereiche, Evolution und Aussterben von Arten. Wieder nichts als dynamische Veränderungen.

Soziologen beschreiben das Verhalten von Gruppen und deren Abgrenzung. Von Clans, Fußballanhängern, Kunstbetrieben, Vereinen oder der Mafia. Die „Grenzen" sind dabei immer fließend.

Psychologen beschreiben innere Grenzen, von Ich, Selbst, Unterbewusstsein und persönlichem und kollektivem Unbewussten, und die damit verbundenen Projektionen auf die Außenwelt. Dabei sind auch die Grenzen zwischen bewusst und unbewusst, zwischen Außen- und Innenwelt fließend.

Physiker haben die Welt auf die objektive, materielle Welt begrenzt, um diese isoliert erforschen zu können. Sie haben das Einmalige, nicht Reproduzierbare, Kreative und letztlich Menschliche aus ihrem Forschungsgebiet ausgegrenzt. Mit der Quantentheorie setzt das Subjektive wieder seinen Fuß in die Wissenschaft. Eine exakte Grenze ist nicht mehr feststellbar.

Philosophen haben die Naturwissenschaft durch ihre Unterscheidung zwischen Subjekt und Objekt erst ermöglicht. Seit der Quantenphysik ist diese Trennung nicht mehr in dieser Schärfe aufrechtzuerhalten. Unbemerkt ist ein neues Zeitalter angebrochen.

Religionswissenschaftler grenzen Religionen und Kulturen gegeneinander ab, beschreiben die Unterschiede deutlicher als die Gemeinsamkeiten, die deren Grenzen durchlässiger machen würden. Dass sich Kulturen und Religionen immer gegenseitig beeinflusst haben, lässt die Grenzen noch weiter verschwimmen. Und da es immer und überall um den Menschen geht, gibt es nur verschiedene Perspektiven, aber keine Grenzen.

Grenzen umschließen immer größere Territorien. Großfamilien, Stämme, Völker, Königreiche, Weltreiche, Staaten, Staatenbünde. Das Gesetz der Evolution: Immer schließen sich kleinere Einheiten zu größeren zusammen – und die Grenzen verlieren ihre Bedeutung.

Grenzen haben immer ein Diesseits und Jenseits der Grenze, sonst wäre es nicht Grenze, sondern Ende. Grenzen sind da, um sie zu überschreiten, zu transzendieren. Davon leben der Sport, das Abenteuer, die Fantasie, die Religionen und die Persönlichkeitsentwicklung.

Unser (westliches) Weltbild lebt von einem fragmentierenden Denken, das immer teilen, analysieren, fragmentieren, abgrenzen und isolieren muss – und damit das Ganze aus den Augen verliert. Ein Blick für das komplexe Ganze würde viele Probleme in einem anderen Licht erscheinen lassen.

Erkenntnisse an Grenzen und Extremen

Physik beschäftigt sich mit Materie, Biologie mit Leben, Psychologie mit der Seele – und genau diese „Oberbegriffe" können sie nicht erklären. Physik kann nicht sagen, was Materie, Biologie nicht, was Leben und Psychologie nicht, was die Seele ist. Allerdings, an ihren Grenzen kann man mehr über ein Fachgebiet erfahren als in seinem ureigensten Betätigungsfeld.

In einer einzigen Episode aus den Bestsellern des Neurologen Oliver Sacks kann man mehr über das Gehirn erfahren als in der gesamten modernen Hirnforschung. Da geht es nämlich um Extremformen von geistigen Störungen, aber auch um Extremformen der Hirnleistungsfähigkeit, wie bei den Inselbegabungen von Autisten.

An diesen extremen „krankhaften" Störungen leuchtet auf, wozu unser Gehirn fähig ist. Kein CT, MRT oder PET kann uns da hinführen.

Die Physik reduzierte die Wirklichkeit auf Materie in Raum und Zeit, und war damit auch ungeheuer erfolgreich. Sie hielt die menschliche Subjektivität aus ihrer Forschung heraus, um die objektive Realität erforschen zu können – auch wenn diese eine Fiktion ist. Sie ging damit bis an die Grenzen der Materie, sowohl im Subatomaren als auch im Universum – um dort jeweils auf ganz andere und zunächst völlig absurd erscheinende Gesetze zu stoßen. Ausgehend von der Außenwelt hatte man noch im ausgehenden 19. Jahrhundert nach den kleinsten Bausteinen der Welt gesucht, mit denen man dann alles, inklusive des menschlichen Gehirns, erklären wollte. Kurze Zeit später wurde klar, dass es solche kleinsten „Bausteine" gar nicht gibt. Materie besteht im Innersten nicht aus dem, was wir uns unter Materie vorstellen. Quantenphänomene sind keine Teilchen, sondern Wechselwirkung oder Beziehung.

Einer Grenze nahezukommen heißt auch, über sie hinaussehen zu können. Grenze wird dann zum Horizont. Die Verführung liegt nahe, alles Quantenhafte auf andere Gebiete zu übertragen. Quantenmedizin, Quantenheilung – alles Unverständliche in der Medizin (und das Gebiet ist unerschöpflich) wird als Quanten-Irgendwas bezeichnet. In Büchern von Ärzten mit Titeln, die mit „Quanten-" beginnen, wartet man vergeblich auf physikalische Erklärungen, das Wort kommt meist nur in der Einleitung vor, im Text geht es dann um Bewusstsein, Meditation und was auch immer, nur nicht um Physik.

Wer noch bei Verstand ist, dem ist klar, dass man schon aufgrund der Emergenz Bewusstsein nicht physikalisch erklären kann. Den esoterischen Quantentheoretikern ist auch nicht klar, dass es sich bei der Quantentheorie um eine physikalische Theorie und nicht um eine Theorie des Bewusstseins handelt. Statt Quantenmechanik auf andere Gebiete zu übertragen, wäre es dagegen notwendig, die völlig neue Logik der Quantentheorie auf andere Gebiete anzuwenden, aber das tut kaum jemand – auch nicht die Esoteriker.

Eine in der heutigen Diskussion völlig vernachlässigte Grenze ist die zwischen Natur- und Geisteswissenschaften, oder Kulturwissenschaften, von Geist wagt man ja nicht mehr zu sprechen. Während die (Schul-)Medizin darauf besteht, Naturwissenschaft zu sein (dabei ist ihr „Gegenstand" der Mensch, den die Naturwissenschaft als Subjekt ausschließen muss!), und sogar Freud und seine Nachfolger darauf bestanden, dass die Psychoanalyse Naturwissenschaft sei, sah der Biologe Ernst Mayr[116] das völlig anders. Für ihn geht die Grenze zwischen Naturwissenschaft und Geisteswissenschaft mitten durch die Biologie. Weshalb er die Biologie als Brücke zwischen Natur- und Geisteswissenschaft verstand und der Physik die Deutungshoheit für das Lebendige abspricht.[117]

Das Elektron in menschlichen Leberzellen ist genau dasselbe wie in einer Galaxie, die Millionen von Lichtjahren entfernt ist. Es gibt aber keine zwei gleichen Menschen, auch keine zwei gleichen Schneeflocken. Komplexität führt zur Einmaligkeit, die aus den exakten Naturwissenschaften ausgeschlossen werden muss. Doch wie gesagt, nähert sich die Physik bereits ihren mikro- und makrokosmischen Grenzen, und da schaut alles ganz anders – und meist ziemlich absurd – aus. Ein Elementarteilchen ist zwar hier wie dort „dasselbe", allerdings ergibt das „mit sich selbst identisch Sein" keinen Sinn mehr. Wenn ein Teilchen an Punkt A und dann an Punkt B gemessen wird, ist es unzulässig zu sagen, es hätte sich von Punkt A nach Punkt B „bewegt". Was überall im Weltall gleich ist, verliert andererseits seine Identität.

Aber die A-Rationalität der Quantenphysik könnte einen entspannteren Blick auf die Psyche ermöglichen. Dabei ginge es nicht darum, die Physik auf die Psychologie (oder gar Spiritualität) zu übertragen, wie es viele oberflächliche Esoteriker – und leider auch Physiker – tun. Aber da die moderne Physik nicht mehr Erforschung einer „objektiven" Welt ist, sondern unserer „subjektiven" Sicht der Außenwelt, kann sie sehr viel zu einer Erkenntnistheorie beitragen. Wie wir die Welt und uns selber sehen, ist ja „Gegenstand" der Psychologie. So sind Physik und Psychologie nicht so weit voneinander entfernt (es geht letztlich immer um den Menschen), wenngleich sie auch nicht verwechselt werden dürfen. Quantentheorie ist Physik und Psychoanalyse oder Analytische Psychologie ist Psychologie. Daher kann man auch nicht das Bewusstsein mit Quanten erklären, wie das so oft vorgetäuscht wird.

---

[116] „Wollte man eine Trennlinie zwischen den Naturwissenschaften und den Geisteswissenschaften ziehen, so verliefe sie mitten durch die Biologie." Ernst Mayr: Konzepte der Biologie. S. Hirzel Verlag 2005, S. 53

[117] „Soweit mir bekannt ist, hat keine der großen Entdeckungen der Physik des 20. Jahrhunderts irgendetwas zum Verständnis der Welt des Lebendigen beigetragen." Ernst Mayr: Konzepte der Biologie, S. 55

Aber messen, sehen, erkennen ist nie objektiv, sondern Vermittlung von Innen und Außen. Womit Gegebenes und Bedeutung nie zu trennen sind. Auch Wahrnehmung ist kein bloßes Registrieren von äußeren Tatsachen, sondern eine Wechselwirkung, die erst das Ergebnis, das Gesehene ermöglicht – es aber auch schon verändert. Wahrnehmung ist ein Resonanzphänomen.

Alles ist Beziehung. Das „Im Anfang war das Wort" müsste man übersetzen mit „Im Anfang war (und ist bis zum Ende) die Beziehung". Die Schöpfung (als Objektivierung) ist eine Verschleierung der Beziehung, ein Übergang von der Potenzialität zur Realität, ein „Kollaps" in die Realität. Wahrheit (Aletheia, Unverborgenheit) wäre die Transparenz, die Unverborgenheit des Beziehungscharakters der Wirklichkeit.

Subjekt-Objekt-Spaltung und Bewusstsein

Das Tier ist soweit Teil der Natur, dass es gar keinen Sinn hat, zwischen innen und außen zu unterscheiden. Im (menschlichen) Animismus ist es ähnlich. Animismus bedeutet ja nicht, Geister in der Natur zu sehen, sondern dass zwischen Psyche und Welt noch kein Unterschied besteht.

Der Mensch beginnt sich abzugrenzen, wodurch die Natur erst zur Umwelt wird und das Ich sich konstituieren kann. Der Mensch ist fähig zum Innehalten, womit er sich selbst der Umwelt gegenüberstellt und sich als Ich bewusst wird. Im Raum des Innehaltens entsteht Bewusstsein. Bewusstsein braucht das Gegenüber, braucht damit auch die Subjekt-Objekt-Spaltung für sein Entstehen. Es wäre aber verheerend, darin steckenzubleiben. Die Subjekt-Objekt-Spaltung muss nicht „überwunden", sondern komplementär ergänzt werden. Das Ichbewusstsein entsteht durch eine Unterscheidung in der Natur. Auch Descartes hat seine res extensa und res cogitans unterschieden, aber nicht getrennt. Die (falsche) Trennung kam erst später. Auch die Auffassung von Mensch und Tier als „Maschinen" war noch nicht so mechanisch gedacht wie heute, sondern noch viel anthropomorpher. Erst nach Descartes kam es zu dieser tragischen Entwicklung, in der aus der ursprünglichen Unterscheidung eine Trennung und im letzten Schritt das Geistige (res cogitans) eliminiert wurde, indem es auf die Materie reduziert verschwand. Durch diese Verengung wurde die Wirklichkeit des Ganzen ausgeblendet, was eine Seinsvergessenheit (Heidegger) bewirkte.

Der Mensch muss sich in der ständigen Abgrenzung von der Umwelt in einem zweiten Schritt seiner Einheit mit der Natur wieder bewusst werden. Er darf daher nicht beim isolierten Ich (Teilchensicht) stehenbleiben. Auf der „Subjektseite" muss er vom Ich zum Selbst gelangen (C.G. Jung). Das Selbst als Umfassendes unterscheidet nicht zwischen außen und innen, ist daher ganz, aber unbewusst. Das bewusste Ich braucht aber Kontakt zum Unbewussten (Selbst), weil es sonst in der Isolation steckenbleibt. Der Mensch muss aus dem Gegensatz (Ich – Umwelt) zur Komplementarität des Bewusst-Unbewussten kommen. Das sonst isolierte Ich muss sich in Beziehung zu anderen und zur Umwelt sehen, als eingebettet in ein größeres Ganzes, von dem es sich unterscheidet, aber nicht getrennt ist.

Der Mensch wird durch das Innehalten-Können zum Menschen. Durch das Innehalten erfährt er sich als Ich, das der Umwelt gegenübersteht. Damit entsteht die ganze Welt des Definierens (Abgrenzens), die Welt der klassischen Naturwissenschaft. Wie aber in der Physik durch das tiefere Eindringen in das Innerste der Materie die klassischen Definitionen von Materie, Teilchen, Kausalität usw. sich in einem „grenzenlosen" (aber in sich unterscheidbaren) Feld auflösen, so wird durch ein tieferes Bewusstsein das isolierte Ich in einen größeren Zusammenhang „aufgelöst". Der vorige Gegensatz (Ich – Nicht-Ich) wird zur Komplementarität, die beides (Ich – Nicht-Ich, bewusst – unbewusst) umfasst. Der Mensch kann sich komplementär als getrenntes, eigentlich unterschiedenes Ich, als eins mit der Natur und bezogen auf Unendliches (C.G. Jung) „begreifen".

So wie in der Physik ein Quantenphänomen je nach Experiment als Teilchen oder Welle beschrieben werden kann, so kann sich der Mensch als Ich (mehr oder weniger isoliert) oder als Wir (Beziehung) oder als größeres Ganzes erleben. Wobei das Ich der wissenschaftlichen, das Wir der psychosozialen und das Ganze der philosophischen oder spirituellen Sicht entspricht.

Wie schon erwähnt, braucht Bewusstsein ein Gegenüber, ist zunächst immer ein Bewusstsein von etwas. Descartes hat ja die Dualität nicht erfunden, sondern nur radikal beschrieben. Das einzig

Sichere war ihm das „cogito", genauer das Ich am „cogito". Denn obwohl er durch sein Denken dazu kam, geht es nicht um das Denken, sondern um ein Tun. Welches Tun, ist da gar nicht so wichtig, er hätte auch sagen können: Ich sitze oder gehe, also bin ich (was dem Zen entspräche). Im Bewusstsein einer Aktivität kann ich mir sicher sein, dass ich es bin, der sich dessen bewusst ist.

Aber die Frage ist, ob das wirklich das Fundament ist, das Descartes gesucht hat. Er hätte nämlich diese Sicherheit des Subjekts gar nicht finden können ohne den Prozess des Denkens oder Tuns, zu dem immer weit mehr gehört als ein Subjekt. Außerdem geht es um das Bewusstsein eines Ich, um Selbstbewusstsein. Subjekt ist das Zugrundeliegende, und das könnte durchaus etwas ganz anderes sein als ein isoliertes Ich. Die Frage ist, ob Descartes da nicht dem methodischen Denken aufgesessen ist, das er begründet hat, nämlich dem naturwissenschaftlich-analysierenden Denken. Er hat sozusagen das, was er dachte, isoliert. So kam er zu Denkinhalten, die allesamt auch täuschend sein können, und zum Ich, das er nicht bezweifeln konnte, ohne sich nicht zu denken, was aber nicht geht. Er hat damit fragmentiert und das Ganze des Denk- oder Bewusstseinsprozesses aus den Augen verloren. Durch das Messen (Analysieren) kollabiert das zu Messende in die dingliche Realität, es wird festgestellt – und das Wellen- oder Feldartige sowie die ganze Wirklichkeit gehen gleichzeitig verloren.

Das Ich als isoliertes Fragment kann die prozesshafte (wellen- oder feldartige) Wirklichkeit nicht mehr beschreiben. Die Frage ist: Was ist vor der Messung, vor dem Analysieren? Da ist jedes Teilchen ein Feld, das überall und nirgends ist, das nicht-lokal und an allem beteiligt ist. Also auch in all dem, was Descartes' Analyse ausschließt, weil es täuschend sein kann, in all dem ist Ich. Es ist nur mehr oder weniger real, aber als Potenzialität wirklich, weil wirkend. Das heißt, ich könnte mir nie meines Ich bewusst werden, wären nicht Bewusstseinsinhalte – täuschend oder nicht – und wäre nicht dieses Ich in all diesen Inhalten präsent. Mit anderen Worten: Das Ganze, der Prozess der Bewusstwerdung, geht den Teilen, den isolierten Fragmenten, auch dem isolierten Ich, voraus. Das Ich ist nur deshalb gewiss, weil es eine Rolle im Prozess des Ganzen spielt.

Die Frage, was denn das Ich ist, steht in der ontologischen und statischen Tradition. Da sind jede Dynamik und der Prozess des

Werdens ausgeschlossen. Schon die Frage nach der Person (Wer bin ich?) ist eine ganz andere Frage. Da geht es nicht nur um die starre Maske (persona) im griechischen Theater, sondern auch um den Schauspieler, das Tun dahinter, das die Maske erst lebendig macht. Und es geht auch gar nicht um den Schauspieler selbst, sondern um die Darstellung, mit der er kreativ einen Charakter in die Welt setzt, der nur solange lebendig ist, als die Darstellung dauert.

Der „Beobachtereffekt"

Der „Beobachtereffekt" ist einer jener unglücklichen Begriffe der Naturwissenschaft (wie auch z.b. jener der „Chaostheorie" oder des „Gottesteilchens"), die nicht nur unter Laien zu gravierenden Missverständnissen geführt haben und führen. Er verleitet zu der unbedachten Annahme, das Bewusstsein würde beispielsweise den Kollaps der Wellenfunktion im Doppelspaltexperiment bestimmen oder auslösen.

Physikalisch gesehen ist es nicht das Bewusstsein eines Beobachters, sondern die Messung, die den Kollaps herbeiführt, und Messung ist nichts anderes als eine physikalische Wechselwirkung mit dem Messapparat. Damit tritt das bis dahin (aufwändig künstlich) isolierte System mit der Umgebung (dem Messapparat) in Wechselwirkung und es kommt unweigerlich zur Dekohärenz. Quantenphänomene sind ja nur zu erreichen in vollkommen isolierten Situationen und/oder nahe am Nullpunkt von -273 Grad Celsius. Sobald das System mit der Umgebung in Verbindung kommt, ist es mit den Quantenphänomenen auch schon vorbei. So hebt auch jede Messung bei Verschränkungsversuchen die Verschränkung sofort auf. Beim Doppelspaltversuch ist es nicht die Beobachtung, sondern die Messung als Wechselwirkung mit der Umwelt, die zur Dekohärenz führt.

Allerdings geht es in der Quantenphysik auch um gravierende philosophische Probleme und Konsequenzen. Sie ist ja im Dialog zwischen Physik, Mathematik und Philosophie (Erkenntnistheorie) entstanden. Wir müssen davon ausgehen, dass Naturwissenschaft nicht die Beschreibung der Natur ist, sondern der Natur, die unserer Fragestellung ausgesetzt ist (Heisenberg, Bohr) – die Beschreibung nicht der Natur, sondern unseres Sehens der Natur[118]. Damit ist die Vorstellung der idealisierten Objektivität, von der die klassische Physik ausgegangen war, obsolet. Das hat aber noch nichts mit dem Beobachter speziell im Doppelspaltexperiment zu tun, sondern das gilt für die Physik oder die Naturwissenschaft ganz allgemein – und letztlich für jede Wahrnehmung.

Auch im Doppelspaltexperiment geht es nicht nur um die rein physikalische Ebene, sondern auch um die philosophische. Anton Zeilinger formuliert das Problem so: Das Photon oder Elektron zeigt sich als „Teilchen", wenn der Weg, den es genommen hat, bekannt ist. Ist der Weg prinzipiell nicht bekannt, zeigt sich das Interferenzmuster. Das „Bekanntsein" könnte man direkt einem Beobachter zuordnen, aber Zeilinger ist in seinen philosophischen Ausführungen – im Unterschied zu vielen anderen – sehr vorsichtig und differenziert. Das Teilchenverhalten zeigt sich nämlich auch dann, wenn es nur prinzipiell *möglich* ist, den Weg des „Teilchen" zu bestimmen. Es geht also auch in dieser Interpretation um eine inhärente Eigenschaft des Systems und nicht um eine, die erst durch einen Akt des Beobachtens hinzukommt.

Prinzipiell ist es so, dass wir das, was vor dem Kollaps der Wellenfunktion geschieht, vor der Dekohärenz, gar nicht beobachten können. Das zu untersuchende System muss völlig – auch vor jeder Messung – isoliert werden. Jede Beobachtung führt uns in den Bereich des Makrokosmos, wobei auch das immer eine Beobachtung mittels Messung ist – also rein physikalisch und nicht psychologisch. Es geht nie um eine direkte Einflussnahme des Bewusstseins, auf der so viele „Quantenphilosophen" ihre abstrusen Theorien aufbauen. Dass alles, was wir denken, tun und forschen, sich in einem Bewusstsein abspielt, ist trivial und trifft nicht nur auf die Quantenphysik, sondern auf alles zu.

Insofern ist der Beobachtereffekt nicht etwas spezifisch Quantenmechanisches, sondern trifft auf jede Wahrnehmung, auch im Makrokosmos zu. Die klassische Physik wollte das Subjekt aus der Wahrnehmung herausnehmen und postulierte eine rein objektive Realität. Die Quantenphysik hat gezeigt, dass das gar nicht möglich ist, aber nicht nur in der Quantenphysik, sondern schon in der klassi-

---

[118] „… wir müssen uns daran erinnern, dass das, was wir beobachten, nicht die Natur selbst ist, sondern Natur, die unserer Art der Fragestellung ausgesetzt ist." Werner Heisenberg: Quantentheorie und Philosophie. Reclam 2003, S. 60

schen Physik und ganz allgemein[119]. Weil nämlich Subjekt und Objekt nur abstrakte Annahmen sind. Sie sind keine getrennten Entitäten, von denen eine (das Bewusstsein) auf eine andere (auf Quantenphänomene oder irgendetwas) einwirkt. Genau dieser Dualismus wurde widerlegt. Wir müssen von einem Wahrnehmungsfeld sprechen, aus dem nicht einzelne Aspekte isoliert und getrennt betrachtet werden können. Was hier ins Wanken kommt, ist die Ontologie. Wir können nicht mehr von Seiendem, von Dingen und Objekten reden, sondern von Wechselwirkung und Beziehung. Das Atom (a-tomos, das Unteilbare) ist kein Teilchen, sondern das wirklich Elementare ist Beziehung. Es gibt gar keine Subjekt-Objekt-Spaltung, sondern eine Beziehung zwischen Subjekt und Objekt, und ohne diese Beziehung gibt es weder Subjekt noch Objekt.

Die philosophische Frage führt immer ins Prinzipielle. Dass wir nicht die Natur an sich, sondern nur die Natur, die unseren Fragen ausgesetzt ist, erforschen können, nicht die Natur, sondern unser Sehen der Natur (Heisenberg, Bohr), ist eine Anlehnung an die Philosophie Kants. Auch Einstein – sonst eher ein Gegner Heisenbergs – sah das so, wenn er feststellte, dass die Theorie bestimmt, was wir sehen können[120]. Damit ist Naturwissenschaft eigentlich auch Erkenntnistheorie und lässt sich nicht mehr gänzlich von der Philosophie abkoppeln.

Zwar stellt die Philosophie die Fragen, die nicht zu stellen das Erfolgsrezept der Naturwissenschaft war (Carl Friedrich v. Weizsäcker[121]), doch ist es seit der Quantenphysik nicht mehr möglich, Physik völlig unter Absehen von philosophischen Fragen zu betreiben. Es gibt Physiker, die sich nur auf die mathematischen Formu-

---

[119] „Insofern enthält in der heutigen Naturwissenschaft jeder physikalische Sachverhalt objektive und subjektive Züge. Die objektive Welt der Naturwissenschaft des vorigen [19.] Jahrhunderts war, wie wir jetzt wissen, ein idealer Grenzbegriff, aber nicht die Wirklichkeit." Werner Heisenberg: Der Teil und das Ganze. Gespräche im Umkreis der Atomphysik. dtv, 2. Aufl. 1975, S. 108

[120] „Erst die Theorie entscheidet darüber, was man beobachten kann." Albert Einstein, zit. in: Werner Heisenberg: Quantentheorie und Philosophie, S. 31

[121] „Das Verhältnis der Philosophie zur sogenannten positiven Wissenschaft lässt sich auf die Formel bringen: Philosophie stellt diejenigen Fragen, die nicht gestellt zu haben die Erfolgsbedingung des wissenschaftlichen Verfahrens war. Damit ist also behauptet, dass die Wissenschaft ihren Erfolg unter anderem dem Verzicht auf das Stellen gewisser Fragen verdankt. Diese sind insbesondere die eigenen Grundfragen des jeweiligen Fachs." Carl Friedrich v. Weizsäcker: Deutlichkeit. Beiträge zu politischen und religiösen Gegenwartsfragen. Hanser Verlag 1978, S. 167

lierungen stützen, die eindeutig und auch logisch widerspruchsfrei sind, aber sobald man an deren (notwendige) Interpretation geht, kommt man an philosophischen Fragen nicht vorbei.

Das darf andererseits nicht dazu führen, reine (mehr oder weniger philosophische und mehr oder weniger dilettantische) Spekulationen als Physik zu verkaufen, was heute nahezu salonfähig geworden ist. Dabei muss man auch hier differenzieren. Viele Physiker haben auch philosophische Ambitionen und das ist ihr gutes Recht. Die Quantenmechanik ist im Dialog zwischen der physikalischen, mathematischen und philosophischen Ebene entstanden und wäre anders gar nicht denkbar gewesen. Einstein war unter anderem von Ernst Mach beeinflusst, Heisenberg war ein durch und durch philosophischer Geist, und Niels Bohr gewann den Begriff der Komplementarität aus dem Dialog mit dem Daoismus. Bei Wolfgang Pauli kam noch die Beschäftigung mit der Psychologie C.G. Jungs und vor allem der eigenen Psyche hinzu. Schrödinger war zeitlebens Anhänger des Vedanta. Gemeinsam ist allen, dass sie ihr Weltbild und ihre Philosophie nicht als Physik verkauften, dass sie Philosophie und Physik nicht so platt vermischten, wie das heute gang und gäbe ist. Differenziertes Denken wurde noch nicht so mit Füßen getreten wie von den heutigen Quanten- und Bewusstseinsphantasten.

Es lohnt, sich mit den Biografien der großen Physiker zu beschäftigen, denn es ist klar, dass auch ihre Forschungstätigkeit von ihrem Weltbild abhängig ist. Das sieht man am deutlichsten am teils erbittert geführten Streit zwischen Einstein/Schrödinger und Heisenberg/Bohr. Paul Dirac ist auch ein eindrucksvolles Beispiel. Interessant ist auch der Unterschied im Temperament von Heisenberg und Pauli, die – gleichaltrig – gemeinsam studierten. Während Heisenberg sich in Bergwanderungen in der Natur erging, machte Pauli die Nächte in den Bars unsicher. Eine ähnliche Konstellation ergab sich bei dem allzeit lässigen Richard Feynman und dem eleganten Murray Gell-Mann. Schrödinger war nicht nur Anhänger des Vedanta, sondern auch ein Frauenheld und wahrscheinlich Narzisst, der zeitweise ganz offiziell mit zwei Frauen zusammenlebte, was ihn nicht daran hinderte, mit einer dritten sein zweites Kind zu zeugen.

Das erklärt nicht deren wissenschaftliche Arbeit, macht aber einiges verständlicher. Man darf nicht vergessen, dass es immer ganze Menschen sind, die Naturwissenschaft betreiben, und es wäre unnatürlich, eine isolierte Forscherpersönlichkeit anzunehmen. Andererseits muss man immer differenzieren zwischen Aussagen, die sie als Physiker treffen, und solchen, die sie als philosophisch Interessierte äußern. So kann man religiöse Zitate von Planck, Einstein, Heisenberg oder Schrödinger (der sich als Atheist bezeichnete) aufspüren, es wäre aber unredlich, das als Statements von Physikern zu verkaufen, als wären das der Physik inhärente Aussagen. Dass dabei auch vernachlässigt wird, dass jeder der Angeführten Religion oder Religiosität ganz anders gesehen hat, kommt da noch hinzu. Die klassische Physik hat im Anschluss an René Descartes die Philosophie ins Exil geschickt. Die Physiker um Werner Heisenberg, Niels Bohr und Wolfgang Pauli haben die Philosophie der Physik notgedrungen wiederentdeckt. Seither geht es auch in der Physik nicht mehr nur um „Fakten", sondern es müssen die (mathematischen und experimentellen) Ergebnisse interpretiert werden, wie das bisher nur für die Geisteswissenschaften charakteristisch war – womit aber auch die Klarheit und Eindeutigkeit verloren ging. Eindeutigkeit ist aber auch kein Kriterium der Natur und wahrscheinlich auch nicht der Naturwissenschaft[122]. Wolfgang Pauli hat diese Diskussion mitbestimmt, seine Beschäftigung mit der Psyche aber nie öffentlich gemacht und streng von seiner physikalischen Arbeit getrennt. Erwin Schrödinger hat seine philosophischen Ansichten zwar publiziert, aber nie mit seiner wissenschaftlichen Tätigkeit in Verbindung gebracht. Diese Redlichkeit würde man sich heute wünschen, wenn vielerorts beispielsweise Quanten und Bewusstsein undifferenziert vermischt werden, der Beobachtereffekt als Effekt des Bewusstseins missverstanden wird, wobei die Autoren gleichzeitig auf jegliche differenzierte Philosophie der Physik verzichten[123].

Einstein und Schrödinger sind daran gescheitert, das deterministische Weltbild der klassischen Physik zu retten. Die Auseinandersetzung mit Heisenberg und Bohr und deren Kopenhagener Deutung der Quantenmechanik war keine, die die Mathematik und Physik der Quantentheorie betraf, sondern deren Interpretation. Allerdings

---

[122] „Das Beharren auf der Forderung nach völliger logischer Klarheit würde wahrscheinlich die Wissenschaft unmöglich machen." Werner Heisenberg: Physik und Philosophie. Ullstein 1970, S 65

[123] Beispiele erspare ich mir hier, sie sind viel kompetenter nachzulesen in: Holm Hümmler, Relativer Quantenquark. Kann die moderne Physik die Esoterik belegen? Springer Verlag, 2. erweiterte Aufl. 2019.
Oder in: Jean Bricmont, Quantensinn und Quantenunsinn. Springer Verlag 2018

ist das eine Auseinandersetzung, die bis heute anhält. Sie betrifft vor allem den Welle-Teilchen-Dualismus und Bohrs Begriff der Komplementarität. Wahrscheinlich besteht die „Lösung" darin, auch die Standpunkte von Einstein/Schrödinger und Heisenberg/Bohr als komplementär zu betrachten. Die Diskontinuitäten in der Quantenphysik in die Wellenmechanik einzubauen, daran sind Einstein und Schrödinger letztlich gescheitert. Man muss wohl beide Ansichten als komplementär stehen lassen. Die Natur lässt sich nicht auf die eine oder die andere Sicht festlegen.

Angesichts der Tatsache, dass wir nicht über die Natur, sondern unser Sehen der Natur sprechen, müssen wir die „Begriffe" Teilchen und Welle als Bilder hinnehmen, die keine klassischen Teilchen oder Wellen beschreiben. Selbst wenn wir ein „einheitliches" Bild, nämlich das eines Feldes nehmen, das beide Sichten enthält – das Ausgedehntsein nach allen Richtungen und die Feldkonzentration, die wir als Teilchen interpretieren –, so können wir auch nur den Blick auf das eine oder auf das andere richten. Auch dieses Bild kann Kontinuität und Diskontinuität nicht vereinheitlichen. Das „Sowohl-als-auch" (eigentlich „Weder-noch") kann das „Entweder-Oder" unserer Sicht auf die Wirklichkeit nicht beseitigen.

Was auch daran liegt, dass das (Welle, Teilchen oder Feld) statische Bilder sind, die das dynamische Geschehen gar nicht einfangen können. Diese Begriffe oder Bilder sind wie Standbilder, die nichts mehr vom Film erkennen lassen, weil die Dynamik eingefroren ist. Das Standbild kann selbst in bester Auflösung die Dynamik nicht erfassen, während der Film auch ruhende Situationen darstellen kann. Aber auch das ist nur ein Bild ….

Das Zeit-Paradoxon

Schon Albert Einstein, fasziniert von der Idee einer einzigen Weltformel, schwärmte oft von dem herrlichen Gefühl, die Einheitlichkeit von Phänomenen zu erkennen, die uns als getrennte Dinge erscheinen. Einstein ist an dieser Idee einer „theory of everything" letztlich gescheitert. Wie schon Erwin Schrödinger sagte – die „Welt" ist eben mehr als Teilchen in Raum und Zeit. Zur äußeren Welt gehört untrennbar die innere Welt, zur physikalischen Welt die psychische. Wenn man die Logik, die in der Quantentheorie liegt, weiterdenkt, dann beziehen sich diese beiden Welten wieder komplementär aufeinander wie Teilchen und Welle. Darum ging es im Briefwechsel zwischen Wolfgang Pauli und C.G. Jung. Es könnte die Zeit kommen, in der man Physik und Psychologie zwar unterscheiden muss, sie aber nicht mehr trennen kann.

Die „objektive" Zeit ist das Messen an einem Rhythmusgeber in der Natur. Dieser wurde immer mehr verfeinert, vom Sonnenstand bis zur Atomuhr (Schwingungen eines Atoms). Das hat aber nichts zu tun mit dem Zeiterleben. Hier ist das Maß ein innerpsychisches. Das Erleben spielt sich nicht in der Zeit ab, sondern Zeit und Erleben bilden eine Einheit wie Raum und Zeit in Einsteins Raum-Zeit. Dabei oszilliert das Erleben zwischen Erinnern und Erwarten, zwischen „Vergangenheit" und „Zukunft". Dabei wird sofort klar, dass die „Gegenwart" eine schwer fassbare Sonderstellung einnimmt.

Vergangenheit und Zukunft „gibt" es nicht mehr oder noch nicht, und doch sind sie immer gegenwärtig. Vergangenheit besteht nur im Erinnern und ist nie identisch mit einer „faktischen" Vergangenheit, die abstrakt ist, weil sie nur im damaligen Bewusstsein existierte, das aber zur Erinnerung geworden ist. Zukunft „gibt" es ebenfalls nicht, sondern sie ist der (Erwartungs-)Horizont, der stets zurückweicht.

Was ist dann Gegenwart? Gegenwart ist das bewusste Erleben, aber Bewusstsein braucht das Gegenüber und nicht die Unmittelbarkeit. Das liegt schon im Begriff „gegen-warten". Phänomenologisch (und physiologisch) ist auch Gegenwart ein Erinnern. Ein Erinnern dessen, was „ist", mit dem Bereitschaftspotenzial als Hiatus. Ein wirklich unmittelbares Erleben gibt es im Alltag nicht. Nähern könnte man sich der Gegenwart nur in der Kontemplation und Meditation.

In den asiatischen Weltbildern ist genau das ein zentrales Thema, ohne dass sie je Naturwissenschaft oder Gehirnphysiologie dazu gebraucht hätten. Auch im Westen war es Thema, aber nie so zentral, immer im Kontext mystischer Richtungen. Das Bemühen, vom Erinnern der Gegenwart zum unmittelbaren Erleben zu kommen, nennt man Meditation oder Kontemplation. Der Weg führt weg vom Alltagsbewusstsein zum unmittelbaren Erleben, das als Achtsamkeit oder Bewusstheit bezeichnet wird.

Wieder stoßen wir auf die bekannte Analogie zur Quantenphysik. Das Alltagsbewusstsein braucht das Gegenüber, die Subjekt-Objekt-

Spaltung, die Descartes nicht erfunden hat, sondern die dem Bewusstsein zugrunde liegt. Bewusst wird immer „etwas" (Teilchensicht). Bewusstheit oder unmittelbares Erleben hebt diesen Hiatus, dieses Gegenüber auf, verzichtet auf das Messen (Vor-stellen) und landet in der Beziehung und Verbundenheit mit allem (Wellenbild). An die Stelle des Erinnerns der Gegen-wart tritt allmählich die Unmittelbarkeit, in der die Welt, wie sie vor-gestellt wird, verschwindet in einem Feld, das alles umfasst. Das finden wir in den mystischen Einheitserlebnissen in Ost und West.

Natürlich wäre ohne ein unmittelbares Erleben die Welt nicht, es ist aber nicht bewusst (gegen-wärtig), sondern liegt im unbewussten, nicht-lokalen ganzheitlichen Feld, in dem Ich, Körper und Umwelt nicht getrennt sind (Feld- oder Wellensicht), sondern eine Einheit bilden. Wieder wird deutlich, dass dieses Feld- oder Wellenbild das natürlich-ganzheitliche ist, während das Teilchenbild ein konstruiertes, gemessenes Fragment darstellt. Meditation und Kontemplation sind der Weg zur Ganzheit, in der die Teile/Fragmente aufgehoben sind. Sie stehen nicht mehr (abstrakt und isoliert) für sich, sondern sind Teil des Ganzen. Die Teilchen sind dann nicht mehr isolierte Objekte, sondern untrennbar vom Feld, Punkte mit großer Feldstärke, aber nicht getrennt vom Ganzen.

Zeitpunkt und Zeitfluss

Mit dem begrifflichen Denken, dem Beharren auf Fakten und dem wissenschaftlichen Analysieren wird etwas Wesentliches unterschlagen: die Zeit. Dem fragmentierenden Denken geht das Fließen der Zeit verloren.

Wir können in Bildern oder in Begriffen denken, mythisch oder philosophisch, symbolisch oder begrifflich. Im Mythos ist der Mensch Teil der Natur und fühlt sich wie vom Strudel der Zeit mitgerissen. Mit dem Erwachen der Philosophie nimmt er sich als Subjekt aus der Natur heraus, stellt sich dem Strudel entgegen. Es ist wie ein Anhalten der Zeit. Heraklit konnte noch sagen: Panta rhei, alles fließt. Niemand steigt zweimal in denselben Fluss. Das Wasser ist im nächsten Augenblick schon ein anderes, und auch ich bin nicht mehr derselbe. Es ist noch nichts „festgestellt".

In dem Moment, wo wir damit beginnen, uns selbst als Subjekt aus der Natur herauszunehmen und im Außen zu analysieren, beginnen wir festzustellen. Was wir als Fakten festhalten, ist festgestellt, ist Momentaufnahme. Der Film des Lebens wird angehalten und in Standbilder aufgelöst. Das Fließen der Zeit, der Wandel, das Leben gehen verloren. Was wir exakt feststellen, ist aus dem Kontext herausgelöst und in seiner Nicht-Zeitlichkeit im nächsten Augenblick schon wieder bedeutungslos. Was wir als objektives Faktum bezeichnen, ist seiner Subjektivität beraubt. Damit entsteht aber eine Situation, die es in der Wirklichkeit nicht gibt. Das Subjekt „herauszuhalten" ist unmöglich – wer sollte denn das „Faktum" feststellen? Wenn fünf Personen ein Ereignis beobachten, erleben sie fünf verschiedene Versionen. Das objektive Faktum gibt es nicht. Es bezeichnet nur den gemeinsamen Nenner nach Abzug des individuellen Erlebens.

Dazu kommt, dass Begriffe eindeutig sein sollten (zumindest in Annäherung), während Bilder und Symbole immer mehrdeutig sind. Die Wissenschaft kann aber mit Mehrdeutigkeit nicht umgehen und sie daher auch nicht zulassen. Damit geht das Lebendige verloren, das immer mehrdeutig und multidimensional ist.

Weiters sind Begriffe allgemein(gültig). In der Natur und im Leben ist aber alles einmalig. Es ist nicht so, dass wir den Wald vor lauter Bäumen nicht sehen, sondern umgekehrt sehen wir den einzelnen Baum nicht, weil wir den Begriff des Waldes gebildet haben. Auch wenn wir vom Allgemeinen zum Besonderen schreiten und Nadel- und Laubbäume, Fichten und Tannen, Buchen und Ahorn unterscheiden – wir kommen wissenschaftlich nie zum einzelnen Baum. Den können wir sehen, zeigen, malen, fotografieren, aber sobald wir beginnen, ihn detailliert zu beschreiben, ist er als Phänomen nicht mehr im Blick. Und die Zeit, seine ganze Entwicklung, kommt weder im Sehen noch im Beschreiben vor. Nur das Symbol verdichtet Phänomen, Zeit, Dynamik und Dimensionen. Aber da geht es nicht um ein Beschreiben, sondern um Erleben. Das Subjektive und Lebendige bleibt im Phänomen, daher die Vieldeutigkeit und die Dynamik.

„Zeit" in der Wissenschaft bedeutet Berechnen von Zeitpunkten. Die Zeit geht sozusagen im Raum auf und ihr Charakteristikum, das Fließen, geht verloren. Das wird besonders deutlich in der Elementarteilchenphysik: Wenn man ein Teilchen an einem Ort A misst und dann an einem Ort B, dann ist es unzulässig zu sagen, es hätte sich von A nach B bewegt. Es geht nicht nur die Zeit, sondern auch die Identität verloren. Da es außerdem immer nur um Zeitpunkte geht, kann die Physik den „Zeitpfeil", das Fließen der Zeit in eine Richtung, gar nicht erklären. Es gilt daher auch die Zeitinvarianz. Ob etwas vorwärts in der Zeit verläuft oder rückwärts, es ist dieselbe Formel.

Zeit (die nicht festgestellte Zeit) ist kein naturwissenschaftlicher, sondern ein psychologischer „Begriff". Zeit kann man nicht beschreiben, sondern nur erleben. Psychologie ist nicht Naturwissenschaft, auch wenn sie das oft vorzugeben versucht hat, um sich gegen die oder in der Naturwissenschaft zu behaupten. Zeit ist eben nicht objektiv. Deshalb zeigt eine Uhr Zeitpunkte, aber nicht Zeit. Deshalb können Afrikaner zu Europäern sagen: Ihr habt die Uhr, wir haben die Zeit. Von zwei Menschen, die „objektiv" (nach der Uhr) eine Stunde erleben, fühlt der eine das als lange Zeit, der andere als rasend kurz, für einen dritten wird eine Sekunde innerhalb dieser Stunde zur Ewigkeit.

Auch der „Zeitpfeil", das „Vergehen" der Zeit, die von der Vergangenheit über die Gegenwart in die Zukunft „fließt", ist eine wissenschaftliche Konstruktion. Wer eine Psychotherapie durchmacht oder sich selbst analytisch betrachtet, der spürt Vergangenem und Zukünftigem in der Gegenwart nach. Erlebt die Vergangenheit in der Gegenwart, die Forderungen der (vielleicht schon längst verstorbenen) Eltern und wie die Wunden der Vergangenheit auch noch die Zukunft bestimmen. Der erlebt, wie man Vergangenes wiedererleben und damit verändern kann. Wie durch das Verändern des Vergangenen die Zukunft eine andere werden kann. Und das alles in der Gegenwart.

Es ist nicht verwunderlich, dass mit einem pseudo-naturwissenschaftlichen Weltbild auch das Verdrängen der Psychologie verbunden ist. Psychologie ist als Wissenschaft des Lebendigen eine Gratwanderung zwischen Begriffs- und Symbolsprache. Es gibt selbstverständlich Begriffs- und Theoriebildung, aber Inhalt sind (auch und vor allem) Bilder, Symbole, Mythen, Träume. Das Beschreiben muss das Grenzenlose im Begrenzten, das Mehrdimensionale und Mehrdeutige im Bild, im Symbol bestehen lassen. Von Seiten einer orthodoxen Naturwissenschaft wird ihr das natürlich immer noch vorgeworfen. Dabei ist es genauso wie in der Quantenphysik: Wir sprechen über Unanschauliches, aber auf Seiten des Messapparats (der archetypischen Vorstellungen) müssen wir in der Sprache des Makrokosmos reden, weil wir keine andere Sprache haben.

Dazu wäre anzumerken, dass wir vieles aus der Psychologie in ihrer Vor-Geschichte finden: über Augustinus und Ignatius von Loyola bis zurück zu Heraklit. Aber gleichzeitig mit der Etablierung der Psychologie und Psychoanalyse kommt es zu einer signifikanten Seelenvergessenheit. Das allgemeine Weltbild lehnt sich an die Physik an – noch dazu an die Physik des ausgehenden 19. Jahrhunderts – und bleibt dort stecken. Psychologisch entspricht das einer Regression, einem Rückfall (um es in der Terminologie Martin Bubers zu beschreiben) aus der Beziehung des Ich-Du in die des Ich-Es, wodurch auch das Ich verlorengeht oder nur als narzisstisches Ich überleben kann.

Während der Naturwissenschaftler sozusagen am Flussufer steht und die Tropfen zählt, begibt sich der Psychologe ins Wasser und versucht, die Information der Tropfen wahrzunehmen, die diese seit der Quelle aufgenommen und weitertransportiert haben und die sie weitertreibt Richtung Meer. In dieser Sicht gibt es keinen Standpunkt, nur das Fließen des Wassers und der Zeit. Wer sich diesem Fließen aussetzt, muss seinen Standpunkt aufgeben, und wer auf seinem Standpunkt beharrt, dem bleibt das Lebendige verborgen.

In gewisser Hinsicht ist das auch ein Zurückgehen hinter die Subjekt-Objekt-Spaltung. Es interessieren nicht so sehr die Elternobjekte, sondern die inneren Eltern, nicht so sehr das objektiv Manifeste, sondern das Verinnerlichte und Verdrängte. Das „Objektive" kann dazu dienen, das Subjektive sichtbar zu machen, während das Subjektive, nach außen projiziert, in der Welt sichtbar wird. Wir müssen wieder werden wie die Kinder, d.h. längst „Vergangenes" (aber immer auch gegenwärtig Wirkendes) muss wieder aufgenommen, bearbeitet und integriert weitergetragen werden. Erst dadurch ist ein erwachsenes Leben möglich.

Nun ist der Mensch Bürger zweier Welten. Er lebt in der objektiven Realität, gleichzeitig aber auch in diesem Fluss des Lebendigen und des Lebens, der alles in sich enthält, von der Quelle bis zum Meer. Er muss immer wieder „feststellen", darf aber nicht verdrängen, dass es hinter diesen Standbildern einen Film gibt. Dass man zwar die Tropfen analysieren kann, aber es eigentlich um den Fluss geht. Dass die Standbilder zwar objektiv sind, aber jeder in seinem eigenen Film lebt, der nicht feststehend, sondern immer veränderlich und veränderbar ist. In diesem Film lässt sich sogar die Vergangenheit ändern, zwar nicht die Standbilder der Vergangenheit, aber man kann durch den Fokus auf andere Tropfen, die auch immer schon da waren, aber nicht konkret werden konnten, dem Fließen der Partikel eine andere Richtung geben.

Das ist wie in der Quantenmechanik (die eine neue Logik eröffnen würde): Die Wirklichkeit ist die Überlagerung aller Möglichkeiten. Die Realität entsteht durch Messung, durch Hinschauen, und wird dadurch festgestellt. Durch eine andere Art des Experiments, des Hinschauens können wir eine andere Möglichkeit realisieren, feststellen. In einer Psychotherapie geschieht nichts Anderes: Die Vergangenheit ist die Überlagerung aller Möglichkeiten, die aber nicht alle realisiert wurden. Vieles davon ist unbewusst geblieben. Durch eine andere Art des Hinschauens auf die Vergangenheit wird eine andere Möglichkeit realisiert und damit die Vergangenheit „verändert". Auch wenn das Wasser dasselbe ist, kann man die Strömung nachträglich verändern. Das Wasser, das Fließen der Zeit ist ein anderes geworden. Der Erlebende ebenfalls.

Was also ist ...?

„Was also ist Zeit? Wenn mich niemand danach fragt, weiß ich es; will ich es einem Fragenden erklären, weiß ich es nicht." So ein berühmtes Zitat von Augustinus aus seinen „Bekenntnissen" (Augustinus, Confessiones, XI. Buch, 14).

Aber seien wir ehrlich: Geht es uns wirklich nur mit dem Begriff Zeit so? Ist es nicht eher so, dass wir von allem und jedem eine gewisse Vorstellung haben, also wissen, wovon wir reden – aber die Frage, was genau wir damit meinen, uns für gewöhnlich überfordert? Dann spüren wir sofort die Diskrepanz zwischen einer logischen Definition und dem Wort, das wir (nicht gedankenlos, aber unscharf, und daher lebendig) verwendet haben. Wer einigermaßen philosophisch und logisch geschult ist, kann das Gesagte „präzisieren", eine exaktere Definition nachliefern. Meist entstehen erst dadurch Diskussionen. Wir wissen dann etwas genauer, was der andere meint, meinen selbst aber nicht mehr dasselbe, sondern nur noch das gleiche, somit etwas anderes, das wir der Definition des anderen gegenüberstellen.

Was bedeutet das?

Nehmen wir an, die beiden reden in ihren unscharfen Worten und Bildern weiter. Sie verstehen einander (ohne genauer definieren zu müssen). Was sie vom anderen wahrnehmen, sind Bilder, die sie mit Eigenem anreichern. Das heißt, sie haben gar nicht dieselben, sondern nur die gleichen Vorstellungen, und doch verstehen sie einander. Das entspricht jedoch dem Leben und der Natur. Definierte Begriffe drücken etwas Allgemeines aus. In der Natur und im Leben gibt es nichts Allgemeines, sondern nur Konkretes und Individuelles. Das geht im Begriff verloren, nicht aber im Symbol, das Allgemeines und Konkretes, Objektives und Subjektives verbindet. Je exakter wir die Begriffe definieren, desto abstrakter werden sie, das heißt sie entfernen sich damit von dem, was gesagt werden sollte. Je klarer wir uns ausdrücken, desto weniger werden wir verstanden.

Nehmen wir wieder an, einer der beiden gibt sich damit nicht zufrieden und will es genau wissen. Fragt also: Was meinst du mit diesem Begriff genau? Der andere geht darauf ein, versucht konkreter zu werden, genauer zu definieren – und schon ist ein Streitgespräch im Gange. Sie verstehen einander nicht mehr, eben weil sie sich einer konkreteren und exakteren, aber auch abstrakteren Sprache bedienen. Je klarer wir etwas ausdrücken, desto mehr geht von der Bedeutung verloren. Aus der Zusammenschau (Symbol) ist eine Auseinandersetzung (durch Definitionen, Grenzsetzungen) geworden.

Das ist so absurd wie der Teilchen-Welle-Dualismus, und auch ein analoges Problem. Wenn wir unscharfe Wörter und Bilder verwenden, entspricht das einem Bedeutungsfeld, in dem alles enthalten ist, wenn auch nicht alles so ganz deutlich. Es stört gar nicht, wenn für den einen dieser Aspekt deutlicher ist und für den anderen ein anderer Aspekt. Sie „wissen", dass sie vom selben reden, und sie verstehen einander. Versuchen sie dagegen, exakt logisch zu definieren, dann müssen sie die Bedeutung der Wörter eingrenzen, die Begriffe werden schärfer, aber jeder arbeitet mit seinem eigenen konkreten Begriff (Teilchensicht), der sich nicht mehr deckt mit dem Begriff des anderen. Beim Definieren wird ja nicht nur eingegrenzt, sondern auch ausgegrenzt, das heißt, es wird etwas klarer, aber es geht immer auch etwas verloren. Hören wir einen Ton ohne seine Obertöne, empfinden wir das nicht mehr als harmonisch.

Mit anderen Worten haben wir hier so etwas wie eine dialogische Unschärferelation: Je exakter wir etwas definieren, desto abstrakter wird der Dialog, der damit zur Auseinandersetzung werden kann. Wir verlassen damit die intuitive, ganzheitliche Wellensicht der Bedeutungs-Felder, und begeben uns in eine Teilchensicht, in der Fragmente abgesteckt werden und aufeinanderprallen. Es werden Fragmente scharfgestellt, wobei das Ganze unscharf wird oder völlig aus dem Blick gerät. Genau das passiert zum Beispiel auch in der Spezialisierung, überdeutlich im Gesundheitssystem. Wer mit Brustschmerzen in eine kardiologische Abteilung eingeliefert wird, ist bestens versorgt, wenn er wirklich ein Herzproblem hat. Sind es andere Probleme, dann ist die Chance, eine falsche Diagnose zu bekommen und falsch behandelt zu werden, relativ hoch. Wenn man ins Detail geht, dann geht das Ganze verloren. Das ist der ewige Streit zwischen Schulmedizinern und Komplementärmedizinern, die behaupten, den ganzen Menschen im Blick zu haben. Inwieweit das stimmt, wäre zu hinterfragen. Es ist aber naheliegend, dass sie näher am (ganzen) Menschen sind, während Schulmediziner von der legendären Niere in Zimmer drei reden, und nicht von einem leidenden Patienten.

Ähnlich war es mit Platon und seinem Schüler Aristoteles. Platon ging vom Menschen aus, sodass er nie eine „objektive Welt" dachte, sondern das für ihn immer nur die Umwelt des Menschen war. Sein Schüler Aristoteles warf ihm vor, sich nur mit dem Menschen und nicht mit der Welt zu beschäftigen. Er selbst ordnete systematisch „die „Welt" und wurde damit zum Begründer der Naturwissenschaft. Es wird damit deutlich, dass das zwei verschiedene Sichtweisen sind. Die Natur kann ich ordnen, indem ich vom Ich abstrahiere, es sogar ausblenden kann oder muss. Es geht damit aber nicht nur der Blick auf das Ganze, sondern auch das Individuelle, Einmalige verloren.

In letzter Konsequenz führt diese Entwicklung in die Entfremdung vom Ich. Das Subjektive wird zum Privaten, nicht Fassbaren, zur Fantasie. Da aber der Mensch kein abstraktes Subjekt ist, etablierte sich eine Wissenschaft der inneren Welt, die (Tiefen)Psychologie – die natürlich von den exakten Wissenschaftlern als unwissenschaftlich abgetan wurde, weil sie sich aus ihrer Sicht mit dem Subjektiven befasst, das die Naturwissenschaft ausschließen muss. Es gibt aber auch eine objektive Innenwelt, wie sich andererseits die

Außenwelt selbst in der Physik als subjektiv bedingt herausstellte. Es gibt keine vom Beobachter unabhängige Außenwelt – das ist eine entscheidende Erkenntnis der Quantenphysik. Es gibt kein von der Umwelt isoliertes Ich – das ist eine entscheidende Erkenntnis der Tiefenpsychologie.

Die Sicht des Aristoteles führt mäanderartig durch die europäische Geschichte und mündet im 17. Jahrhundert in der Initiation der Naturwissenschaft. Das Ordnen wird zum Messen (Galilei), das Prüfen wird zum Experiment, der formale Rahmen ist die Mathematik (Newton), und es kann dabei nur um die res extensa (Descartes), die materielle Welt gehen, auf die sich die Naturwissenschaft fortan methodisch beschränkt. Alles Subjektive, Individuelle, Konkrete, Kreative, eben Menschliche wird dabei ausgeschlossen. Begriffe sind möglichst so exakt wie der mathematische Ausdruck – tendieren damit aber zu Formalität und Inhaltsleere.

Im 20. Jahrhundert ist die Physik nur noch ein Oszillieren zwischen Mathematik und Experiment. Aber Natur lässt sich nicht so einfach begrenzen, die Verengung erweitert sich überraschend wieder. Was in den mathematischen Formulierungen und in den Experimenten Anfang des 20. Jahrhunderts herauskommt, beschreiben die Beteiligten so, als ob ihnen der Boden unter den Füßen weggezogen würde. Die Frage stand im Raum, ob die Natur wirklich so absurd sei, wie sie sich in den Experimenten zeigte. Und die Mathematik, so hieb- und stichfest sie auch ist, entzieht sich der Interpretation. Je exakter die Formeln, desto unverständlicher die Bedeutung. Doch damit ergibt sich die Notwendigkeit, die mathematischen Formeln zu interpretieren. Und der Interpretationen gibt es immer mehrere. Es gibt nicht mehr die eine richtige Interpretation.

Hatte man bisher die exakte Naturwissenschaft von der Geistes- oder Kulturwissenschaft getrennt, weil es in ersterer um exakt definierte Begriffe und „Fakten", in letzterer um Sinn, Bedeutung und Interpretation ging, so hatte man jetzt die Situation, dass auch die (Natur)Wissenschaft nur in Gleichnissen redet (Hans-Peter Dürr), dass die exakten Formeln interpretiert werden müssen und nicht mehr ganz klar ist, worauf sich die Formeln beziehen. Man arbeitet mit Ausdrücken (Wellenfunktion, Operatoren), die sich nicht mehr direkt auf physikalische Phänomene beziehen. Damit lebt die uralte philosophische Frage, wie sich Denken und Sein, Erkennen und Erkanntes aufeinander beziehen, in der Physik wieder auf.

Das Teilchen- und Wellenbild der Welt und des Menschen

Das Fächerspektrum an den Universitäten ist die Auffächerung einer einzigen Frage, nämlich der Frage nach dem Menschen. Darin haben wir die Unterscheidung zwischen Natur- und Geisteswissenschaften, und das entspricht dem Teilchen- und Wellenbild der Quantenmechanik. Von dieser können wir lernen, dass es sich dabei nicht um Verschiedenes, sondern um verschiedene Sichtweisen handelt. Einerseits geht es um Teilchen/Materie, andererseits um Wellen/Felder/Beziehung, in beiden Fällen abhängig nur davon, wie man hinschaut.

Daher können wir auch von einem Teilchenbild des Menschen (Materie, Anatomie, bis hin zur Hirnforschung) und einem Wellenbild (Soziologie, Psychologie, Philosophie) ausgehen. Wobei eine exakte Abgrenzung (die einem Teilchenbild entsprechen würde) nicht möglich ist. Was wir Psychologie nennen, ist sozusagen das Wellenbild der Welt. Wobei uns das im Denken dominierende Teilchenbild immer einen Streich spielt. Wir reden vom Ich, als wäre es ein isoliertes „Teilchen". Wir reden vom Sehen, als ginge es um den Kontakt und die Wechselwirkung von Teilchen (Subjekt, Objekt), und nicht um den Prozess der Wahrnehmung. Durch dieses Teilchenbild des Menschen, dem sogar die Psychologie nicht ganz entkommt, geht das Prozesshafte, Dynamische, sogar die Zeit verloren.

Um im Bild zu bleiben: Das Ich ist keine Insel, sondern eher ein Strudel, der durch Bewegungen aus der Tiefe gebildet wird. Das Sehen ist kein Aufeinandertreffen von Subjekt und Objekt (Teilchensicht), sondern Veränderung, Dynamik, Prozess in einem Wahrnehmungsfeld. Das starre Ich und die „gegebene" objektive Welt sind Abstraktionen, das Sehen verändert das Ich, genauso wie es die Welt verändert. Das „Objekt" wird durch das Sehen ein anderes, und zwar für jeden anders. Nicht das „Etwas" ist das Interessante, sondern die Beziehung. Genauso beschreibt Hans-Peter Dürr die Quantenwelt: als reine Beziehung, aber nicht Beziehung von etwas.

Der Psychologe kann das Doppelspaltexperiment quasi archetypisch sehen (und trotzdem die Physik Physik sein lassen), analog von einem Teilchen- und einem Wellenbild der Welt und des Menschen sprechen. Er wird sich so wie der Physiker fragen, was das Quantenphänomen selbst bedeutet, das beides (Teilchen- und Wellenbild) oder besser nichts von beidem, weil etwas ganz anderes ist.

Er wird feststellen, dass erst durch die Messung das Phänomen als Teilchen festgestellt wird. In der Psychologie drängt sich dabei das Unbewusste auf, das ebenfalls so etwas wie eine Superposition oder Überlagerung aller Möglichkeiten ist, das auch nicht direkt zugänglich ist und das durch Bewusstmachen nicht nur erhellt, sondern auch verändert wird. So wie in der Physik durch Messen aus der Überlagerung des Möglichen die eine Situation realisiert wird, so wird aus dem Pool des Potenziellen, des Unbewussten, etwas Unanschauliches zu einer bewussten Vorstellung.

Die Quantenphysik kann damit auch ein Licht auf unsere Lebenswelt werfen. Nicht indem wir die Psychologie und unsere Lebenswelt physikalisch (als Quanten-Irgendwas) sehen, sondern indem wir das damit notwendige Denken auch auf andere Gebiete anwenden. Dabei tritt zutage, dass wir uns nicht nur einer Weiterentwicklung des Denkens unter Berücksichtigung der Physik des 20. Jahrhunderts, sondern auch der Psychologie des letzten Jahrhunderts entzogen haben.

Die Quantenphysik hat letztlich das (naturalistische, mechanistische) Teilchenbild der Welt, das quasi nur die halbe Wirklichkeit darstellt, als unzureichend entlarvt. Erstaunlich ist, dass das bisher keinen Einfluss auf unsere Lebenswelt hat, in der das Teilchenbild nach wie vor dominiert, sich bestenfalls mit dem Wellenbild (Psychologie, Komplementärmedizin usw.) duelliert, aber völlig ausblendet, wie diese Weltbilder entstehen. Die Hirnforschung setzt Mensch/Bewusstsein mit Hirn/Neuronen gleich, so als wäre die Welt um 1900 stehengeblieben. Wir betrachten uns selbst noch immer als isolierte Teilchen/Ichs, die unabhängig von der Außenwelt existieren könnten.

Dabei könnte die historische Betrachtung helfen. Früher galt eher das Wellenbild, das Eingebunden- und nicht Abgegrenzt-Sein des Menschen in die und von der Natur. Mit dem Erwachen des Individuums schlug das um in ein Teilchenbild des Menschen, ganz nach dem Vorbild des Teilchenbilds der Welt. Wobei es gleichzeitig zu einer Begriffseinengung kommen musste, denn „In-dividuum" ist ja das Unteilbare, das Äquivalent des materiellen Atoms (a-tomos ist auch das Unteilbare) in der Lebenswelt. Wie in der Physik wurde das Individuum/Atom zum kleinsten „Baustein" degradiert, obwohl es das Ganze in individueller Perspektive (Leibniz) ist. Und wie in der Physik stimmt diese Verengung mit der Wirklichkeit nicht überein.

Übersetzen wir dieses Faktum ins Psychologische: Sofern wir uns selbst messend wahrnehmen, werden wir zum Teilchen. Wo wir nicht messen, da sind wir eher Welle und Beziehung und interferieren mit uns selbst, mit anderen und mit der gesamten Umgebung. Was aber dahintersteht, ist eine Art Überlagerung aller „Möglichkeiten" (màthematisch: Wahrscheinlichkeitsfunktion). Das heißt analog, nicht nur Ich, Gegenstände und Fakten, sondern auch Träume, Phantasien, Wünsche, Vorstellungen, Wahrgenommenes und nicht Wahrgenommenes, unsere gesamte gelebte und nicht gelebte Biografie, all das ist Wirklichkeit und steht hinter jeder einzelnen gegenwärtigen („gemessenen" und „festgestellten") Vorstellung, jedem Ereignis und jeglichem „Sehen". All das bestimmt das, was wir sehen, weil dadurch alles Nicht-Wahrgenommene in der Superposition des Unbewussten durch das Hinschauen zum konkret Wahrgenommenen „kollabiert".

Die Einheit von Welt und Mensch

Der Physiker und Nobelpreisträger Erwin Schrödinger sagte einmal nachdenklich, dass „*zur Welt doch so viel mehr gehört als Teilchen in Raum und Zeit!*"[124] Das Teilchenbild der Welt ist die Illusion einer „objektiven" Welt, in der wir uns selbst nicht mehr vorfinden. Was wir „objektiv" sehen, ist der größte gemeinsame Nenner der „Welt", das, was allen Menschen gemeinsam ist, worüber wir uns relativ einfach verständigen können – und das ist die Materie in Raum und Zeit, die materielle Außenwelt. Alles andere, auch IN dieser objektiven Welt, ist subjektiv, d.h. psychisch, und individuell gefärbt.

Wenn mehrere Menschen ein Haus sehen, dann sehen sie alle die Fassade, das Dach, die Rauchfänge, Fenster und Türen. Das sehen alle, und das nennen wir objektiv. Doch gibt es dieses „Objektive" letztlich nicht, denn jeder verbindet z.b. mit dem Begriff oder besser dem Bild oder Symbol „Haus" oder „Tür" etwas anderes. Da schwingt bewusst und unbewusst so vieles mit, das ein Begriff nicht oder nur unbewusst einschließt, sodass ein abstrakt „objektives"

---

[124] Zit. in: Herbert Pietschmann: Erwin Schrödinger und die Zukunft der Naturwissenschaften, S. 20

Bild gar nicht möglich ist. Das „Objektive" sind nur die Referenzdaten, auf die wir uns beziehen, um sicher zu sein, dass wir uns auf das Gleiche beziehen. Jedoch ist das, was wir auf diese gemeinsame Referenz beziehen, nicht dasselbe. So reden wir immer über das gleiche, aber nie über dasselbe. Es geht um das Symbol Haus, das durchaus objektiv beschrieben werden kann, aber konkret verbindet jeder individuell damit etwas anderes in seiner Vorstellung eines Hauses.

Dabei reden wir in Begriffen (die sich auf die Referenz-Rohdaten beziehen), und denken in Bildern (die unsere gesamte Erfahrung, Bewusstes und Unbewusstes verdichten). Die Welt in Begriffen zu beschreiben heißt, sie objektiv und bewusst zu beschreiben – und das heißt, das Unbewusste und die symbolische Beschreibung zu verdrängen. Die Welt in Bildern zu beschreiben heißt, sie zu deuten wie einen Traum oder wie Märchen und Sagen. Nicht nur Traumbilder, sondern auch die Wahrnehmungsbilder unserer Lebenswelt sind Symbole, die gedeutet werden können. Das bemerken wir an unserer Alltagssprache, die nicht bloß begrifflich, sondern weitgehend „psychosomatisch" ist. Da nehmen wir uns etwas zu Herzen, es ist uns etwas über die Leber gelaufen, etwas liegt uns im Magen usw. Die Alltagssprache ist damit eine andere als die wissenschaftliche Sprache. Schon von daher wird klar, dass die Welt der Wissenschaft und unsere Lebenswelt nicht identisch sind.

In der Alltagssprache mischen sich Begriffe und Symbole. Wir sind aber durch die Anlehnung an die Naturwissenschaft konditioniert auf ein Teilchenbild der Welt, auf eine „objektive Realität", die so abstrakt eigentlich nicht existiert. Es wäre längst überfällig, auch das Wellenbild der Wirklichkeit wieder einzubeziehen. Dabei geht es nicht um Teilchen und Objekte, sondern um (psychische) Energie, um Bedeutung, Beziehung und Felder. So wie es keine (abstrakten) Objekte gibt, so gibt es auch kein isoliertes (abstraktes) Ich, das diesen Objekten gegenübersteht. Es gibt eine Außenwelt, die subjektiv gefärbt ist, und eine Innenwelt, die objektiv ist, weil sie sich nicht auf das bewusste Ich beschränkt, sondern sich auch auf eine allen Menschen gemeinsame Struktur bezieht. Das „Selbst" ist die bewusst-unbewusste Ganzheit und Einheit, in seiner Wechselwirkung zur Um- und Mitwelt. Zudem mündet nach C.G. Jung das persönliche Unbewusste in ein kollektives Unbewusstes, das allen Menschen gemeinsam ist.

So gibt es nicht nur ein subjektiv Reales in der „Außenwelt", sondern auch ein objektiv Psychisches in der Innenwelt. Dies ermöglicht methodisch, die Unterscheidung zwischen außen und innen, Subjekt und Objekt, bildlich-symbolisch gesprochen zwischen Diesseits und Jenseits, Materie und Geist aufrechtzuerhalten, aber ihre Trennung zurückzunehmen. Das Leib-Seele- oder Materie-Geist-Problem ist als Dualismus nicht zu lösen. Es braucht ein Drittes, nämlich die Beziehung. Aber die haben wir vernachlässigt und unsere Subjekt-Objekt-Sprache unterschlägt dieses Dritte. Der aristotelische Satz vom ausgeschlossenen Dritten steht wie ein gestrenger Türsteher vor der Tatsache, dass es da kein abstraktes Entweder-Oder gibt.

In der Teilchenphysik braucht es die Wechselwirkung zwischen zwei Teilchen, die wieder als „Teilchen" (Gluonen) dargestellt werden kann. Da jedoch das Teilchenbild einseitig ist und Elementarteilchen auch als Wellen aufgefasst werden können, geht es in dieser Mikrowelt (nach Hans-Peter Dürr) um Beziehung, nicht Beziehung von etwas (also Teilchen), sondern nur um Beziehung. Beziehung aber hat keinen Teilchencharakter, sondern ist feldartig.

So geht es auch in der menschlichen Wahrnehmung nicht um Subjekt und Objekt (Teilchenbild), sondern um das Sehen, das beides in einem „Feld" umfasst. Anthropologisch müssen wir auch nicht mehr von Körper und Geist (oder Seele) reden, wir sind nicht Wesen, die eine Seele „haben", sondern die Seele sind. Alles was wir über den Menschen und seine Aktivitäten aussagen können, sind psychische Aussagen. Auch die sogenannten „objektiven" Fakten sind zunächst nichts als psychische Wahrnehmungen.

Wissenschaft ist nicht Beschreibung der Wirklichkeit, Naturwissenschaft ist nicht Beschreibung der (objektiven) Natur, sondern Beschreibung unseres Sehens der Natur oder der Welt. Die Welt ist das allen Menschen Gemeinsame, ein „objektives" Referenzsystem, das zwar objektiv existiert, aber in dieser Objektivität gar nicht Gegenstand der (immer schon subjektiven) Erfahrung ist.

RELIGION

Psychologie und Religion

Die allermeisten Diskussionen von und mit Religiösen und Atheisten kranken an einem Missverstehen dessen, was der Mensch ist, und zwar von beiden Seiten. Da religiöse Schriften in einer dem heutigen Denken fremden (Symbol-)Sprache geschrieben sind, ist eine Diskussion im Verständnis der heutigen (Begriffs-)Sprache nicht zielführend. Den Schlüssel zu diesen Texten hätten wir zwar seit etwa hundert Jahren in der Tiefenpsychologie wiederentdeckt, doch die wird seit ebenfalls hundert Jahren verdrängt und verleugnet.

Wir finden uns heute als fragmentiertes Ich in einer fragmentierten Welt. Soweit die pathologische Grundsituation. Trotzdem sind wir (unbewusst) verbunden und angewiesen auf etwas, das dieses Ich übersteigt, auf eine größere Ganzheit, die C.G. Jung als „Selbst" bezeichnet hat und die als unser Eigenes ein Nicht-Ich ist. Diese das Ich überragende und umfassende Ganzheit ist in sich Beziehung, eine Ich-Selbst-Beziehung, die eine ständige bewusst/unbewusste Spannung darstellt. Diese Beziehung ist, weil zum Teil unbewusst, a-rational und paradox.

Der Mensch steht aber immer in Beziehung zu diesem ihm Unbekannten und Übergreifenden. In religiöser Sprache ist der Mensch Endliches, bezogen auf Unendliches. In psychologischer Sprache C.G. Jungs ist der Archetypus des Selbst nicht von den Gottesbildern zu unterscheiden. Der Archetypus ist schlichtweg unbewusst, und Gott ist das schlichtweg Unnennbare.

Ein weiteres Paradox ist die unbewusste (und irrationale) Grundlage des Menschen einerseits und die notwendige (rationale) Bewusstwerdung andererseits. Im Mythos lebten die Menschen in ihrer Ganzheit, aber dunkel und unbewusst. Heute leben wir in unserem mehr oder weniger klaren und rationalen Ich-Bewusstsein, aber als Fragmente, abgeschnitten von der umfassenden Ganzheit. Beides ist einseitig und vorläufig. Was wir brauchen, wäre klare rationale Bewusstheit, aber bezogen auf unsere paradoxe, irrationale Ganzheit der Ich-Selbst-Beziehung. Das war das Lebenswerk C.G. Jungs, das genau wie die Quantenphysik noch nicht von einem allgemeinen Weltbild registriert wurde.

Die „moderne" Persönlichkeit ist immer bedroht, zu einer Maske zu erstarren (persona = die Maske im griechischen Theater). Lebendig macht nur die Beziehung zum Unsichtbaren, Unnennbaren, Ganzen – so wie der nicht sichtbare Schauspieler hinter der Maske die Figur erst lebendig macht. Die heutige Verleugnung dessen, was das Ich (die persona) in der Persönlichkeit übersteigt und worauf das Ich bezogen bleibt, führt zur Fragmentierung und Erstarrung des Menschen. Der „moderne" Mensch lebt beinahe nur noch seine „Maske" (persona), einen fragmentarischen Ausschnitt seiner menschlichen Ganzheit. Dieses verengte Dasein führt zur Isolation und Vereinsamung, Angst (das Wort kommt von Enge) und Depression (in der das Verleugnete und Verdrängte unbewusst erdrückend wird).

In der Außenwelt versuchen wir verzweifelt, auch die Welt zu fragmentieren, suchen in den Naturwissenschaften nach den „kleinsten Bausteinen der Welt" und stellen fest, dass es so etwas gar nicht gibt, sondern sich in der Mikrowelt hinter den Hilfsvorstellungen von Teilchen und Welle wieder etwas nicht vorstellbares Ganzes verbirgt. Indem wir weiterhin von „Teilchen" reden, die sich leider quantenmechanisch verhalten, versuchen wir, unsere naive Bausteinchenwelt irgendwie zu retten. In der Gesellschaft führt diese fragmentierende Ich-Isolierung zur Entwurzelung und Unsicherheit, die anfällig macht für Manipulation und Massenphänomene, wie wir sie derzeit nur allzu deutlich erleben.

Die Therapie unserer Zeit wäre die Öffnung des fragmentierten und isolierten Ich hin zu einer das Ich übergreifenden und umfassenden Grundlage in einer paradoxen (weil bewusst-unbewussten) Ich-Selbst-Beziehung. Eine Dynamik und Entwicklung, die Jung als Individuation bezeichnet hat. Ein schwieriges Unterfangen, schon wegen unserer natürlichen Angst vor dem Irrationalen und Numinosen. Denn wie jede wesentliche Entwicklung Gegensätzliches enthält und braucht, so steht hinter der notwendigen Entwicklung zur Bewusstwerdung gleichzeitig die Angst vor dem unkontrollierbaren Übergreifenden. Solange der Mensch seine Doppelnatur nicht akzeptiert (Endliches, bezogen auf Unendliches), ist die Angst größer als die zu erreichende Geborgenheit, um die es eigentlich geht. Es braucht die Rückverbindung (religio) des fragmentierten Ich in die eigene ich-überlegene Tiefe. Dazu sind einige Stufen notwendig: ein Aufweichen der erstarrten Persona, die Bewusstwerdung des Schattens, der eigenen verdrängten Negativ-Anteile der Psyche, was immer auch zu ethischen Dilemmata, zur Erfahrung von Konflikt und Leiden führt. Dazu kommt die Auseinandersetzung mit dem gegengeschlechtlichen Anteil im Menschen (Anima/Animus), entweder mit einer Partnerin, einem Partner oder innerpsychisch. Ziel dieses Individuationsprozesses ist die verlorengegangene Ich-Selbst-Einheit, die Übereinstimmung des Menschen mit seiner authentischen Persönlichkeitsganzheit. Psychologisch gesehen sind die Symbole des Selbst von den Gottesbildern oder -vorstellungen nicht zu unterscheiden. Das zeigt, dass Spiritualität in der heutigen Zeit nur über die Psychologie und nicht über einen Glauben „an etwas" zu erreichen ist.

Auch in den Religionen geht es – und das in der Sprache der Symbole – vor allem um den Menschen und seine Entwicklung. Hier überschreiten wir die Grenze zur Theologie. Aber auch hier bleibt das Paradoxe erhalten. Im tiefsten Seelengrund finden wir das, was wir gewöhnlich Gott nennen (Ignatius von Loyola), aber: „Einen Gott, den es gibt, gibt es nicht!" (Dietrich Bonhoeffer). Das Aramäische konnte diese Paradoxie noch ausdrücken: Das Wort für „Vater" (als menschliche Vorstellung) war identisch mit dem Wort für „Ursprung", dem unanschaulichen Urgrund allen Seins.

Gegensätze und Komplementäres

Im gegenwärtig (be)herrschenden fragmentierenden Denken stellt sich immer wieder die Frage nach dem Ganzen – und da wieder nach einem abstrakten und einem lebendigen Ganzen. Davor aber steht immer die Frage, wie man mit Gegensätzen umgeht.

Dies ist die Welt der Dualität, sagen (nicht nur) Esoteriker. Die gilt es zu überwinden, was für viele in einer Weltflucht (buchstäblich) endet. Andernorts tobt ein Kampf zwischen Materialisten, Naturalisten, Wissenschaftsgläubigen und Religiösen, Spirituellen. An der Oberfläche ist es meist eine Auseinandersetzung zwischen wissenschaftlichen und religiösen Fundamentalisten. Wir leben in einer Zeit der Polarisation, nicht nur zwischen Arm und Reich, sondern auch zwischen Weltbildern. In dem Fall ist es die Auseinandersetzung zwischen fundamentalistischen Religiösen und ebenso fundamentalistischen Atheisten – sehr gut zu beobachten in den sozialen Medien.

Dieser Streit hat verschiedene Dimensionen, nicht nur intellektuelle. Psychologisch steht dahinter ein Schwarz-Weiß-Denken, das zur Projektion neigt. Man vertritt selbst das Gute, die Anderen, Fremden immer das Böse. Das tritt aktuell in der Flüchtlingskrise wie eine Krankheit zutage. Dieses Denken neigt zu Extrempositionen, aus denen alle Grauwerte, alles zwischen den Gegensätzen, verschwinden. Doch das Leben spielt sich in den seltensten Fällen in den Extremen ab, sondern fast immer in den Grauwerten dazwischen.

Wenden wir uns diesen Grauwerten und Zwischentönen zu, dann sind wir in der Psychologie. Und die Psychotherapie hat es auch mit den pathologischen Extremen des Menschlichen zu tun, mit Neurotisierungen, Traumatisierungen und inneren Konflikten. Während das „wissenschaftliche" Denken die Zeit in Standbilder zerlegt und analysiert, wodurch die Zeit selbst verloren geht, beschäftigt sich die Psychologie mit der Dynamik und eben dieser Zeit in der Entwicklung des Menschen und seiner Konflikte. Ein/e Psychotherapeut/in arbeitet daher weniger mit Begriffen als mit Mustern, Tendenzen, Überwältigendem. Weniger mit Fakten, sondern mit Symbolen und Deutungen, die nicht „richtig" sind, sondern stimmig sein müssen. Und zwar in erster Linie für den Klienten und nicht für den Therapeuten.

Damit sind wir bei einer anderen Dimension, der des Religiösen. Religion ist nicht Wissenschaft, da haben die naiven Atheisten um Richard Dawkins Recht. Sie muss daher auch nicht aus logischen Gründen von zwei Gegensätzen einen eliminieren, wie das die aristotelische Logik verlangt. Es geht in der Bibel nicht wissenschaftlich, sondern menschlich zu. Auffällig ist, dass es in der Bibel von

Anfang an um Gegensätze und Konflikte geht – wie im richtigen Leben. Kain und Abel, Jakob und Esau, Ägypten und das Gelobte Land. Oder um den verlorenen und den gebliebenen Sohn im Gleichnis vom barmherzigen Vater. Es geht um menschliche Dimensionen und Konflikte. Außerdem geht es um Zeit und Entwicklung. Das Alte Testament wurde in einem Zeitraum von etwa 1000 Jahren geschrieben, und vieles, was immer als Widersprüche angeprangert wird, ergibt sich schon daraus. Das „Auge um Auge" war in einer Zeit, in der bei einem Mord der ganze Stamm des Mörders hingemetzelt wurde, ein ungeheurer Fortschritt. Die zehn Gebote kommen zweimal vor, in der ersten Version sind Frauen noch unter Hausrat und Tieren vermerkt, in der zweiten Version bereits als Personen. Man könnte zu Recht sagen, es geht in der Bibel nicht um Gott, sondern um den Menschen und seine Entwicklung.

Wer religiöse Bücher so liest, wie sie zu lesen sind, nämlich als sich selbst betreffend, wird zugestehen, dass sowohl Abel als auch Kain in ihm sind. Dass Ägypten, das Gelobte Land und die Wüste dazwischen die Zerbrochenheit des eigenen menschlichen Lebens darstellen. Und bei genauerem Hinsehen wird man feststellen, dass religiöse Schriften mehr Psychologie enthalten als psychologische Fachbücher. Was naive Religionskritiker genauso wie religiöse Fanatiker natürlich ignorieren, weil sie beide auch die Psychologie ablehnen und verdrängen. Doch die Psyche ist das, was wir sind, was uns unmittelbar zugänglich ist, alles andere – auch und vor allem das Objektive – ist uns nur indirekt zugänglich.

Menschsein heißt, mit Gegensätzlichem umgehen zu müssen. Menschsein heißt, im Namen der Gerechtigkeit oder der Religion Kriege zu führen – und damit sich selbst und die Religion zu verleugnen. Menschsein heißt, die über alles geliebte Person zu verletzen, ohne es zu wollen. Menschsein heißt, sich zu entscheiden, das eine zu tun oder das andere – und in beiden Fällen möglicherweise jemanden zutiefst zu verletzen. Menschsein heißt auch, dass es vor Gericht um Recht, aber nicht um Gerechtigkeit gehen kann. Menschsein heißt, die eigene Endlichkeit und Begrenztheit anzunehmen, ohne die Ausrichtung auf das Unendliche zu verlieren.

In religiöser Sprache geht es dabei um das Irdische und das Göttliche. Beides ist letztlich in uns. Während wir diskutieren, kritisieren, spotten über das Religiöse, übersehen wir, dass es um etwas ganz anderes geht. Jesus ist, nach Lehre der Kirche, „wahrer Gott und wahrer Mensch". Er ist ganz „beim Vater" (was im Aramäischen auch „Ursprung" bedeutet) und ganz Mensch, in all seiner Endlichkeit und Gebrochenheit. Und er nennt die Menschen Freunde, sogar Brüder und Schwestern, was heißt, ihm „gleich" zu sein. Heißt, auch unser Menschsein geht weit über das bloße Menschsein hinaus, umfasst in aller Endlichkeit und Gebrochenheit doch immer Endliches und Unendliches. Dies zusammenzubringen, ohne das äußerste Gegensätzliche zu negieren, ist Aufgabe der Psychotherapie und in tieferer Dimension des Religiösen.

Psychotherapie will Widerstreitendes komplementär vereinen, was heißt, alles Menschliche anzunehmen, die menschlichen Abgründe nicht zu negieren, sondern zu integrieren. Religion zeigt nicht, was das Unendliche oder Gott ist – es ist nicht möglich, sich ein Bild davon zu machen –, sondern was Menschsein bedeutet. Von der Geburt eines geistigen Funkens im Stall der menschlichen Abgründe über das Annehmen des Leidens an den Widersprüchen bis zur Auferstehung von den Toten (dem Unbewussten), dem Bewusstwerden des Unbewussten, wodurch auch das Unterste „gehoben" und integriert wird. Dazwischen liegen viele „Wunder" der Verwandlungen (der Persönlichkeit), geistig Blinde (Unbewusste) sehend und Taube (in sich Verschlossene) hörend und „Lahme" (geistig Unbewegliche) wieder beweglich, entwicklungsfähig zu machen. Aussätzige (aus der Gesellschaft Ausgeschlossene) wieder zu integrieren, Besessene (multiple Persönlichkeiten) zu heilen, oder Tote (Unbewusste, „Lasst die Toten ihre Toten begraben") zum bewussteren Leben zu erwecken.

Religiosität oder Spiritualität heißt in diesem Sinn nicht, sich besser zu fühlen als die anderen (wie die Pharisäer und viele heutige „Wissenden" in Kirche und Esoterik), oder sich von der Welt abzuwenden, sondern sich der Welt und den Menschen zuzuwenden, offen für das Unendliche zu sein und jedes Ausgrenzen hinter sich zu lassen.

Vom Ego zu Gott, zum Atman, zum Nirvana

In den üblichen Denk-Schablonen ist das Christentum monotheistisch, der Hinduismus mit seinen über 300 Millionen „Göttern" ist polytheistisch und der Buddhismus ist keine Religion oder eine Religion ohne Gott. Das ist genauso anschaulich wie grundfalsch. Der Buddhismus ist eine rein pragmatische Religion mit einem gehörigen Schuss Psychologie. Es geht um das Loslassen des Ich, des Ego, um das Lösen der Anhaftung an die Welt, und auf diesem Weg wird unterwegs auch das bloß rationale Denken transzendiert. Es wird damit sinnlos, über das zu sprechen, was „danach" kommt. Begriffe kreisen wie die Welt der Objekte immer um ein Etwas. Das, worum es wirklich geht, ist kein Etwas, nichts Dingliches, eigentlich Nichts (Nicht-Etwas). Alles, was sich sagen lässt, ist, dass das Ego (nicht das Selbstgewahrsein) dann längst verloschen und transzendiert ist. Deswegen spricht der Buddhismus vom Nirvana, was nicht Nichts, sondern Verlöschen bedeutet. Der Buddha hat sich geweigert, über dieses Nicht-etwas zu reden, weil jedes Reden darüber sinnlos ist.

In der angeblich polytheistischen Religion des Hinduismus fassen z.b. die Upanischaden zusammen, dass es ein einziges Prinzip gibt, das in und hinter allem steht. In der Welt der Vielfalt ist nicht nur alles mit allem verbunden, alles ist Einheit. In der Terminologie der Upanischaden ist diese Einheit Brahman, das zugleich immanent und transzendent ist. Es ist die Welt und zugleich jenseits der Welt. Es kann daher auch keine Eigenschaften haben, nichts, was wir benennen könnten, nicht dies, nicht das (neti – neti). Für Europäer verwirrend ist nur, dass dieses Eine verschiedene Namen haben kann, weil es eben verschiedene individuelle Zugänge gibt.

Thomas von Aquin würde ergänzen: „ ... und das ist es, das alle Gott nennen". Gott ist ein genauso offener Begriff wie Brahman oder Nirvana. Es gibt im Christentum die viel zu wenig beachtete negative Theologie, die auch nichts anderes aussagt, als dass man von Gott nichts aussagen kann. Denn das, was wir nicht wissen, übersteigt unendlich alles, was wir je wissen können. Auch der christliche Gott ist immanent (in der Schöpfung) und transzendent („jenseits" und unendlich viel mehr). Aber auch der Mensch ist unendlich viel mehr als Mensch. Gott ist der Seelengrund (Meister Eckehart) im Innersten jedes Menschen. „Gott ist mir innerlicher, *als ich es mir selbst bin"* (Augustinus). Dieses Innerste im Menschen ist das, was wir das Göttliche nennen.

Oder: Atman ist Brahman. *„Nicht ich lebe, sondern Christus lebt in mir"* (Paulus). Das Ego verlischt, der Tropfen geht im Meer auf. Übrigens ein Bild, das meist missverstanden wird. Der Tropfen „verschwindet" nicht, löst sich nicht auf. Aber es ist sinnlos, vom Meer ohne Tropfen oder von den Tropfen ohne Meer zu sprechen. Das Entscheidende ist: Der Tropfen ist nicht mehr isoliert wie in der Welt. Es gibt keine Begrenzung mehr. Das ist gemeint, wenn die Rede ist von Gott, vom Brahman, vom Nirvana, vom Nichts als Nicht-etwas. Die grenzenlose, raum- und zeitlose Wirklichkeit, die hinter allem, auch hinter den alltäglichen Dingen und Beziehungen steht.

Eines ist es, an den Begriffen zu hängen, dann ist Gott nicht Allah, nicht Brahman, nicht Nirvana, nicht Nichts, nicht Nicht-etwas. Das andere ist, eine Erfahrung oder zumindest eine Ahnung zu haben von der hinter allem stehenden Wirklichkeit, dann meinen alle diese Begriffe dasselbe, und dann werden alle Begriffe nebensächlich.

Warum es Gott nicht gibt

Wenn sich gläubige Fundamentalisten und Neoatheisten über die Frage streiten, ob es Gott gibt, dann diskutieren sie vielleicht über Religion, aber nicht über Religiosität. Die Frage, ob es Gott gibt, hat mit Religiosität nichts zu tun.

„Es gibt mit an Sicherheit grenzender Wahrscheinlichkeit keinen Gott!" So ähnlich plakatierte es Richard Dawkins. Wobei man aufgrund dieser Äußerung nicht annehmen würde, dass er Wissenschaftler ist. Ein Wissenschaftler muss unter anderem differenzieren können. Religion zählt zu den vielfältigsten Erscheinungen des Planeten. Da von DER Religion zu sprechen, ist bestenfalls unwissenschaftlich.

Es gibt den Monotheismus, da ist Gott das Ganze und noch mehr. Es gibt den Polytheismus, da geht es (auch) um das (eine) Absolute und dessen vielfältige Erscheinungen und Eigenschaften. Es gibt die griechisch-römische Götterwelt, eine erstaunlich moderne mythologische Psychologie. Es gibt den Schamanismus, da geht es um inner- und außerpsychische Kräfte. Und jede Religion beherbergt das ganze Spektrum vom Primitiven über das Intellektuelle bis zum Mystischen. Damit ist die Frage, ob es Gott gibt, eine Scheinfrage, weil nicht präzisiert wird, was damit gemeint ist. Was es gibt, sind verschiedene Zugänge.

Außer man stellt sich auf den Standpunkt des Naturalismus und behauptet, dass es außerhalb dessen, was Naturwissenschaft erforschen kann, nichts gibt. Das wäre aber eine an Dummheit grenzende Aussage, ganz ähnlich der, dass es außerhalb der Kirche kein Heil gibt. Denn wie immer man Naturwissenschaft definiert, als Methode, das für alle Menschen in gleicher Weise Gültige zu beschreiben, als Untersuchung von Materie in Raum und Zeit, als Beschreibung der Welt (in der der Mensch nicht vorkommt), immer geht es um einen Bereich, der begrenzt wird, um ihn genau untersuchen zu können. Es ist damit in der Definition von Naturwissenschaft bereits enthalten, dass es sehr wohl etwas außerhalb gibt: Geschichte, Literatur, Kunst, Politik, Staaten, Träume, Gedanken, oder kurz: den Menschen.

Markus Gabriel unterscheidet zwei Formen der Religion: Die erste Form wäre der Fetischismus, die Vorstellung, dass „Etwas" hinter allem steht. Fetischismus ist die Projektion von übernatürlichen Kräften auf einen Gegenstand, den man selbst gemacht hat, um die eigene Identität in ein rationales Ganzes zu integrieren. Das gilt für manche Religionen genauso wie für die Wissenschaft. Ob man dieses Ganze „Gott" oder „big bang" nennt, ist nebensächlich. Daher ist für Gabriel das wissenschaftliche Weltbild nur eine Religion unter anderen.

Es gibt aber noch eine andere Form von Religion, von der Friedrich Schleiermacher spricht: Darin geht es um das Unendliche und das Verhältnis des Menschen zu diesem. Während es in der Naturwissenschaft um die Welt geht (unter Ausschluss des Menschen und alles dessen, was Naturwissenschaft nicht untersuchen kann), geht es in der Religion um den Menschen und sein Verhältnis zu einem nicht verfügbaren und unfassbaren Unendlichen. Gott ist eine Chiffre für das Ganze. Das Ganze ist alles, was es gibt, nur das Ganze selbst kann im Ganzen nicht vorkommen, sonst wäre es nicht das Ganze. In dem Sinne, wie es alles gibt, gibt es das Ganze daher nicht (Markus Gabriel: „Warum es die Welt nicht gibt"[125]).

---

[125] Markus Gabriel: „Warum es die Welt nicht gibt", Ullstein Verlag, 8. Aufl. 2013

Genau das sagt aber bereits die negative Theologie, z.B. Meister Eckehart, wenn er vom Nichts spricht. Oder das Nirvana des Buddhismus, das kein logisches Nichts, sondern ein Nicht-etwas ist. Oder Dietrich Bonhoeffer: „Einen Gott, den es gibt, gibt es nicht." Die Religionen selbst sind also mitunter weit vernünftiger als ihre eindimensionalen Kritiker. Auch heißt es: Du sollst dir kein Bild machen! Eine Abkehr vom Fetischismus. Gott ist nur die Idee, dass das Ganze sinnvoll ist, auch wenn es unsere Fassungskraft übersteigt.

Im Verhältnis zum Unendlichen gibt es nach Schleiermacher auch nicht eine einzige wahre Religion, sondern unendlich viele Zugänge. Und genauso antwortete Kardinal Joseph Ratzinger auf die Frage, wie viele Wege zu Gott es gäbe? Seine Antwort: „So viele, wie es Menschen gibt."[126]

Religionskritiker haben ja völlig recht: Das, was sie attackieren (das religiöse Weltbild als Fetisch), ist auch von religiöser Seite zu kritisieren, hat aber auch wenig mit Religion im eigentlichen Sinne zu tun. Religion ist nicht der Glaube an einen Gott, an ein Etwas, sondern Religion ist eine Form der Sinnsuche, ist der Weg über ein nicht verfügbares Ganzes zu sich selbst. Der Mensch kann sich als geistiges Wesen zu sich selbst als einem anderen verhalten. Umgekehrt verhält er sich zu anderen wie zu sich selbst. („Liebe deinen Nächsten wie dich selbst.") Daher kann er sich am besten in Beziehungen selbst erkennen. Der Mensch ist ein Beziehungswesen. Damit beginnt Religion und damit beginnt Bewusstsein.

Kierkegaard definiert „Gott" als die Tatsache, „dass alles möglich ist". Er ist die Distanz zu uns selbst, in der wir den Boden unter den Füßen verlieren und zu verstehen beginnen, dass uns alle Möglichkeiten offenstehen. Menschen können sich nicht nur zu sich selbst verhalten, sondern sich auch ändern. Der Mensch ist vor allem radikale Offenheit.

Wissenschaft und Religion kommen einander gar nicht in die Quere. In der Naturwissenschaft geht es um die Welt ohne den Menschen, in der Religion geht es um die Welt der Menschen. Wobei es interessant ist, dass es zumindest in der modernen Physik nicht (mehr) um die Natur geht, sondern um unser Sehen der Natur. Und dieses Sehen verändert das Gesehene. Auch aus der Naturwissen-

---

[126] Joseph Ratzinger/Benedikt XVI.: Salz der Erde. Ein Gespräch mit Peter Seewald. S. 35

schaft lässt sich der Mensch nicht auf Dauer verdrängen. Aber das ist ein eigenes, spannendes Thema.

Religion bezieht sich auf den menschlichen Geist, der nicht in sich abgeschlossen, definierbar, sondern auf ein Unverfügbares hin offen ist. Gott ist kein „Etwas" in der Welt, auch nicht jenseits der Welt, d.h. so wie es in diesem Sinne die Welt oder das Ganze nicht gibt, so gibt es auch Gott nicht (Bonhoeffer). Jede Vorstellung von Gott ist bereits Aberglauben und Fetischismus. Religion schlichtweg als Aberglauben abzutun, ist deshalb kindisch. Markus Gabriel, der sich selbst nicht als gläubigen Menschen bezeichnet, kann trotzdem sagen: *„Ohne die Religion wäre es niemals zur Metaphysik, ohne die Metaphysik niemals zur Wissenschaft und ohne die Wissenschaft niemals zu den Erkenntnissen gekommen, die wir heute formulieren können."*[127] Solange sich Religionskritik geschichtsvergessen in defiziente und pathologische Formen von Religion verbeißt, kann man sie jedenfalls getrost ignorieren. Oder eben willkommen heißen, weil sie diese pathologischen Formen von Religion zu eliminieren hilft.

Über die Psychologie der Religion

Die Krux unserer Zeit ist nicht der Säkularismus, sondern das Verleugnen oder Verdrängen der Psyche, ein psychologischer Analphabetismus, der auch zur religiösen Unmusikalität führen muss, weil der Weg zur Religion über die Psyche und über die Tiefenpsychologie führt.

Es ist immer wieder hochinteressant, wenn z.B. auf Facebook gläubige Christen mit ebenso gläubigen Atheisten diskutieren. Meist sind dann die Fundamentalisten unter sich, das Niveau ist zwar ähnlich, kommt aber an das Thema, das man diskutieren will, gar nicht heran. *„Natürlich gibt es Gott, er hat ja die Welt geschaffen."* – *„Das ist ein Märchen aus alten Zeiten, man kann Gott nicht beweisen, also gibt es ihn auch nicht."* Damit wäre das Thema auch schon vollständig umrissen, das da Stoff für endlose Streitgespräche liefert. Eigentlich könnte man es damit auch vergessen, denn das Niveau ist meist unter jeder Kritik, und mit Religion hat das ohnehin nichts zu tun.

---

[127] Markus Gabriel: Warum es die Welt nicht gibt, S. 212

1. Religion lässt sich nicht auf die Frage reduzieren, ob es Gott gibt oder nicht, noch weniger darauf, ob man ihn beweisen kann oder nicht. *„Einen Gott, den es gibt, gibt es nicht!"*, sagte schon Dietrich Bonhoeffer. Er wäre ja sonst ein Ding unter anderen, und damit wäre er wirklich zu beweisen. Könnte man ihn aber beweisen, dann gäbe es ihn nicht! Da es nun nicht mal die Welt (als Ganzes) „gibt" (Markus Gabriel), „gibt" es auch Gott in dem Sinne nicht. Und Gott sei Dank kann man ihn nicht beweisen, denn dann wäre das ganze Reden von Gott unsinnig. In religiöser Sprache heißt das *„Du sollst dir kein Bild machen!"*. Das heißt, jede Vorstellung von Gott ist irgendwie schon falsch. In atheistischer Sprache heißt das: Das Ganze kommt in der Welt nicht vor, es wäre aber unsinnig, es zu leugnen. Ob man es nun das Ganze, das Absolute oder Gott nennt, ist da nebensächlich. Und das *„Man kann ihn nicht beweisen, also gibt es ihn nicht"* ist so ein Stammtischsatz im pseudowissenschaftlichen Gewand. Beweisen kann man nur Sätze der Mathematik, sonst ist nichts in der Welt beweisbar, nicht mal die Naturgesetze. Die sind verlässlich, aber nicht beweisbar (Herbert Pietschmann). Wenn also Atheisten sich naturwissenschaftlich geben wollen, dann dürften sie das Wort „Beweis" in dem Zusammenhang gar nicht in den Mund nehmen.[128] Nach Karl Popper können Naturgesetze (logisch: All-Sätze) niemals empirisch bestätigt werden, sie müssen aber an der Erfahrung scheitern können (Falsifizierbarkeit).

2. Wer nur das, was Naturwissenschaft erforschen und beschreiben kann, als „Realität" anerkennt, verdrängt die Wirklichkeit. „Real" ist die dingliche, objektive Welt. Wirklich ist alles das, was wirkt. Wer sich hier ausschließlich an die Physik klammert, hat nicht begriffen, dass eben die Quantenphysik gezeigt hat, dass es eine bloß „objektive Realität" gar nicht gibt. Die (physikalische) Welt ist immer so, wie wir hinschauen.
Natürlich wird den Religiösen immer die Aufklärung um die Ohren gehauen. Das ist aber eher ein Schuss, der nach hinten losgeht. Erstens ist das ein völlig naives Argument, denn es gibt

---

[128] „Eine Theorie kann zwar nicht – im Sinne der Logik – bewiesen werden, sie gilt aber umso besser bestätigt, je unwahrscheinlicher (im Sinne von ‚unglaublicher') ihre Vorhersagen waren, die experimentell eingetroffen sind." Herbert Pietschmann: Phänomenologie der Naturwissenschaft, S. 133

nichts in der Welt, das nur positiv oder nur negativ wäre. So hat auch die Aufklärung zum Segen der Menschheit mit vielem Unsinn aufgeräumt, aber andererseits das Weltbild auf Schrebergartenniveau reduziert. Es zählt nur noch das Objektive, Gegenständliche, Reale! Und was ist mit all dem anderen? Ludwig Wittgenstein unterschied zwischen Wissenschaft und Lebensproblemen (Tractatus 6.52). Wer sich nur an die Naturwissenschaft hält, die sich mit Materie in Raum und Zeit befasst (ohne sagen zu können, was Materie ist; und sie tut das auch nicht), hat damit alles Menschliche ausgeschlossen! Die Frage „*Was ist der Mensch?*" versucht nämlich das gesamte universitäre Fächerspektrum – von der Physik über die Biologie und Psychologie bis zur Philosophie und Theologie – gemeinsam zu beantworten. Am allerwenigsten aber kann diese umfassende Frage die Naturwissenschaft beantworten.

3. Wir sind nicht vom mythologischen ins Zeitalter der Aufklärung gekommen (die steht uns eigentlich noch bevor!), sondern vom Zeitalter der Mythologie ins Zeitalter der Verdrängung. Unser Weltbild ist ungefähr um 1900 steckengeblieben. Dann kamen zwei Großereignisse, nämlich die Quantenmechanik und die Tiefenpsychologie. Aber Erstere ist (für das klassische Denken) so unverständlich, dass sie nie in ein allgemeines Weltbild eingegangen ist, und zu Letzterer sagte Erwin Ringel, dass wir so leben, als wäre das Unbewusste nie entdeckt worden. Über weite Strecken ist das heute noch so.

Wir leben daher nicht nur in einem säkularen Zeitalter, das die Religion verdrängt hat, sondern auch in einem pseudo-naturwissenschaftlichen Zeitalter, das die Psychologie verdrängt. Das Peinliche daran: Die Psyche ist ja nicht etwas, das wir haben, sondern das wir SIND. Wir verdrängen damit unser Menschsein (siehe Wittgenstein). Wir glauben damit an „Tatsachen", nicht daran, dass alle Tatsachen interpretiert werden (müssen) und immer schon interpretiert sind. Selbst die Quantentheorie ist zwar die meistbestätigte Theorie der Physik, sie muss aber interpretiert werden, und über die Deutung der Quantentheorie sind sich die Physiker auch nach 100 Jahren noch nicht einig. Außerdem: „*Auch die Wissenschaft spricht nur in Gleichnissen*" (Hans-Peter Dürr). Wer auf Fakten insistiert, verdrängt, dass es bloße Fakten nicht gibt.

4. Die Inkompatibilität der (fundamentalistischen) Atheisten und Religiösen liegt daran, dass das „Bindeglied" fehlt oder von beiden Seiten verdrängt wird, nämlich die Psychologie. Beide lesen die Bibel, als wären das „Fakten" (die es, wohlgemerkt, nicht mal in der Physik gibt). Mit anderen Worten: Beide Seiten lesen die Bibel wörtlich. Dazu sagt die Bibel selbst: *„Der Buchstabe tötet, nur der Geist macht lebendig!"* Es geht nicht um Begriffe (die Begriffssprache ist eine neuzeitliche Erfindung), damals gab es nur eine Bilder- bzw. Symbolsprache. Während Begriffe ganz klar die (dingliche) Oberfläche von Phänomenen ausdrücken, sprechen Symbole dunkel von der Ganzheit eines Phänomens auf allen Ebenen. Diese Symbole können daher historisch, psychologisch, philosophisch oder theologisch ausgelegt werden, und sie werden auf allen Ebenen stimmig sein. Und die Frage *„Wie war es wirklich?"* ist eine neuzeitliche Frage, die sich davor nie gestellt hat. Diese Frage ist eine Präzisierung, aber auch Einengung.

Wer wirklich religiös ist, liest die Bibel als seine eigene Geschichte. Er ist der Lahme, der nicht weiterkommt, der Blinde, der nicht sehen kann, der Taube, der nicht hört, er lässt sich heilen und ist in allen Episoden selbst involviert. Die Bibel ist ihm Geschichte des Menschseins mit allen Gräueln, die dieses Menschsein auch auszeichnen. Das ist nicht „brutal", sondern realistisch. Und es gibt in der Bibel eine menschliche Evolution, lange bevor Darwin diesen Begriff geprägt hat. Vom Ausrotten des ganzen Stammes, wenn einer daraus einen Mord beging, über das „maßvollere" Auge um Auge bis zum „Liebe deinen Nächsten und sogar deine Feinde". Religion wäre ohne Evolution und Entwicklung gar nicht denkbar.

5. Abgesehen davon, wie religiöse Texte zu lesen sind, nämlich in der Bilder- und Symbolsprache, in der sie damals geschrieben wurden, gibt es noch etwas anderes, das zu differenzieren wäre: Es geht gar nicht vordergründig um die Frage, ob es Gott gibt oder nicht gibt, sondern darum, dass wir sozusagen Psyche SIND und das Göttliche unbestreitbar psychische Wirklichkeit ist. In diesem Sinne kann man gar nicht leugnen, dass es Gott (als psychische Wirklichkeit) gibt.

„Der Gottesbegriff ist nämlich eine schlechthin notwendige psychologische Funktion irrationaler Natur, die mit der Frage nach der Existenz Gottes überhaupt nichts zu tun hat. Denn diese letz-

*tere Frage kann der menschliche Intellekt niemals beantworten;
noch weniger kann es irgendeinen Gottesbeweis geben.* Überdies
*ist ein solcher auch überflüssig; denn die Idee eines übermächtigen, göttlichen Wesens ist überall vorhanden, wenn nicht
bewusst, so doch unbewusst, denn sie ist ein Archetypus. Irgendetwas in unserer Seele ist von superiorer Gewalt ... Ich halte es
darum für weiser, die Idee Gottes bewusst anzuerkennen; denn
sonst wird einfach irgendetwas anderes zum Gott, in der Regel
etwas sehr Unzulängliches und Dummes, was ein 'aufgeklärtes'
Bewusstsein so etwa aushecken mag.*"[129]

Damit ist auch klar, was der Schatten der Aufklärung oder eines
pseudo-naturwissenschaftlichen Weltbildes ist: Der Mensch ist
nicht nur bewusste Rationalität, sondern auch und viel mehr irrationales Unbewusstes. Wer nur auf dem Rationalen insistiert, verdrängt das Irrationale, das ins Unbewusste sinkt und dort wirkt, bis
es an irgendeiner Stelle wieder vehement hervorbricht.[130]

6. Damit sind wir bei der Ambivalenz, der Zwiespältigkeit oder
Gebrochenheit des menschlichen Seins. Leben heißt immer
Gegensatz. (Politische) Utopien sind einseitige „Vergöttlichungen" von Idealen, inklusive Verdrängen des (dämonischen)
Gegenpols. Der lässt sich verdrängen, aber nicht auf lange Sicht.
Einseitige idealistische Weltbilder haben sich daher immer als
gefährlich erwiesen. Die Französische Revolution ist das „beste"
Beispiel dafür.

*„So schön und vollkommen der Mensch seine Vernunft finden
darf, so gewiss darf er auch sein, dass sie immerhin nur eine der
möglichen geistigen Funktionen ist und sich nur mit einer ihr
entsprechenden Seite der Weltphänomene deckt. Auf allen Seiten
aber liegt drum herum das Irrationale, das mit Vernunft nicht
Übereinstimmende. Und dieses Irrationale ist ebenfalls eine psychologische Funktion, eben das kollektive Unbewusste, während
die Vernunft wesentlich an das Bewusstsein gebunden ist.*"[131]

---

[129] C.G. Jung, „Über die Psychologie des Unbewussten", S. 128 f.

[130] Das Problem hat auch Wolfgang Pauli beschrieben: „Nach meiner Ansicht ist es
nur ein schmaler Weg der Wahrheit, der zwischen der Scylla eines blauen Dunstes
der Mystik und der Charybdis eines sterilen Rationalismus hindurchführt. Dieser
Weg wird immer voller Fallen sein und man kann nach beiden Seiten abstürzen." In:
Herbert Pietschmann: Geschichten zur Teilchenphysik, S. 24

[131] C.G. Jung, ebda. S. 129 f.

Keine Aufklärung kann verhindern – nur verdrängen –, dass das Irrationale auch im Menschen ist. Und da es über den individuellen Menschen hinausgeht, ist es schon deshalb nicht in den Griff zu bekommen. Dabei darf man auch die regulierende Funktion der Gegensätze nicht vergessen, die schon Heraklit erwähnt hat, der sagte, dass alles einmal in sein Gegenteil hineinlaufe. Jung zitiert diese Enantiodromia des Heraklit und weist darauf hin, dass sich dieses Prinzip schon mehrmals in der Geschichte als wahr erwiesen hat: *„So läuft die rationale Kultureinstellung notwendigerweise in ihr Gegenteil, nämlich in die irrationale Kulturverwüstung."*[132] Jung hat diesen Satz während des Ersten Weltkriegs geschrieben. 1925 ergänzte er diesen Satz in einer Fußnote: *„Ich habe ihn in seiner ursprünglichen Form stehen lassen; denn er enthält eine Wahrheit, die sich noch mehr als einmal im Verlauf der Geschichte bestätigen wird."* 1942 fügte er noch hinzu: *„Wie die gegenwärtigen Ereignisse zeigen, hat die Bestätigung nicht allzu lange auf sich warten lassen. Wer will eigentlich diese blinde Zerstörung? .... Aber alle helfen dem Dämon mit letzter Hingabe. O sancta simplicitas!"*

Es kann gefährlich sein, sich nur mit der Vernunft zu identifizieren, der Mensch ist nicht bloß vernünftig und wird es niemals sein, betont Jung. *„Das Irrationale soll und kann nicht ausgerottet werden. Die Götter können und dürfen nicht sterben."*[133] Eher können und müssen wir es integrieren und auch noch unterscheiden zwischen individueller und kollektiver Psyche. Was wir heute nur an der Religion (vermittelt durch die Psychologie, ohne die Religion nicht zu verstehen ist) lernen können, ist das Auseinandergerissensein in die Gegensatzpaare, das schon Heraklit angesprochen hat. Wer das Göttliche (in seiner Psyche) verdrängt, läuft Gefahr, dass es als Dämon irgendwo wieder zutage tritt. Genau das passierte in der Aufklärung: Die einseitige Vergöttlichung von Idealvorstellungen rief den Gegensatz auf den Plan, und die Aufklärung klang aus in den Grausamkeiten der Französischen Revolution. Was von den Aufklärungsgläubigen wiederum verdrängt werden muss.

Ebenso ergeht es aber den Religiösen: Wenn sie sich an einen einseitig verklärten „Wahrheitsbesitz" halten, dann wird der

---

[132] C.G. Jung, ebda. S. 130
[133] C.G. Jung, ebda. S. 131

eigene Schatten immer mächtiger. Das äußert sich in Ausgrenzung und Verteufelung am rechten Rand der Religionen: Die anderen sind alle Lügner, sind an allem schuld, wurden oft tatsächlich ausgerottet (Albigenser, Inquisition – obwohl da das Weltliche mindestens ebenso am Werk war) in einer „Moral", die über Leichen geht. Die Islamophobie geht heute wieder genau in diese Richtung.

7. Fundamentalistische Atheisten verleugnen durch ihre Vergöttlichung der Ratio alles Menschliche, das auf innerer Gegensätzlichkeit, Konflikt und Entzweiung (mit sich selbst) beruht. Ihre Welt ist immer nur die halbe Welt.

Auf dem Weg zu einem Menschenbild

Warum ist es so schwierig, vom naturalistischen, materialistischen Teilchenbild der Welt (und einer fiktiven „objektiven" Welt) wegzukommen, obwohl wir seit 100 Jahren „wissen", dass dieses Teilchenbild sogar nur die halbe Welt der Materie erklären kann?

Eine Antwort könnte sein, dass uns dieses Teilchenbild seit Beginn der Naturwissenschaft dermaßen in Fleisch und Blut übergegangen ist, dass es uns schwerfällt, zum Wellenbild (das nicht Dinge, sondern Felder und Beziehung sieht) zu wechseln. Dies auch deswegen, weil wir uns sogar noch die Wellen als teilchenartig vorstellen. Es wäre zu unterscheiden zwischen einer Welle im klassischen Sinne, z.B. Luftschwingungen oder Wellenbewegung im Wasser, also immer Schwingung eines Mediums, und dem Wellenartigen eines Quantenphänomens, bei dem es gar kein Medium, sondern nur Beziehung gibt.

Es ist natürlich schwierig, Beziehung zu denken, ohne Beziehung von Dingen zu assoziieren. Dann landen wir nämlich schon wieder im Teilchenbild. Beziehung ist aber dieses (unendliche nicht-lokale) Feld, und das hat nichts mit Teilchen zu tun. In der Welt der Quanten gibt es nur Beziehung, aber nicht Beziehung von etwas, sondern nur Beziehung (Hans-Peter Dürr). Dafür haben wir eigentlich keine Anschauung (mehr).

Und auch wenn das eigentlich Menschliche nach Wittgenstein außerhalb aller Fragen der (Natur-)Wissenschaft liegt, betrachten wir auch uns selbst durch die verengte Brille des naturalistischen Teilchenbilds. Wir nehmen uns selbst als isoliertes Teilchen (Ich) wahr, das allem Objektiven gegenübersteht. Im Extremfall ist es ein abstraktes Subjekt, das ebenso abstrakte Objekte „wahrnimmt". Dass es dazwischen so etwas wie eine (psychische) Innenwelt gibt, wird dabei unterschlagen. Diese ist nämlich (in der Sprache der Physik) akausal und nicht-lokal und entzieht sich damit dem gewohnten Teilchenbild, erschließt sich nur einem Wellenbild, das nicht Dinge, sondern Beziehungen in den Blick nimmt. Letztlich nehmen wir aber alles nur durch diese Innenwelt wahr, die damit von einer Außenwelt gar nicht zu trennen ist.

Diese Blindheit für die Innenwelt führt zur Verdinglichung von Beziehung, die damit zu einem „Austausch" (von Geschenken, Gedanken und Gefühlen) wird, wo es doch in erster Linie um ein nicht-lokales „Dazwischen" geht, das keinem Ding, sondern einem Feld gleicht, das sich zwischen zwei Personen verdichten kann. Zu dem man nichts dinglich tun kann, sondern das da (oder bewusst) ist oder nicht. Vielleicht wird damit auch deutlich, dass ein Dialog nicht im Sagen, im Austausch von Gedanken (Teilchenbild) besteht, sondern im Verstehen, das nicht an Begriffen und Gedanken hängen bleibt, sondern ein Feld des Verständnisses (Resonanz, Wellenbild) eröffnet.

Beziehung lässt sich nicht an Fakten aufhängen. Wer begründen kann, warum er liebt, liebt nicht. Und wer glaubt, den anderen jetzt endlich zu kennen, liebt nicht mehr.

Es braucht für einen Dialog neben den Zweien ein Drittes, das quasi „nicht von dieser (dinglichen) Welt" ist, sondern ein Feld, das in der Beziehung alles „zusammenhält" und allem erst eine Bedeutung gibt. In diesem Sinne ist dieses Feld die Grundlage allen Seins. Voraussetzung ist die Offenheit für das, was über das Dingliche hinausgeht und ins Nicht-Lokale, Numinose und Unendliche hineinreicht.

Es braucht dazu aber auch ein anderes Verständnis unserer selbst. Der Mensch reift zum Ich, mit dem er sich gegen die „Welt" behaupten lernt, und auf dem Weg dahin kann vieles schiefgehen. Dieses Ich ist wie die Spitze eines Eisbergs, dessen „größerer Teil" unterhalb des Bewusstseins liegt. In Jung'scher Sprache führt der Weg vom bewussten Ich zum unbewussten (und nicht-lokalen) Selbst als Zentrum und Umfang der Psyche und als Symbol des

Ganzen. Dieses Selbst, das Ich (auch) bin, reicht über alles Rationale hinaus. Weshalb Jung sagt, dass der Archetypus des Selbst nicht von den Gottesbildern zu unterscheiden ist.

Es ist dieses „tat twam asi" (das bist du) der Inder. Atman (in etwa das innerste Selbst) und Brahman (das Göttliche) sind eins. Meister Eckehart spricht vom „Seelengrund". Im tiefsten Grund der Seele finden wir das, was wir Gott nennen (Thomas von Aquin). Wir sind uns selbst das Nächste und Fernste zugleich. Das Göttliche ist immer das ganz Andere, Unnennbare. Und doch ist Gott mir innerlicher, als ich mir selber bin (Augustinus).

Könnte man sagen, dass auch Gott uns braucht, um sich seiner bewusst zu werden? In dem Sinne, dass er sich in seiner Schöpfung bewusst wird, ja. Jedenfalls ist Schöpfung ohne Evolution gar nicht zu denken. Allerdings ist auch das kein Entweder-Oder. Gott (das Ganze und Mehr) „braucht" nichts, und er „braucht" den Menschen, um sich in seiner Schöpfung bewusst zu werden. Und doch geht es dabei um den Menschen. Religiöse Schriften reden nicht von Gott, sondern vom Menschen und seinen Gottesvorstellungen. Wie stellt der Mensch sich das Ganze vor? Das ist die Geschichte des Menschen mit Gott. Im Alten Testament stellt Gott sich nicht vor. Er sagt bloß „Ich bin da". Der Mensch ist es, der an diesem Dasein Gottes, an seinen eigenen Gottesvorstellungen wachsen muss. Das kann er nur, wenn er sich Gott nicht vor-stellt, wenn er sich kein Bild macht, denn jedes Bild wäre ein goldenes Kalb – Gott in menschliche Form gepresst. Damit wird etwas Dynamisches statisch (festgestellt) und kann nicht mehr werden, sich nicht mehr entwickeln.

„Gott ist Mensch geworden, damit der Mensch göttlich werden kann." (Das Zitat stammt von einem der Kirchenväter.) Wenn das Unendliche sich im Endlichen bewusst wird, dann wird Gott sich im Menschen bewusst und der Mensch wird sich seiner Göttlichkeit im Innersten bewusst. Hebräisch: Der Mensch kann das Unterste und das Oberste wieder zusammenfügen, verbinden (religio). Dasselbe steckt im Wort Yoga (Joch, verbinden). Jesus hat dies in seiner Existenz getan und „verkörpert", war „Menschensohn". Er hat vorgemacht, „wie Menschsein geht"[134].

Jesus ist „wahrer Gott und wahrer Mensch". Und auch der Mensch muss sich seiner Doppelnatur bewusst werden, er ist Endli-

[134] Matthias Beck: Leben – Wie geht das? Die Bedeutung der spirituellen Dimension an den Wendepunkten des Lebens

ches, bezogen auf Unendliches. Nicht dinglich, nicht äußerlich – ein nach außen projizierter Gott provoziert nur Aberglauben –, sondern innerlich, in reiner Beziehung. Daher ist der Mensch immer „mehr als Mensch" (David Steindl-Rast), weil immer auf Unendliches bezogen, immer offen für das Unnennbare. Auch wenn er immer weniger als Mensch ist (Claudia Castigliego[135]), weil im Endlichen diese Beziehung nie aufgehen kann. Damit sind wir bei dem, was Religionen wirklich sein wollen: Es geht viel mehr um den Menschen als um Gott. *„Aus christlicher Sicht wird das Menschliche erst dann menschlich, wenn es sich selbst übersteigt. Der Mensch übersteigt den Menschen um ein Unendliches (Pascal). Daher darf der Mensch nicht auf der rein menschlichen Ebene stehen bleiben. Zu sagen: das ist doch ganz menschlich, könnte zu wenig sein. Um wirklich menschlich zu werden, muss der Mensch mehr werden, als er ist, er soll – so komisch das klingt – vergöttlicht werden. Er soll sich je neu überschreiten auf das Göttliche hin, um ganz Mensch zu werden."[136]*

Mit einer solchen Auffassung von Religion lösen sich auch die üblichen konstruierten Unterschiede und Gegensätze zwischen den Religionen auf. Es können die Stärken und Schwächen jeder Religion und Kultur registriert werden und sie können damit voneinander lernen, statt sich angstvoll abgrenzen zu müssen. Es mag für viele überraschend sein, dass Joseph Ratzinger/Benedikt XVI. in seinem Gespräch mit Peter Seewald genau dieses Thema angesprochen hat: *„Der Dialog mit den anderen Religionen ist im Gang. Wir sind, glaube ich, alle überzeugt, dass wir z.B. von der Mystik Asiens etwas lernen können, und dass gerade die großen mystischen Traditionen auch Begegnungsmöglichkeiten eröffnen, die in der positiven Theologie nicht so deutlich sind. Insofern hat das Erbe eines Meister Eckhart, der ganzen mittelalterlichen Frauenmystik oder vor allem auch der großen spanischen Mystik heute im Religionsdialog eine wesentliche Bedeutung. Sie liegt darin, dass man einerseits das Gemeinsame des Mystischen (die negative Theologie) in ihrer Bedeutung neu ausmisst – ohne dass das Unterscheidende zwischen buddhistischer und christlicher Mystik dabei ausgeklammert werden kann und werden wird. Dass auch aus Inhalten des Mythos und aus Inhalten der religiösen Philosophie Asiens ganz neue Elemente in*

---

[135] Persönliche Gespräche

[136] Matthias Beck: Glauben – Wie geht das? Wege zur Fülle des Lebens, S. 16

das theologische Denken einströmen können, das zeigt sich jetzt schon – wenn auch die bisherigen Bewältigungsversuche nicht sehr überzeugend sind. Aber da kommen Möglichkeiten auf uns zu, die neue Chancen des theologischen Denkens und der religiösen Lebensgestalt eröffnen.[137]

Wie zu allen Zeiten gibt es einen Austausch der Kulturen. In der Amtskirche sind das leise, aber gewichtige Stimmen. An der Basis ist das ohnehin bereits Alltag, auch wenn das Einfließen asiatischer Strömungen mit der üblichen Verwässerung im Westen verbunden ist. Aber in unsere Thematik übersetzt heißt das, dass Ost und West so komplementär zusammengehören wie Teilchen und Welle, wie Außenwelt und Innenwelt. In der Sprache C.G. Jungs bedeutet das, dass die Eroberung der Außenwelt (der westliche Weg) und die Erforschung der Innenwelt (der östliche Weg) zwar Gegensätze sind, die aber komplementär zusammengehören und beide für ein komplettes Menschsein notwendig sind. Nach Jung entspricht das auch der ersten und zweiten Lebenshälfte. Dass dabei beide Wege ihre Vor- und Nachteile haben, muss nicht unter den Teppich gekehrt werden. Man darf aber feststellen, dass die westliche Wissenschaft mit der Quantentheorie in ihre „zweite Lebenshälfte" eingetreten ist.

Alles ist Beziehung

Ende des 19. Jahrhunderts dachten die Physiker, sie bräuchten jetzt nur noch die kleinsten Bausteine der Welt zu entdecken und könnten damit die ganze Welt, inklusive des menschlichen Gehirns, erklären. In der ersten Hälfte des 20. Jahrhunderts war dann bald klar, dass es so etwas wie materielle „kleinste Bausteine" der Welt gar nicht gibt – zumindest nicht im Sinne des Denkens der klassischen Physik. Was die Welt im subatomaren Bereich zusammenhält, kann man mit „Wahrscheinlichkeitswellen" mathematisch exakt berechnen – aber es geht über das am Mesokosmos sozialisierte menschliche Vorstellungsvermögen weit hinaus. Da geht es nicht mehr um „Realität", sondern um Überlagerungszustände von Potenzialitäten, die durch Messung in die „Realität" kollabieren können. Das hat nichts mehr mit einer dinglichen Wirklichkeit zu tun (der naive Materialismus ist

---

[137] Joseph Ratzinger/Benedikt XVI.: Salz der Erde, S. 280 f.

längst widerlegt), sondern ist, wie Hans-Peter Dürr sagt, reine Beziehung – und zwar nur Beziehung, nicht Beziehung von „etwas". Kein Etwas, kein Ding, kein Objekt, an dem wir unsere Vorstellung festmachen könnten. Und von der Physik zur Metaphysik: Eines der schwierigsten Probleme der christlichen Theologie ist die Trinität – wobei mit der Formel „Ein Gott in drei Personen" so gut wie gar nichts gesagt ist und diese Formel in eine völlig falsche Richtung weist. „Gott" ist eine Leerformel geworden für den unvorstellbaren Ursprung der Welt, des Lebens und des Menschen. „Person" bedeutet im heutigen Sprachgebrauch so ziemlich das Gegenteil dessen, was ursprünglich im Griechischen damit gemeint war: nämlich nicht die konkrete „Person", die wir heute damit assoziieren, sondern das/der/die unsichtbar Dahinterstehende, das/der/die Maske (im Theater), erst zum Leben erweckt. Theologisch ist Trinität nichts anderes als Beziehung, reine Beziehung, nicht Beziehung zwischen jemand oder etwas. Gott ist die Liebe. Liebe jedoch als reines Beziehungsgeschehen.

Und im menschlichen Bereich? Was ist Liebe? Natürlich, Liebe ist Beziehung zwischen zwei Menschen. Aber kann man mit der Beschreibung dieser zwei Menschen, und wenn sie noch so vollständig wäre, das beschreiben, was passiert, wenn sich die zwei verlieben? Wenn man die zwei fragt, warum sie einander lieben, werden sie keine Antwort darauf finden. Und wenn sie eine Erklärung dafür haben, dann ist es nicht (mehr) Liebe. Liebe ist völlige Offenheit für den anderen, hat mit Attraktivität zu tun, aber nicht nur mit der „konkreten" Person. Mit dieser kann man das, was da passiert, gar nicht erklären. Liebe passiert, Liebe kann man nicht machen, Liebe ist oder ist nicht, Liebe ist nicht an den Personen festzumachen, sie ist das „Dazwischen". Sie ist auch da, wenn der/die andere gar nicht darauf reagiert. Liebe ist eine seelische Resonanz. Liebe ist Beziehung, aber nicht Beziehung von jemand, sondern reine Beziehung.

Wer feststellt, warum er liebt und wie der andere ist, kollabiert die Liebe in die Realität und hat ihre unendliche Potenzialität zerstört. Max Frisch hat denn auch gesagt, dass es das Ende der Liebe sei, wenn der Mensch sich ein Bild vom anderen Menschen macht und ihn damit „feststellt". Diese Feststellung ist das Ende der Liebe. Paradoxerweise können wir von einem Menschen, den wir lieben, am wenigsten sagen, wer er ist. Weil es nicht um die „Person" geht, sondern um das weit Mehr des Dazwischen, ein „Feld", das alles enthält und nicht nur den Anderen. Sich ein Bild machen ist nicht nur eine Gefahr im religiösen, sondern auch im menschlichen Bereich, zumindest wenn es um Liebe geht.

Liebe ist Beziehung, reine Beziehung, noch nicht Beziehung von etwas oder jemand. Man „kennt" den anderen vielleicht noch gar nicht, wird ihn nie ganz kennen, es gibt kein „Etwas", oder in diesem Fall keinen „Jemand", sondern nur diese überwältigende innere Resonanz. Die kann aus dieser Potenzialität in die Realität „kollabieren", wenn sie sich an der realen Person „messen" lässt. Wenn nicht, bleibt sie doch wirklich. Liebe ist nicht abhängig von Gegenliebe, ist reine Beziehung, dieser Zustand des Dazwischen, gar nicht abhängig vom anderen Etwas oder Jemand.

Diese Liebe muss gar nicht auf Gegenliebe stoßen. Es betrifft zunächst nur mich, in dem ich sie an und in mir wahrnehme. Es ist schön, jemand zu lieben. Es ist auch schön, überhaupt zu lieben. Nur so wissen wir, dass wir leben. Es geht nicht (nur) um zwei Personen, es geht um das Dazwischen, um eine innere Resonanz, und es geht um das Ganze, um die gesamte Welt. Wer liebt, lebt in einer anderen Welt. Liebe verwandelt: mich, den anderen und die gesamte Welt.

Liebe „macht" man nicht, von Liebe wird man überwältigt. Sie geht immer über alles Bisherige hinaus. Sie zeigt – jenseits aller Theorie –, dass der Mensch weit mehr ist als Mensch (David Steindl-Rast). Wenn ich schon nicht an die Transzendenz der Theologen und Philosophen glaube, die Transzendenz der Liebe ist etwas ganz „Handgreifliches" und Erfahrbares. Sie übersteigt jegliches Vorstellungsvermögen, sie übersteigt das beschränkte Ich, sie löst das heute bestimmende fragmentierende Denken auf (weil sie zu einem Ganzen verbindet), sie eröffnet einen Horizont, der keine Grenze hat, sondern immer wieder Ausgangspunkt für das Jenseits der Grenze ist. Ich, Du, Welt, Gott – alles verschmilzt zu einem einzigen Ganzen – und kann erlebt werden in einem einzigen Menschen.

Ist doch nicht uninteressant, dass man vom Materiellen über das Psychosoziale bis zum Spirituellen die gleiche Grundstruktur findet, sozusagen die Matrix dieser Welt. Ist es da gar so unverständlich, dass die Welt nur in dieser Grundstruktur der Liebe, dieser Beziehungsstruktur wirklich funktionieren kann? Und dass alles, was davon abweicht, zu Krieg und Zerstörung führt?

Glauben und Suchen

Früher haben die Menschen den Glauben von den Eltern, von der Gesellschaft übernommen. Sie brauchten nicht zu suchen. Die Kirche hat diesen Glauben vorgegeben, konnte sich an eine dogmatische Wahrheit halten und den Weg und das Leben vernachlässigen. Und das, obwohl derjenige, auf den sie sich beruft, von sich sagte: *„Ich bin der Weg, die Wahrheit und das Leben."* (Joh. 14,6)

Heute wird der Glauben zunehmend problematisch, die Menschen nehmen nichts mehr von außen an – aber sie suchen. Die dogmatische, von außen aufgezwungene Wahrheit bedeutet ihnen nichts mehr, sie wollen einen Weg, den sie individuell gehen können. Sie sind damit den Kirchen voraus, indem sie den Weg im Leben suchen. Die einen nennen das Glaubensverfall, für die anderen ist es ein Entwicklungsschritt, der den Weg und das Leben einbezieht.

Denn glauben, ohne zu fragen, ist sinnlos. Das Richtige zu tun, weil MAN es tut oder unterlässt (Freuds Über-Ich), ist unmoralisch – selbst wenn es das Richtige ist. Man glaubt etwas zu haben, wird aber nie etwas finden, weil man nicht sucht. Und so kommt man nicht von der Stelle. Es eröffnet sich kein Weg. Die auf ihrer dogmatischen Wahrheit pochenden Kirchen haben keinen Weg anzubieten, verhindern den nur individuell gangbaren Weg, bleiben im Alten stehen und verlieren den Kontakt zum gegenwärtigen Leben.

Viele wenden sich auf der Suche anderen Kulturen, vorwiegend asiatischen zu. Doch wer das nur äußerlich macht, kommt auch nicht vom Fleck. Da ist dann viel vom „Hier und Jetzt", von „der Weg ist das Ziel" und „alles ist eins" die Rede. Aber eben nur die Rede, es wird nichts getan, kein Weg beschritten, es ist keine Erfahrung. Alles wird fest-gestellt. Es ist ja alles schon da. Damit wird ein östlich-dynamisches pragmatisches Weltbild genauso versteinert wie das westliche, das man zu verlassen glaubt.

„Der Weg ist das Ziel." Missverstanden heißt das: Ich brauche gar nicht zu gehen, bin ja schon am Ziel. Gemeint wäre jedoch: Weg und Ziel sind eins – und dahin ist es ein langer Weg. Das berühmte und viel strapazierte „Hier und Jetzt" wird so interpretiert: Man darf sich nicht um Vergangenheit und Zukunft kümmern, sondern muss nur in der Gegenwart leben. Das führt in eine Gedankenlosigkeit statt zum Erleben der Gegenwart, in der Vergangenes und Zukünftiges gegenwärtig sind.

Am schwierigsten wird es beim „neti – neti" (nicht dies – nicht das) oder „alles ist eins". Das wird dann „verstanden" als „es gibt keine Vielfalt", es gibt keine Konflikte, keine Probleme, keine Zerrissenheit dieser endlichen Welt, in der wir leben. Alles ist schon da und alles ist eins. Das ist nicht hehre Philosophie, die im Advaita gemeint ist, sondern Verbleiben in der Illusion. Man muss ja nichts tun, wenn ohnehin alles eins ist. Gemeint wäre, dass alles mit allem zusammenhängt, dass man (und das ist wieder ein langer Weg) die Verbundenheit allen Seins erfahren kann. Daran gemessen ist die bloße „Feststellung" („alles ist eins") eine Leerformel, die absolut nichts bedeutet. Der Weg beginnt (auch im Tantra – der im Westen natürlich wieder missverstanden wird) mit der Liebe zu allem und jedem, was mit einem liebenden Blick auf das Kleinste beginnt und die All-Liebe zum Ziel hat. Die Nähe zum (ursprünglichen) Christentum wird da ziemlich deutlich.

Wer glaubt, mit „philosophischen" Konzepten etwas erreicht zu haben, der täuscht sich gewaltig. Ein Suchender wird sich immer weiterentwickeln, auch wenn er kein Ziel hat, das er nennen könnte. Wer das Ziel definiert, zieht es in den Bereich des Endlichen. Daher spricht Buddha nicht vom Ziel (und sagt nirgends, dass es keines gibt). Er geht damit aber konform mit Meister Eckhart, mit der Mystik aller Kulturen und der negativen Theologie.

Wer einen (spirituellen) Weg geht, wird seine Richtung immer wieder korrigieren. Und wenn er nah dran ist, wird er vielleicht sogar das Ziel umrisshaft sehen können. Wenn nicht, hat er sich jedenfalls ein großes Stück bewegt. Das sind die Menschen, die sich Kultur- und Religionen-übergreifend verstehen. Die Einheit der Religionen liegt nicht an der Basis, wie Hans Küng mit seinem „Projekt Weltethos" meint. Er hat Recht, indem dort die Einheit der Ethik liegt, die allen gemeinsam ist. Aber das ist der kleinste gemeinsame Nenner und das Verdienst Hans Küngs ist es, das voranzutreiben. Doch das größte Gemeinsame liegt nicht an der Basis der Religionen, sondern an der „Spitze". In Zielnähe, in der Mystik, sind sie alle beinahe gleich. Man muss nur noch zugestehen, dass es immer noch individuelle Ausprägungen desselben Prinzips (Jung würde sagen: des Archetypischen) gibt. Aber das ist eben das Lebendige, das immer individuell ist.

Wenn vom Weg die Rede ist, dann ist es gar nicht so wichtig, von Gott zu reden. Der Begriff ist ohnehin dermaßen missbraucht, dass er kaum mehr zu verwenden ist. Er ist auch nur eine Metapher für das Unendliche, Unergründliche, Unaussprechliche. Wenn Fundamentalisten ihren „Gott" von den anderen Göttern abgrenzen wollen – sogar vom Gott der anderen monotheistischen Religionen –, dann haben sie noch gar nicht verstanden, worum es überhaupt geht. Richten wir den Fokus mehr auf den Weg, dann wird der Gottesbegriff nebensächlich. Wir können ja auch das hinter dem Horizont Liegende nicht beschreiben. Und es trotzdem zu versuchen hält nur vom Gehen ab. Warum sich mit einer ohnehin unmöglichen Definition des Ziels aufhalten? Das hindert nur am Gehen. Sehen kann man nur den Horizont, noch dazu undeutlich, und der weicht im Gehen ständig zurück. Oder mit den Worten von Edith Stein: *„Wer die Wahrheit sucht, der sucht Gott, ob es ihm klar ist oder nicht."* Wenn es ihm nicht klar ist, hat er noch den Vorteil, nicht so leicht über menschliche Vorstellungen zu stolpern, die nur Hindernisse auf dem Weg sind.

In diesem Sinne wäre der beinahe wichtigste Satz in der Bibel: *„Ich bin der Weg, die Wahrheit und das Leben"* (Joh. 14.6). Das Wichtigste an diesem Satz (weil meist ignoriert) wäre der Weg, denn der garantiert die Dynamik, die Fortbewegung, die Entwicklung. Über die „Wahrheit" kann man endlos diskutieren, ohne sich von der Stelle zu bewegen. Dieser Stillstand ist es, der die Hüter der Wahrheit unglaubwürdig macht. Jede abstrakte „Wahrheit" geht außerdem am Leben vorbei – und was nicht lebendig ist, ist tot. *„Denn der Buchstabe tötet, der Geist aber macht lebendig"* (2. Kor. 3,6), heißt es in der Bibel, sie wörtlich zu nehmen, geht an ihrem Sinn vorbei – oder *„Lass die Toten ihre Toten begraben"* (Lk 9,60), wobei die Toten nicht die Gestorbenen sind, sondern die Unbewussten, die nur im Äußeren leben. Die Hüter der äußeren „Wahrheit" sind die Pharisäer, sie sind *„wie die Gräber, die außen weiß angestrichen sind und schön aussehen, innen aber sind sie voll Knochen, Schmutz und Verwesung"* (Mt 23,27). Sie kümmern sich um äußere Regeln und nicht um die Lebendigkeit der Psyche, der Innenwelt.

Gehen kann ich nicht theoretisch, sondern nur im konkreten Leben. Alle abgehobenen Wege (die Guru-Szene bietet unzählige davon) führen irgendwann zum Absturz, solider sind die unauffälligen Wege im täglichen Leben. Man muss, um Yoga zu betreiben, nicht in einer Höhle im Himalaya leben. Ein spiritueller Weg ist keine Weltflucht. Ein Christentum, das die Hoffnung auf das Jenseits legt, widerspricht der Bibel, in der es um das Reich Gottes auf

Erden geht. Die wirklich spirituellen Wege sind meist nicht spekta-
kulär, sondern unauffällig, weil es um eine Wahrheit geht, die nur
durch einen Weg im Leben zu erreichen ist.

Wahrheit und Relativität

Zum Streit zwischen den Hütern der Wahrheit und den Verteidigern
des Relativen (beides abwertend in Richtung Gegner gemünzt) wäre
zunächst zu sagen, dass es diesen Streit spätestens seit Parmenides
und Heraklit gibt – wenn auch dort auf höchstem Niveau. Ersterer
betonte das (statische) Sein, Letzterer das (dynamische) Werden, und
bis heute schlug das Pendel in der Geschichte mal in die eine, mal in
die andere Richtung aus. Also nichts Neues unter der Sonne, wenn
heute in der Kirche Konservative und Progressive aufeinanderprallen.
Verzweifelt könnte man anbringen, dass das 2. Vatikanische Konzil
genau diesen Widerspruch überwinden wollte und auch teilweise
überwunden hat, mit der Formel: Zurück zum Ursprung, aber in der
Sprache der heutigen Zeit. Allerdings sind die Gräben nach dem Konzil wieder aufgebrochen, und angesichts des jetzigen Papstes Franzis-
kus ist der Widerstreit zwischen „Reformern" und „Bewahrern" wieder so eklatant, dass manche schon von drohender Spaltung sprechen.
Dabei vergisst man, dass es beiden Seiten um das ursprüngliche Evan-
gelium geht, dass dieses aber verloren geht, wenn es nicht in der Sprache der heutigen Zeit verkündet wird. Ohne Kenntnis der Symbolsprache ist dies aber auch beim besten Willen nicht möglich.

Aus philosophischer und tiefenpsychologischer Sicht ist dieser
Streit absurd. Bewahren kann man nur etwas, wenn man seine Weiterentwicklung nicht blockiert; und eine Reform wird immer näher
zum Ursprung führen müssen. Psychologisch ist es ein Konflikt, der
entweder in die Tragik des Widerstreits oder in die Komplementarität mündet. Letzteres meint, dass Gegensätze einander nicht ausschließen, sondern ergänzen. Philosophisch ist Sein/Identität gar
nicht denkbar ohne Werden/Diversität, Einheit nicht ohne Vielfalt
und Absolutes nicht ohne Relatives. Wir sind von der Geburt bis
zum Tod derselbe Mensch, der sich aber ständig wandelt. Stagnation
wäre vorweggenommener Tod („Lass die Toten ihre Toten begraben"). Wenn wir jemand nach sieben Jahren wieder treffen, dann ist

kein einziges bekanntes Atom oder Molekül mehr an ihm, er ist materiell ein völlig anderer, aber doch dieselbe Person. Und was Wahrheit und Relativität betrifft, brauchen wir auch beides. In einer endlichen Welt ist alles relativ, gegensätzlich, zwiespältig, gebrochen. Es ist alles Fragment, aber wir brauchen auch das Ganze, das Absolute, nicht als Ding, als Realität, sondern als Horizont und Orientierung. Orientierung für einen Weg, ein Werden, eine Entwicklung, die in die Offenheit des Unnennbaren führt. Und diese Offenheit bewahrt uns vor dem mentalen Gefängnis des „Es gibt nur …“.

Verhängnisvoll wird es, wenn etwas Relatives absolut gesetzt wird. Wird ein Wert, z.b. Gerechtigkeit, absolut gesetzt, dann werden andere – an sich „gleichwertige“ – ebenfalls absolut gesetzt und bekämpft. Wird das Gesetz absolut gesetzt, muss alles, was sich nicht in die Norm pressen lässt – und das ist eigentlich alles Menschliche –, mit kalter Grausamkeit verfolgt werden. Wird das Eigenständige (das dann genau nicht eigenständig ist) absolut gesetzt, dann wird das Fremde (das eigentlich das eigene, innere, nach außen projizierte Fremde ist) im anderen abgewertet, bekämpft und gehasst (die Tragik der Politik und des Erstarkens des Rechtspopulismus). Wird die (eigene) Wahrheit als absolut verteidigt, wird jeder Andersdenkende zum Häretiker gestempelt (die Tragik der Religion). Wenn man glaubt, Wahrheit zu besitzen, dann ist man schon beim goldenen Kalb – das in menschliche, relative Vorstellung gepresste Absolute. Jeder, der sich im Besitz der „Wahrheit“ wähnt, macht (nicht nur) die Kunstschätze in seinen Kirchen zu goldenen Kälbern. Dasselbe macht der gläubige Atheist, der sein „Es gibt nicht“ absolut setzt, alle anderen für dumm erklären muss und nicht einmal erklären kann, wogegen er ist. Alles das kennen wir aus der Geschichte. Weltlich heißt das Fanatismus, biblisch Götzendienst.

Besonders interessant wird es, wenn man sich weigert, die Gegensätze zu eliminieren, sondern komplementär beides als einander ergänzend sehen will. Dann wird man für die Bewahrer der Progressive und für die Reformer der Konservative. Denn wer komplementär denkt, wird bei jeder einseitigen Aussage die jeweils andere (als Ergänzung) betonen und findet sich dann in der jeweils passenden Schublade der linear Denkenden wieder. Denn die können nur vereinfachen und mit der Komplexität der Wirklichkeit nichts anfangen. Wer versucht, der Komplexität gerecht zu werden, wird aus Unverständnis einfach ins andere Eck gestellt.

LEBENSWELT

„Anstatt das Lebendige aus Totem aufzubauen und zu fragen, was muss ich bei der Organisation der Logistik des Toten machen, damit am Ende etwas Lebendiges herauskommt, [...] muss man schon mit dem anfangen, was wir Lebendigkeit nennen. Wir können sagen: Leben ist viel fundamentaler als Materie: das Prozesshafte, das Kreative, das sich dauernd Verändernde. Dass es in diesem Strom der Veränderung auch Dinge gibt, die sich anscheinend nicht verändern, ist eine Nebensache, aber doch ganz wichtig, weil es für uns notwendig ist, dass wir die Dinge erkennen, an die wir gewöhnt sind."

Hans-Peter Dürr

Mikrokosmos und Lebenswelt

Als die Quantentheorie im ersten Drittel des 20. Jahrhunderts formuliert wurde, war klar, dass die Gesetze der Mikrowelt und die Gesetze unserer Lebenswelt radikal verschieden sind. Unsere Welt der Objekte, zu denen auch der Mensch als Subjekt gehört, wird aus Quantenfeldern aufgebaut, die mit unserer gewohnten Anschauung gar nicht zu begreifen sind. Unsere Lebenswelt, in der alles kausal zusammenzuhängen scheint, wird aus „Bausteinen" (die keine Dinge oder Teilchen sind) aufgebaut, bei denen der objektive Zufall und Wahrscheinlichkeit eine entscheidende Rolle spielen.

Wie kann eine Welt, die durchgängig kausal determiniert zu sein scheint, aus Elementen bestehen, die vom Zufall bestimmt sind? In unserer Welt können wir, wenn wir den gegenwärtigen Zustand eines Objekts kennen – auch nur grob –, voraussagen, wie es sich in Zukunft verhalten wird. Von einem zerfallenden Atom können wir das prinzipiell nicht. Es kann in der nächsten Minute, in einer Stunde zerfallen sein oder auch in Jahren noch nicht. Das ist völlig zufällig. Was wir allerdings angeben können, ist die Halbwertszeit. Wir können berechnen, wann die Hälfte der Atome zerfallen sein wird. Da brauchen wir nicht zu wissen, welche individuellen Atome zerfallen sind und welche nicht, denn das können wir gar nicht wissen.

Was wir in unserer Lebenswelt Kausalität nennen, ist anscheinend nichts als große Wahrscheinlichkeit. Voraussagen können wir nur deshalb machen, weil das Wahrscheinlichere am wahrscheinlichsten eintritt (Ludwig Boltzmann). Theoretisch könnte es auch ganz anders sein, aber das wäre äußerst unwahrscheinlich. Wir haben bewusst „Lebenswelt" gesagt, und nicht Makrokosmos. Wir leben nicht in einer objektiven Außenwelt, sondern in einer subjektiv wahrgenommenen objektiven Außenwelt. In einer Lebenswelt entscheidend ist unsere jeweilige Innenwelt, die zwischen Spiegelung der Außenwelt im Inneren und Projektion des Inneren auf die Außenwelt oszilliert. In dieser Welt leuchtet uns das, was wir über Wahrscheinlichkeiten gesagt haben, schon eher ein. Ein Psychologe kann von jemand ein Persönlichkeitsprofil erstellen. Das ist aber nie eine Beschreibung von „objektiven Tatsachen", sondern ein Verhaltensmuster. Auch wenn dieses richtig ist, kann unser Psychologe nicht (mit der Sicherheit von physikalischen Naturgesetzen) vorhersagen, wie diese Person in einer bestimmten Situation in der Zukunft reagieren wird. Das leuchtet ein; trotzdem heulen wir innerlich auf, wenn z.b. ein Psychiater als Gerichtsgutachter nicht vorhersagen konnte, wie der Analysierte nach seiner Entlassung tatsächlich reagiert hat. Ein Psychologe kann keine Tatsachen vorhersagen, sondern nur Wahrscheinlichkeiten. Das ist eigentlich trivial. Erstaunlich ist vielmehr, dass es in der Mikrowelt der Physik, also in der materiellen Welt, genauso ist.

Es war anscheinend ein Irrtum, Zufall und Notwendigkeit, Freiheit und Determiniertheit als einander ausschließende Gegensätze zu betrachten, während sie in Wirklichkeit zusammengehören. Kein Zufall ist, dass dies in Physik (Niels Bohr) und Psychologie (C.G. Jung) beinahe zeitgleich als Komplementarität bezeichnet wurde. Neu ist dies nicht, Bohr und Jung haben diesen Begriff aus dem Daoismus und in der westlichen Philosophie ist dies das dialektische Denken, das schon auf Platon zurückgeht und bei Hegel wieder auftaucht.

Eine offene Frage in der Physik ist die der Grenze zwischen Mikro- und Makrowelt, drastisch veranschaulicht z.B. im Gedankenexperiment von Schrödingers Katze. Einerseits sind die fundamentalen physikalischen Gesetze in unserem gewohnten Denkrahmen nicht zu verstehen, andererseits führt die Kenntnis dieser fundamentalen Gesetze nicht automatisch dazu, dass wir unsere Lebenswelt verstehen. Richard Feynman muss *„unumwunden einräumen, dass die Kenntnis sämtlicher fundamentalen Gesetze, so* *wie wir sie heute kennen, keineswegs bedeutet, dass wir auf Anhieb viel darüber hinaus sagen können*". Dazu kommt, dass wir von unserer Lebenswelt her sagen müssen, dass unsere determinierte „objektive" Welt aus „Bausteinen" aufgebaut ist, die auf dem Zufall basieren, und dass andererseits die Natur allen Anschein nach so beschaffen ist, „*dass die wichtigsten Dinge im wirklichen Leben gleichsam komplizierte Zufallsergebnisse einer ganzen Reihe von Gesetzen sind*"[138].

Besonderes Kopfzerbrechen bereitet Physikern, dass die physikalischen Gesetze zeitinvariant, also umkehrbar sind, während die Vorgänge in unserer Lebenswelt zeitlich unumkehrbar sind. Durch eine Unachtsamkeit kann eine Tasse vom Tisch auf den Boden fallen und zerbrechen. Den umgekehrten Vorgang, dass die Scherben auf den Tisch zurückkehren und die Tasse sich wieder zusammensetzt, hat noch niemand beobachtet – obwohl die physikalische Formel für beide Vorgänge dieselbe ist.

Worauf es ankommt, veranschaulicht Feynman am Beispiel eines Wasserbeckens, in dem – in der Mitte durch eine Wand getrennt – auf der einen Seite mit Tinte gefärbtes Wasser, auf der anderen Seite sich klares Wasser befindet. Nimmt man jetzt die Trennwand weg, werden sich die Moleküle vermischen, bis das Wasser einheitlich hellblau gefärbt ist. Dieser Vorgang ist nicht zeitlich umkehrbar. Die Moleküle werden sich nicht mehr so separieren, dass das Wasser auf der einen Seite blau, auf der anderen Seite klar ist. Der gesamte Vorgang basiert aber auf der chaotischen Kollision von Molekülen. Und diese Kollisionen sind umkehrbar, also zeitinvariant.

Würden wir das sich langsam vermischende Wasser filmen und den Film rückwärts ablaufen lassen, so dass zuerst alles hellblau und zuletzt links blau und rechts klar ist, wäre jedem bewusst, dass das so nicht geht. Würden wir die zugrunde liegende Kollision der Moleküle filmen und auch diesen Film rückwärts ablaufen lassen, wäre kein Unterschied erkennbar. Was wir in unserer Lebenswelt als unumkehrbar beobachten, basiert auf umkehrbaren Mikrovorgängen. Das sind zwei verschiedene Welten, die, obwohl sie zusammenhängen und einander bedingen, nicht ohne weiteres eine aus der anderen verstehbar sind. Allem Anschein nach ist die Natur, wie Feynman feststellt, so beschaffen, dass die wichtigsten Dinge im wirklichen Leben gleichsam komplizierte Zufallsereignisse einer

---

[138] Richard P. Feynman: Vom Wesen physikalischer Gesetze, S. 152

ganzen Reihe von Gesetzen sind. So bedingen einander auch Zufall und Gesetz – durch unser aristotelisches Entweder-Oder-Denken als unvereinbare Gegensätze markiert – und wir müssten langsam einsehen, dass diese gewohnte Logik auf die Wirklichkeit nicht unbedingt zutrifft.

Was uns wie ein unumstößliches Kausalgesetz erscheint, nämlich dass sich die Moleküle bis zur Gleichförmigkeit vermischen, ist nichts als Wahrscheinlichkeit. Dass es so ist, liegt daran, dass das Wahrscheinlichste am wahrscheinlichsten eintrifft. Obwohl es statistisch auch anders sein könnte. Dass sich die Moleküle am Ende einmal so verteilen, dass das Wasser links blau, rechts klar ist, ist nicht unmöglich, aber äußerst unwahrscheinlich. Spielt man dasselbe mit nur vier bis fünf Molekülen durch, dann wird eine solche Separation irgendwann tatsächlich eintreten. Nur bei den Milliarden Molekülen im Wasserbecken ist das zeitlich nicht absehbar, aber auch nicht generell unmöglich.

Jedenfalls löst sich der Gegensatz von Zufall und Determiniertheit auf in hochkomplexe Zufallsergebnisse von Gesetzen. Andererseits basiert Kausalität im Grunde auf Zufall, die Welt ist nicht determiniert. Das mechanistische Denken, das nur auf Basis der klassischen Physik überhaupt denkmöglich war, ist obsolet.

Der Satz vom ausgeschlossenen Dritten gilt in der Quantenphysik nicht mehr. Welle und Teilchen sind keine einander ausschließenden Gegensätze, sondern gehören trotz ihrer Gegensätzlichkeit komplementär zusammen, wobei es im Fall von Quantenphänomenen weder Teilchen noch Wellen im klassischen Sinne gibt. Man könnte natürlich sagen, es sind Teilchen, die sich quantenphysikalisch verhalten. Damit sind es aber keine klassischen Teilchen. Man könnte auch sagen, es sind Wellen, die sich quantenphysikalisch verhalten, aber es sind damit keine Wellen (in einem Medium) wie Wasser- oder Schallwellen. Quantenphysik ist nun mal etwas anderes als die klassische Physik, obwohl sie diese als Grenzfall enthalten muss.

Das erleichtert jedenfalls die Einsicht, dass das Gegensatzdenken im Bereich der Innenwelt, der Psychologie nie wirklich anwendbar war, dass z.B. ethische Dilemmata meist nicht mit einem Entweder-Oder zu lösen sind.

Menschliche Freiheit

„Die Quantenmechanik ist der Schauplatz höchster Wahlfreiheit; jede mögliche ‚Wahl', die ein Objekt auf seinem Weg von hier nach dort treffen kann, wird in die quantenmechanische Wahrscheinlichkeit einbezogen, die mit dem einen oder anderen möglichen Ergebnis verknüpft ist. Die klassische und die quantenmechanische Physik behandeln die Vergangenheit auf vollkommen unterschiedliche Weise. "[139]

Wenn wir davon ausgehen, dass die Quantenmechanik die Wirklichkeit besser beschreibt als die klassische Physik und unsere alltägliche Wahrnehmung, dann müsste sich auch unsere Lebenswelt besser mit einer „Quantenlogik" – oder dem Denkrahmen, der sich aus der Quantentheorie ergibt – beschreiben lassen. Allerdings nicht so (wie es viele „Quantenphilosophen" und sogar Physiker tun), dass man Quantenphänomene und Bewusstsein einfach kurzschließt, sondern indem man die (erweiterte) Logik, welche die Quantenmechanik verlangt, auch auf andere Bereiche anwendet, ohne aber diese Bereiche zu vermischen. Meist wird dabei das Messproblem mit einem Effekt des Bewusstseins verwechselt. Es geht (im Doppelspaltexperiment) aber nicht um die Registrierung durch ein Bewusstsein, sondern um Messung, und die ist physikalisch nichts anderes als Wechselwirkung. Die Registrierung durch ein Bewusstsein kommt erst danach.

Was hier in der Quantenphysik so anthropomorph als „Wahlfreiheit" bezeichnet wird, bedeutet, dass es keine lineare Wenn-dann-Beziehung gibt, die wir gewohnheitsmäßig als Kausalität bezeichnen, sondern dass alle Möglichkeiten, auch die unwahrscheinlichsten, zum konkreten Effekt beitragen. Je tiefer wir in die Materie hineingehen, desto gleichwertiger werden die Möglichkeiten, sodass es kein zwingendes Ergebnis gibt, das man vorhersagen könnte.

Hier geht es um Entscheidungsfreiheit. Die steht ja in der (klassisch denkenden) Gehirnforschung heute zur Disposition. Nach Meinung so mancher Gehirnforscher gibt es sie nicht. Aber vielleicht ist unser Bewusstsein in dieser Frage doch ein verlässlicherer Partner als eine immer noch klassisch agierende Gehirnforschung, die sich nur an Messungen orientiert, die Korrelationen, aber nicht

---

[139] Brian Greene: Der Stoff, aus dem der Kosmos ist, S. 216 f.

das Bewusstsein beschreiben kann? Besonders einfach gestrickte Gemüter wollen die Willensfreiheit mit der Quantentheorie begründen und verwechseln damit ganz einfach Physik und Psychologie. Wechseln wir also in die Psychologie. Was passiert, wenn ich mich zwischen zwei alternativen Möglichkeiten entscheide? Im Augenblick der Entscheidung ist – im Innehalten – alles in Schwebe, d.h. ich bin tatsächlich frei, mich für die eine oder die andere Möglichkeit zu entscheiden. Habe ich mich dann entschieden, kann mir jeder Psychologe erklären, warum ich mich so und nicht anders entschieden habe. D.h. ich musste mich aufgrund (m)einer Vorgeschichte so und nicht anders entscheiden. Allerdings: Hätte ich mich für die andere Alternative entschieden, hätte mir derselbe Psychologie wieder erklären können, warum ich mich genau so entschieden habe, wieder aufgrund (anderer Momente) meiner Vorgeschichte. Das heißt, durch meine Entscheidung habe ich eine bestimmte Geschichte meiner Vergangenheit, oder eben eine andere aktualisiert. Damit habe ich aus allen Geschichten meiner Vergangenheit – die sich in meinem Unterbewussten und Unbewussten normalerweise überlagern – die eine oder eben eine andere dieser Geschichten Wirklichkeit werden lassen. Das klingt nicht nur so wie der Kollaps der Wellenfunktion oder die Dekohärenz der Quantenphysik.

Vor meiner Entscheidung bin ich sozusagen eine Überlagerung aller Geschichten der Vergangenheit, aller Möglichkeiten, und der Psychologe könnte mir bestenfalls eine Wahrscheinlichkeit (wie in der Quantentheorie) angeben, mit der ich mich für die eine oder andere entscheiden werde. Erst wenn ich eine Entscheidung getroffen habe, habe ich sozusagen aus den möglichen – und sich vor der Entscheidung überlagernden – Geschichten eine realisiert. Der Psychologe kann sie mir jetzt als determiniert durch die – besser gesagt durch eine bestimmte Konstellation der – Vergangenheit „kausal" erklären. Daher kann man sagen, dass jede Entscheidung kausal bedingt ist, aber die Entscheidung für den einen oder anderen kausalen Strang war so in Schwebe, dass man die Entscheidung selbst als relativ frei bezeichnen kann.

Der Mensch ist – dynamisch gesprochen – seine gesamte Biografie: vordergründig das, was momentan aktualisiert ist, so wie wir ihn vor uns sehen. Als Gewordener und Werdender ist er aber auch alles, was er je erlebt, erfahren und erlitten hat. Vieles schwingt da unterbewusst mit, und vieles ist völlig unbewusst. Traumatisierte wissen oft gar nicht, was mit ihnen passiert ist, oder sie spalten diese Erfahrung wie eine eigenständige, aber unbewusste und nur manchmal aktualisierte Unterpersönlichkeit ab. Jedenfalls ist jeder Mensch von einer unbewussten Wolke von vergangenen Geschichten „umgeben", die bei passenden Auslösern aktualisiert werden können. Sie verbinden sich dann aber mit einer aktuellen Situation, sodass es nicht mehr exakt die Erzählung der Vergangenheit ist. Bewusstwerdung ist immer auch eine Art Messung, die das Gemessene wieder aufnimmt, aber auch verändert. Nur abgespaltene Persönlichkeitsanteile sind quasi „festgestellt". Da wäre es Aufgabe einer Traumatherapie, diese Fixierungen wieder in Fluss zu bringen. Was aber die wohl schwierigste Herausforderung der Psychotherapie ist.

Unsere Biografie ist keine Aneinanderreihung von bloß äußeren Fakten, sondern jedes Faktum trägt wieder eine Wolke von unbewussten Bedeutungen mit sich. Die kann man durchaus als unbewusste Überlagerung aller möglichen Geschichten interpretieren. Die Wirklichkeit ist Potenzialität. Aus der Psychologie wissen wir, dass selbst kurz zurückliegende Ereignisse von verschiedenen Menschen unterschiedlich interpretiert werden. Wer fünf Augenzeugen eines Ereignisses befragt, wird fünf verschiedene Geschichten präsentiert bekommen, und es wäre naiv zu behaupten, nur eine davon kann richtig sein (was aber der klassischen Logik entsprechen würde). Die Frage, wie es „wirklich" war, ergibt keinen Sinn.

Ein Ereignis ist kein Faktum, das sich mathematisch darstellen und feststellen ließe. Es gibt ja kein isoliertes Faktum, sondern nur erlebte Ereignisse. Damit sind wir weg von einer isolierten „Objektivität", denn das Sehen oder Wahrnehmen ist ein aktiver Akt und enthält auch subjektive Anteile. Die lassen sich aber auch nicht herausdestillieren, denn wir haben hier ein Wahrnehmungsfeld, das Subjekt und Objekt – unterschieden, aber nicht getrennt – enthält. Damit ist die Wahrnehmung eines Ereignisses für jeden Beobachter etwas anderes, und das völlig legitim. Leibniz würde sagen, jede Monade ist eine Spiegelung des Ganzen in individueller Perspektive.

Das wäre ein Beispiel, wie man die Logik der Quantentheorie auf die Logik der Psychologie anwenden kann, ohne beide Ebenen direkt zu vermischen. Eigentlich haben wir damit festgestellt, dass die Quantentheorie gar nicht so unverständlich (wenn auch unanschaulich) ist, wie es auf den ersten Blick aussieht. Denn die Logik der Psychologie ist der Quantentheorie weit näher als der klassischen, mechanistischen Physik, deren Prinzipien aber nach wie vor unser Weltbild bestimmen. Die quantenphysikalische Logik ist daher gar nicht so absurd. Absurd ist vielmehr, dass wir die Logik der klassischen Physik auf unser gesamtes Leben ausdehnen wollen oder ausgedehnt haben und meinen, wir könnten damit Freiheit, Psyche, Innenwelt usw. (wie das Subjekt in der klassischen Physik) marginalisieren oder wegdiskutieren. Das aber ist eine Verleugnung unserer menschlichen Lebenswelt, die sich nicht auf eine „objektive" physikalische Welt reduzieren lässt. Daher war Erwin Schrödinger so vorsichtig mit dem Begriff „Welt".

Das war ja die im wahrsten Sinne des Wortes erschütternde Einsicht der Physiker am Beginn des 20. Jahrhunderts, dass sich die klassische determinierte Welt in der Mikrowelt quasi in nichts auflöst. An die Stelle der Kausalität tritt der objektive Zufall. Das kann jemand, der an die menschliche Freiheit „glaubt", enormen Auftrieb geben, weil die Determiniertheit nicht mehr physikalisch untermauert werden kann. Aber nun den freien Willen quantenmechanisch zu erklären, etwa mit Quantenphänomenen im Gehirn, wäre wieder nicht legitim. Tatsache ist nur, dass mit der klassischen Physik auch das klassische Denken, die klassische (Entweder-Oder-)Logik obsolet ist. Der Denkrahmen der Physik musste „notgedrungen" erweitert werden, und es wäre irrational, den klassischen Denkrahmen in unserer Lebenswelt aufrechtzuerhalten. Genau das aber ist bislang der Fall!

Kann man die menschliche Freiheit mit dem Zufallsprinzip in der Quantenmechanik erklären? Sicher nicht, wir reden da von der Innenwelt im Gegensatz zur Außenwelt, mit der die Physik rechnet. Zwar hängen Außen- und Innenwelt komplementär zusammen, aber das ist kein Grund, sie einfach zu vermischen oder zu nivellieren. Man darf sie nicht trennen, muss sie aber unterscheiden. Das liegt in der Natur unserer Sprache. Allerdings betreffen Vergangenheit und Zukunft sowohl die Außen- wie auch die Innenwelt. Die dahinterstehende Logik kann nicht so verschieden sein, auch wenn wir die Bereiche unterscheiden müssen.

Ein „Teilchen", dessen gegenwärtigen Ort wir gemessen haben, hat vor der Messung keinen bestimmten Ort, sondern nur wahrscheinliche Aufenthaltsorte. Das „Teilchen" war zuvor in gewissem Sinne an allen diesen möglichen Orten. In der Quantenmechanik tragen alle diese möglichen Geschichten zur Gegenwart, die wir beobachten, bei. *„In Feynmans Formulierung repräsentiert die beobachtete Gegenwart eine Mischung – eine besondere Form des Durchschnitts – aller denkbaren Vergangenheiten, die kompatibel sind mit dem, was wir jetzt sehen."*[140] In der Mikrowelt trägt jede mögliche, aber unscharfe Geschichte zur Gegenwart bei, die wir als Kombination aller möglichen Geschichten ansehen können. Allerdings, je größer etwas ist, desto einseitiger wird der „Durchschnitt". Auch für die Bahn eines Tennisballs können wir sagen, dass alle möglichen Bahnen zu seiner tatsächlichen Flugbahn beitragen, nur ist die eine Bahn, die durch die klassische Mechanik beschrieben wird, weit stärker als alle anderen zusammengenommen. Daher verhält sich unsere Lebenswelt klassisch.

Damit ist gesagt – was in der Physik selbstverständlich ist –, dass sich die Welt, und somit auch unsere makroskopische Lebenswelt, quantenmechanisch verhält, dass aber die Newtonsche Mechanik eine praktikable Annäherung ist und diese daher in unserer Welt der Erfahrung ausreicht. Dies ist aber auch die Legitimation dafür, dieselbe Logik (der Quantenphysik) auf unsere Lebenswelt und die Innenwelt zu übertragen, wenn es darum geht, tiefere Zusammenhänge zu erfassen.

Wir können in Analogie unsere bewusste Welt als klassischen Prinzipien folgend betrachten, die Welt des Unbewussten als quasi-analog „quantenmechanischen" Prinzipien entsprechend. In unserem Status der Gegenwart (als Person) steckt unsere gesamte, bewusste wie unbewusste Biografie. Erfahrungen setzen sich aus bewussten und unbewussten Komponenten zusammen. Die elementaren archetypischen Erfahrungen sind mehrdeutig, quasi die Überlagerung aller möglichen Bedeutungen. Davon ist nur ein geringer Teil bewusst, aber in diesem bewussten Teil sind alle archetypischen Bedeutungen unbewusst enthalten. Das konkrete Erleben entspricht dem oben genannten „Durchschnitt". Ebenso sind es die Summe und Überlagerungen aller unbewussten Möglichkeiten oder Geschichten, die zum konkreten „Durchschnitt" des bewussten Ich führen.

Diese möglichen Geschichten sind das Vergessene, Verdrängte, im ursprünglich Erlebten nicht Wahrgenommene, das persönliche und

---

[140] Greene, Der Stoff, aus dem der Kosmos ist, S. 214

kollektive Unbewusste und deren Archetypen. Das alles zusammen bildet die konkrete Gegenwart, ohne dass die tieferen Komponenten bewusst wären. Dann können wir sagen, dass für uns die Vergangenheit die Überlagerung aller Möglichkeiten ist (aller bewussten und unbewussten Geschichten, die unsere Biografie ausmachen). In dem Sinne ist die Vergangenheit gegenwärtig, denn was mich ausmacht, ist meine gesamte – bewusste wie unbewusste – Vergangenheit. In diesem Sinne sind alle gegenwärtigen Handlungen durch die Vergangenheit determiniert, aber im Augenblick der Entscheidung sind wir – im Innehalten – frei, uns zwischen den Kausalsträngen bewusst zu entscheiden.

Raum, Zeit und Erleben

Wenn jemand allgemein von Raum und Zeit redet, dann wissen wir noch gar nicht, wovon er spricht. Meint er die physikalischen Begriffe oder meint er unsere Anschauungsformen im Sinne Immanuel Kants? Denn das ist etwas völlig anderes. Wir können uns Dinge und Ereignisse nur in Raum und Zeit vorstellen, und das ist der Grund, warum wir die moderne Physik nicht mehr verstehen können, weil dort Raum und Zeit etwas anderes sind. Naturwissenschaft geht zwar von der Lebenswelt aus, entfernt sich aber immer mehr von ihr. Sie bezieht ihre Begriffe auf eine konstruierte, künstliche Welt, auf Idealisierungen, die in unserer Welt nicht vorkommen, wie das Vakuum, auf das die Fallgesetze bezogen werden, oder die elliptischen Planetenbahnen, die es so auch nicht gibt – oder eben auf eine gleichmäßig verlaufende Zeit, die es in unserem Erleben ebenfalls nicht gibt. Unser Zeiterleben hat nichts mit der Vorstellung Newtons von einer gleichmäßig verlaufenden Zeit zu tun.

Seit Einstein sind Raum und Zeit in der Physik nicht mehr getrennt, und seit der Quantenmechanik gibt es Nichtlokalität und Verschränkung. Das kann man alles wunderbar berechnen – verstehen (mit dem alten Denkrahmen) kann man es nicht. Ort und Impuls sind nur noch mit statistischer Wahrscheinlichkeit anzugeben, vor einer Messung gibt es diese Eigenschaften gar nicht, und Teilchenbahnen gibt es auch nicht mehr. Verschränkung bedeutet, dass „zwei" Teilsysteme keine Teile sind, sondern als Eines und als Ganzes aufgefasst werden müssen, auch wenn Lichtjahre „dazwischen" sind. Die hier verwendeten klassischen Begriffe wie „zwei", „Teile", „dazwischen" haben letztlich keine Bedeutung und werden nur dazu verwendet, um darauf hinzuweisen, dass es so nicht ist. Wir können schließlich nur in anschaulichen Begriffen reden, selbst wenn es sich um etwas völlig Unanschauliches wie die Nicht-Lokalität handelt. Das erinnert frappant an die negative Theologie, aber das nur so nebenbei.

Als die Quantentheorie im Entstehen war, fühlten sich die Beteiligten, als wäre ihnen „der Boden unter den Füßen weggezogen worden". Sie fragten sich, ob die Welt wirklich so absurd sein kann, wie sie sich in den Experimenten und deren mathematischer Beschreibung zeigt. Heute müssen wir sagen, sie ist nur deshalb so absurd, weil wir sie mit unserer Wahrnehmung der Außenwelt vergleichen. Da wir eine Innenwelt fast völlig verdrängen, fällt uns nicht auf, dass Psychologie und Psychotherapie mit einer Logik arbeiten, die der Quantenlogik viel näher ist als unserer konditionierten Wahrnehmung der Außenwelt, die der klassischen Physik und Logik entspricht. Psychisches ist nichtlokal, nach einem Ort der Seele oder Psyche zu fragen, ergibt keinen Sinn. Wir sind praktisch eine Überlagerung all der Erfahrungen unserer gesamten Biografie. Nur der aktuelle Teil ist sozusagen in die gegenwärtig wahrnehmbare Realität kollabiert. Was wir aber als Ich bezeichnen, ist kein isoliertes Teilchen, sondern eher ausgedehnte Welle und ein weites Feld, das sich gar nicht abgrenzen lässt.

Wenn wir Personen als isolierte Teilchen sehen, dann können wir vieles in der Gesellschaft, etwa Massenphänomene, gar nicht erklären. Dem ist nur mit Feldern und statistischer Wahrscheinlichkeit beizukommen. Das Agieren als Einzelwesen kann das Schwarmverhalten von Gruppen nicht erklären. Die künftige Reaktion von einzelnen Menschen kann genauso wenig vorhergesagt werden wie Einzelereignisse in der Physik.

Menschliche Beziehungen funktionieren nicht nach dem 1+1-Prinzip, sondern zwei hören teilweise auf, als Einzelwesen zu agieren, und bilden ein Gesamtsystem, das sie als Wir bezeichnen. Das entspricht im Prinzip genau der quantenphysikalischen Wechselwirkung, wie sie Erwin Schrödinger beschrieben hat: *„Wenn zwei Systeme in Wechselwirkung treten, treten, wie wir gesehen haben, nicht etwa ihre Ψ-Funktionen in Wechselwirkung, sondern die hören* *sofort zu existieren auf und eine einzige für das Gesamtsystem tritt an ihre Stelle.*"[141] Trotzdem gehen das Ich und Du nicht verloren (sollten zumindest nicht), sondern bleiben komplementär bestehen. Es sind Gegensätze, die ein Ganzes bilden und erst dadurch zu dem werden, was sie sind. Im Bereich des Lebendigen sind Gegensätze immer komplementär aufeinander bezogen.

Manche Ereignisse hängen nicht kausal, sondern synchron zusammen, haben eine zusammenhängende Bedeutung, aber keine mechanische Ursache, was einer Verschränkung näherkommt als einer Verursachung. Willensfreiheit lässt sich am ehesten mit der mehr oder weniger freien Realisierung verschiedener (durchaus kausal bedingter) Möglichkeiten beschreiben, was vom Prinzip her dem Kollaps der Wellenfunktion oder der Dekohärenz analog ist.

Wenn wir oben gesagt haben, dass die physikalische Raum-Zeit etwas anderes ist als unsere Anschauung von Raum und Zeit, dann trifft das einerseits zu, andererseits aber auch nicht. Denn nicht nur die wissenschaftlichen Begriffe sind auf Konstruiertes bezogen, sondern auch unsere lebensweltlichen Anschauungen. Bei der Zeit ist es relativ einfach: Es gibt die allgegenwärtige objektive Zeitrechnung und es gibt das subjektive, besser innere Zeiterleben, das die gesamte Skala vom Augenblick bis zur gefühlten Ewigkeit, das gesamte Spektrum umfasst.

Den Raum erleben wir sogar noch „objektiver", repräsentiert er doch die aktuelle Lebenswelt. Es gibt aber doch auch den inneren Raum, der sich davon unterscheidet, den Raum, den jemand in der Gesellschaft einnimmt. Ich kann dem anderen genügend Raum geben oder auch nicht. Es gibt den Abstand zu anderen Menschen, der unendlich sein kann, oder im Fall der Intimität fast verschwindet. Es gibt die Räume der Fantasie und Poesie. Und im Erleben sind Raum und Zeit nie getrennt, sondern auch eher eine Raum-Zeit wie in der Relativitätstheorie. So kann sich bei zunehmender Nähe die Zeit ausdehnen. Im Fall einer intimen Beziehung können sich Raum und Zeit auflösen, ebenso in der Meditation oder in Gipfelerlebnissen.

---

[141] Erwin Schrödinger, zit. in: Herbert Pietschmann: Das Ganze und seine Teile. Neues Denken seit der Quantenphysik. Ibera / European University Press 2013, S. 91

Unschärferelation oder Die Welt als Ganzes

Albert Einstein hat in seiner Relativitätstheorie mit der Vorstellung von Raum und Zeit als getrennte Entitäten aufgeräumt. Er hat diese Vorstellung als Fragmente entlarvt und das Ganze der Raum-Zeit in den Blick genommen. Nachdem der Teilchen- und Wellencharakter des Lichts und der „Elementarteilchen" entdeckt war, formulierte Niels Bohr dafür den Begriff der Komplementarität, den er aus dem chinesischen Denken übernommen hatte. Es ging um nichts weniger als um eine logische Revolution: Der Rahmen der europäischen Logik war gesprengt. Bis dahin galt der Satz vom ausgeschlossenen Dritten generell: Von zwei vollständigen Gegensätzen ist entweder der eine oder der andere richtig, ein Drittes gibt es nicht. Jetzt wurde klar: Es gibt in wesentlichen Bereichen *nur* dieses Dritte! Das Entweder-Oder ist der gewohnten Anschauung geschuldet, nicht der Wirklichkeit.

Für die asiatische Logik war immer klar: Wenn von Gegensätzen nur eine Seite richtig ist, dann ist das nur die halbe Wahrheit. Es braucht den Gegensatz zur Er-Gänzung. Die asiatische ist die Logik des Ganzen, die europäische ist die Logik der Fragmente oder des Fragmentierens. (Dies hat seine Vorteile und führte zur Erfolgsgeschichte der Naturwissenschaft.) Zwar hat auch Hegel z. B. das Ganze angesprochen, indem er definierte: Leben ist das, was den Widerspruch in sich trägt. Die europäische Logik gilt aber nicht für das Leben, sondern für die objektive Welt, letztlich nur für die tote Materie, also für das Feld der Naturwissenschaft. (Für die Psychologie hat sie nie gegolten.) Dass wir mit unserer fragmentierenden Logik das Leben (das Ganze) erklären wollen – was einfach nicht geht –, macht den Sisyphos-Charakter unseres Denkens aus.

In der ersten Hälfte des 20. Jahrhunderts trat dann sogar in dem Bereich, in dem die europäische Logik bisher so gut funktioniert hat, im Bereich der Materie, das Scheitern dieser Logik zutage. An den Grenzen des Materiellen, im Mikrokosmos (wie auch im Makrokosmos), wurde plötzlich klar, dass Materie genau das, was wir uns immer darunter vorgestellt haben, *nicht* ist. Das, was wir bisher als „Teilchen" bezeichnet haben, ist kein isoliertes Teilchen. Materielle Phänomene sind nicht entweder Teilchen oder Welle, sondern sowohl Teilchen als auch Welle, also beides oder genauer: keines von beidem, sondern etwas anderes. Je nachdem, wie wir das

Experiment anlegen, zeigt sich entweder der Teilchen- oder der Wellencharakter der „Materie", nie beides in einem Experiment. Und dahinter – vor der Messung – liegt etwas ganz anderes, das sich unserer gewohnten Vorstellung entzieht. In unseren bisherigen Begriffen ist es die Überlagerung aller Möglichkeiten – die Umschreibung von Nicht-Lokalität in klassischen Begriffen. Erst durch die Messung, das Hinschauen, wird eine dieser Möglichkeiten real.

Das stellt aber unsere Auffassung von Realität völlig auf den Kopf: Was wir als „Realität" bezeichnen, ist die Ausblendung der unbegrenzten Potenzialität, der Wirklichkeit. In dem Moment, wo wir alles auf die Objektivität legen, sehen wir, dass das nur in Fragmenten funktioniert, das Verbindende, Wellenartige dabei aber verloren geht. Und wenn wir das Objektive präzisieren, wird das Subjektive gleichzeitig unbestimmt. Das Ich verkümmert zum abstrakten, unbeteiligten Punkt.

Wenden wir unsere Aufmerksamkeit der Subjektivität zu, könnten wir sehen, dass sie kein abstrakter Punkt, sondern eine vielfältige und komplexe Welt (mehr noch als die äußere) ist. Gleichzeitig würde aber die äußere Welt der Objekte ihren Fragmentcharakter verlieren, nicht mehr klar definiert/begrenzt sein, sondern wellenartig, zusammenhängend, verbindend – auch Außenwelt und Innenwelt verbindend. Der adäquate Ausdruck wäre nicht mehr der (definierte, begrenzte) Begriff, sondern das Symbol, das keine Grenze in Tiefe, Höhe oder Breite kennt, das „Objektives" und „Subjektives" gleichermaßen umfasst und auf allen Ebenen stimmig ist.

Die Heisenberg'sche Unschärferelation, die dem Entweder-Oder eine völlig neue Bedeutung gibt, entpuppt sich bei genauerem Hinsehen als allgemeines Gesetz – über die Physik hinaus. Es gilt auch so etwas wie eine logische Unschärferelation: Je präziser etwas formuliert wird, desto weniger hat es mit der Natur zu tun. Und je mehr wir über Details und Fragmente wissen, desto weniger wissen wir über das Ganze. So ist seit der Entwicklung der Naturwissenschaft unser Weltbild ein fragmentarisches geworden, das unfähig ist, das Ganze im Blick zu behalten. Die Unschärferelation gilt aber auch für die Methode der Physik als Ganzes: Je mehr wir über die Welt der Materie aussagen können, desto ignoranter werden wir gegenüber dem, was damit ausgeschlossen wird. Das Einmalige, Psychische, Spirituelle, Kreative, Menschliche kommt nicht mehr in den Blick.

Ebenso gilt das für den menschlichen Bereich, etwa für Beziehungen: Wer den anderen als Objekt betrachtet, wird blind für die (innere) Beziehung. Wer dem Dazwischen, der Beziehung nachspürt, der wird den Partner nicht als Objekt betrachten. Wer glaubt, den anderen zu kennen, hat ihn schon verloren, wer liebt, der weiß um das Fremde im anderen. Liebe spielt sich in der Komplementarität von Vertrautheit und Fremdheit, von Nähe und Distanz ab.

Von der Welt zum Sehen der Welt

Schon am Beginn der griechischen Philosophie ging es um das Sein (Parmenides) und das Werden (Heraklit). Etwas später waren sich Aristoteles und sein Lehrer Platon nicht darin einig. Aristoteles behauptete: Das Sein ist, das Nicht-Sein ist nicht. Entweder ist etwas, oder es ist nicht. Platon setzte dem entgegen: Was ist, wird nicht (weil es ja ist), und was wird, ist nicht (weil es ja wird). Aristoteles beschäftigte sich mit der Physik und Biologie, mit der Außenwelt, Platon mit dem Lebendigen. Und Leben hat mit Widersprüchen zu tun. Leben ist das, was den Widerspruch in sich enthält, Lebendiges muss den Widerspruch in sich fassen und aushalten (Hegel). Was wir Logik nennen – im Wesentlichen noch immer die aristotelische Logik – ist hilfreich beim Erforschen der Außenwelt, aber völlig ungenügend, wenn es um das Lebendige geht.[142]

Man darf sagen, dass schon mit Parmenides und Heraklit die zwei möglichen Typen von Weltbildern vorliegen: das statische und das dynamische Weltbild. Das statische Weltbild ist – von Parmenides über Aristoteles bis zur klassischen Physik – für Europa prägend geworden. Das dynamische Weltbild des Heraklit konnte sich nicht durchsetzen. Für Parmenides gibt es keine Bewegung, sondern nur Ortsveränderung. Für Heraklit steht die Dynamik im Vordergrund: Alles fließt, und man steigt nicht zweimal in denselben Fluss. Die Bewegung des Flusses bringt es mit sich, dass das Wasser bereits ein anderes ist, und die Entwicklung des Menschjen bringt es mit sich, dass er nicht mehr derselbe ist, wenn er wieder an den Fluss kommt.

---

[142] Siehe auch: Herbert Pietschmann: Phänomenologie der Naturwissenschaft. Wissenschaftstheoretische und philosophische Probleme der Physik. 2. Aufl., 2007 Ibera/European University Press, S. 30 f.

Die griechische Philosophie begann damit, dass man sich Gedanken machte über die Welt. So banal das heute klingt, es war ein Bruch in der Kulturgeschichte der Menschheit. Dieser Schritt wird als Übergang vom Mythos zum Logos bezeichnet. Damit wurde die Welt eine andere. Im Mythos waren Welt und Mensch, Außen- und Innenwelt noch nicht getrennt. Man erlebte – was heute kaum noch nachvollziehbar ist – Natur, Mensch, Ideen und Götter als *eine* Welt. Natur und Ideen, physis und psyché waren kein Dualismus, Götter waren *in* der Welt anwesend. Das hatte also nichts zu tun mit dem, was wir heute als Gott oder Götter bezeichnen würden. Der Mythos denkt die Welt noch lebendig. Was wir heute als animistisch bezeichnen, geht vom heutigen Dualismus aus und kann die damalige Wirklichkeit nicht wiedergeben. Daher kann am Beginn des Logos noch gesagt werden, dass Denken und Sein dasselbe ist. Später fällt das auseinander. Das Denken wird zum „ich denke" und das Ich wird als der Welt gegenüber gedacht. Das ist das radikal Neue in dieser historischen Phase.

Aristoteles denkt nicht nur über die Welt nach, er analysiert sie. Sein Thema war (noch) die Natur, womit er die Biologie und recht eigentlich (nach einer weiteren Verengung) die Naturwissenschaft erfand. In der Naturwissenschaft des 17. Jahrhunderts ist dann die Lebendigkeit aus der Wissenschaft ausgetrieben. Die Grenze geht heute mitten durch die Biologie[143] (Ernst Mayr), denn wo sich diese mit dem Lebendigen beschäftigt, ist sie nicht mehr Naturwissenschaft. Aristoteles begann, in der Lagune von Pyrrha auf Lesbos Meerestiere zu untersuchen. Naturphilosophen gab es schon früher, die *physiologoi*, „die über die Natur berichten", aber das waren Theoretiker – wenn auch *theoria* damals etwas anderes war als heute. Jedenfalls ging es ihnen noch nicht um die „Biologie". Aristoteles war dagegen ein Praktiker, er analysierte seine Meerestiere, untersuchte, wie ihr Körper aufgebaut war, wie sie funktionierten. Es ist bezeichnend, dass durch dieses Analysieren und Sezieren das Lebendige verloren ging.

Aristoteles ist dann aus der europäischen Geschichte verschwunden, kam über arabische Übersetzungen wieder zurück und bestimmte fortan das europäische Denken mit seinem formalen Entweder-Oder bis hinein in die Naturwissenschaft des 19. Jahrhunderts. So wie Aristoteles durch sein Sezieren das Leben analysieren wollte

---

[143] Ernst Mayr: Konzepte der Biologie. Hirzel Verlag 2003, S. 53

und ihm dabei das Leben abhandenkam, so trennte Descartes endgültig die materielle Welt von der geistig-lebendigen und machte jene für die messende Naturwissenschaft zugänglich. Erst jetzt hatte die Physik nichts mehr mit der Biologie zu tun. Nur was man (mit immer verfeinerten Messinstrumenten) messen kann, ist Gegenstand der Naturwissenschaft. Alles Subjektive muss herausgehalten werden, das eigentlich Menschliche ist nicht mehr (Natur-)Wissenschaft. Es geht nur noch um die nicht lebendige Außenwelt, um Materie in Raum und Zeit. Und da „Welt" so viel mehr ist als diese (Schrödinger), geht es auch nicht mehr um die Welt, sondern nur noch um die materielle Welt. Mit der immateriellen Innenwelt beschäftigte sich fortan die Psychologie, die – nach Meinung der Naturwissenschaftler – nicht Naturwissenschaft ist. Sigmund Freud sah sich selbst zwar als Naturwissenschaftler, als solcher anerkannt war er außerhalb der Psychologie nicht. C.G. Jung sah sich als Naturwissenschaftler (nur) insofern, als es ihm um die innere Natur ging. Eine derartige Trennung gab es in der Antike nicht, daher ist es sinnlos, diese durch die Brille unseres Dualismus zu sehen. Naturwissenschaft ab dem 17. Jahrhundert fand unter dem völligen Ausschluss des Subjekts statt – allerdings eine sehr problematische Trennung.

Erst die Quantentheorie machte dem ein Ende oder ging mit dem Begriff der Komplementarität darüber hinaus. Ein Elementarteilchen ist nicht entweder Teilchen oder Welle, auch wenn experimentell nur das eine oder das andere feststellbar ist. Aber ein Quantenphänomen ist beides, und wir brauchen beide (gegensätzlichen) Sichten, um die Materie im Mikrokosmos beschreiben zu können. Mit dem Teilchen- und Wellenbild (diskret oder kontinuierlich) sind wir wieder bei diesem uralten Thema: Wenn ich nur sehe, was ist, dann erstarrt die Welt zur Momentaufnahme und wird fest und dinglich. Dann gilt die Widerspruchsfreiheit, aber es gibt dann auch keine Dynamik und kein Leben. In der Naturwissenschaft geschieht das durch die Messung, mit der die Eigenschaften der Materie „festgestellt" werden.

Die neuzeitliche Naturwissenschaft beschreibt nicht mehr die Welt, in der wir leben, sondern zeichnet ein mechanisches Modell. Dieses wird beschrieben mit den Mitteln der formalen Logik, seit Newton mit mathematischen Formeln. Damit sind wir in einem Dilemma, dem wir nicht mehr entkommen. Gefordert wird formale Richtigkeit, klar ist aber auch, *„dass die Mathematik allein nie eine*

Beschreibung der Natur erreichen kann".[144] Albert Einstein formulierte das Problem so: *„Mathematische Theorien über die Wirklichkeit sind immer ungesichert – wenn sie gesichert sind, handelt es sich nicht um die Wirklichkeit."*[145]

Die Welt der Naturwissenschaft hat somit nicht direkt zu tun mit der Welt, in der wir leben. Die Naturwissenschaft konstruiert eine Welt, um sie dann mit der „wirklichen" Welt zu vergleichen. Aber nur mit dem für alle Menschen gleichermaßen Gültigen, und das ist die materielle Welt der Dinge. Das Lebendige – alles Einmalige, Individuelle, Qualitative, Kreative, Vernetzte – fällt dabei heraus, wie Wittgenstein in seinem Tractatus 6.52 betont. Anders gesagt: Die Mathematik liefert formal richtige, somit beweisbare Aussagen *„und hat damit keinen direkten Bezug zur natürlichen Welt ..."*[146]

Damit haben wir den Befund, dass die Naturwissenschaft, die mit Aristoteles begann, immer weiter weg von der lebendigen Natur führt. Die Struktur der Wirklichkeit wird immer weiter eingeengt. So ist mit unserer Kausalität nur mehr eine der vier Ursachen des Aristoteles geblieben. Nur die causa efficiens, die Wirkursache, kann mathematisch dargestellt werden. Noch für Aristoteles wäre eine mathematische Physik unsinnig, weil die Physik alle vier Ursachen (die Zielursache oder causa finalis, die Formursache oder causa formalis, die Materialursache oder causa materialis, die Wirkursache oder causa efficiens) berücksichtigen müsse. Das heutige Problem der Physik ist daher die Frage, wie die mathematischen Formeln Aussagen über die „Natur" machen können. Die Mathematik liefert formal richtige Aussagen, die damit aber keinen direkten Bezug zu Inhalten haben.

Mit der Quantentheorie wird offenkundig, dass man das Subjekt nicht gänzlich aus der Wissenschaft ausschließen kann. Damit ist zwar der mathematische Formalismus widerspruchsfrei, muss aber interpretiert werden. Es gibt aber keine (formal) „richtige" Interpretation, sondern diese muss stimmig sein. Wobei es vorkommen kann, dass mehr als eine Interpretation stimmig ist. Beispiel wären das Standardmodell und das Modell von David Bohm, bei denen der Unter-

---

[144] Herbert Pietschmann: Phänomenologie der Naturwissenschaft. Wissenschaftstheoretische und philosophische Probleme der Physik. 2. Aufl., 2007 Ibera/European University Press, S. 34

[145] Ebda, S. 35

[146] Ebda, S. 46

schied nur in der Interpretation desselben mathematischen Formalismus liegt. Da beide Interpretationen dieselben Voraussagen machen, kann deren „Richtigkeit" mathematisch nicht entschieden werden.

Wieder darf man assoziieren, dass ein „Elementarteilchen", bevor seine Eigenschaften durch Messung fest-gestellt werden, in Überlagerung aller Möglichkeiten „existiert". Wem das zu abstrakt oder zu weit hergeholt ist, nehme sich den Briefwechsel zwischen Wolfgang Pauli und C.G. Jung her, wo der Physiker Pauli postuliert, dass es Archetypen sind, die in Materie und Psyche, in Physik und Psychologie wirken[147]. Es wird damit ein Bereich angesprochen, der aus der Sicht der Psychologie unanschaulich und aus der Sicht der Physik nicht-lokal ist.

Dann gibt es noch als Appendix 6 des Briefwechsels den Kepler-Aufsatz Paulis „Der Einfluss archetypischer Vorstellungen auf die Bildung naturwissenschaftlicher Theorien", in dem er die Frage aufwirft, was denn die Verbindung von Sinneswahrnehmungen und Begriffen sei. Die Antwort Keplers ist eine platonische: ein „*zur Deckung-Kommen von präexistenten inneren Bildern der menschlichen Psyche mit äußeren Objekten und ihrem Verhalten*". Diese Urbilder nennt bereits Kepler „archetypisch". Das führt direkt zu den Archetypen der Analytischen Psychologie C.G. Jungs einerseits und zur modernen Physik andererseits. Von letzterer unterscheidet Kepler, dass er hinter den Erscheinungen eine Sphärenmusik und harmonische Proportionen suchte, die Physik dagegen die Schönheit der mathematischen Formulierung.

Pauli schlägt vor, „*der Bedeutung der wissenschaftlichen Stufe der Erkenntnis für das Werden der wissenschaftlichen Ideen dadurch Rechnung zu tragen, dass der Untersuchung der naturwissenschaftlichen Erkenntnisse nach außen eine Untersuchung dieser Erkenntnisse nach innen an die Seite gestellt wird. Während erstere die Anpassung unserer Kenntnisse an die äußeren Objekte zum Gegenstand hat, sollte letztere die bei der Entstehung unserer wissenschaftlichen Begriffe bewirkten archetypischen Bilder ans Licht bringen. Nur durch beide Untersuchungsrichtungen zusammengenommen dürfte sich eine Vollständigkeit des Verstehens erreichen*

---

[147] „Mehr und mehr sehe ich im psycho-physischen Problem den Schlüssel zur geistigen Gesamtsituation unserer Zeit und die allmähliche Auffindung einer neuen (‚neutralen') psycho-physischen Einheitssprache, die symbolisch eine unsichtbare, potentielle, nur indirekt durch ihre Wirkungen erschließbare Realität zu beschreiben hat ..." (Pauli an Jung, Briefwechsel, S. 84)

lassen.[148] Wahrnehmen ist ein Zusammenspiel von Außen- und Innenwelt, das sind zwar logisch „unvereinbare" Gegensätze, die aber komplementär zusammengehören wie Teilchen und Welle. Wie wir aus der Geschichte wissen, hat die Teilchensicht zumeist die Oberhand behalten und die Wellensicht ausgeschlossen oder verdrängt. Als Newton der Naturwissenschaft zum Siegeszug verhalf, war es Leibniz, der sich ihm (erfolglos) entgegenstellte. Das Fragmentieren des Materiellen führte zum populären Atombegriff (wobei die eigentlichen Atome heute die Quarks sind), während die Monaden (die psychischen „Atome") des Philosophen Leibniz unverstanden blieben. Seine Monaden sind das Elementare der Innenwelt. Sie haben „keine Fenster", nicht weil sie abgeschlossen wären, sondern weil es für sie gar kein (lokales) „Außen" gibt. Sie sind außerdem kein Produkt des Fragmentierens, sondern jeweils das Ganze aus individueller Perspektive.

Die Monaden sind Ganzes und Einzelnes in einem. Aber auch die Atome sind letztlich keine kleinsten Teilchen, sondern sie sind etwas, das nichts mehr mit dem zu tun hat, was wir uns bisher unter Materie vorgestellt haben. Sie sind nicht-lokal oder (in der dreidimensionalen Sprache) die Überlagerung (Superposition) aller Möglichkeiten – also viel mehr ein Ganzes als kleinste Teilchen. Wie das zusammenhängt, ist noch völlig offen. Aber es sieht so aus, als ob wir uns da von zwei Seiten (Anschauungen) einem Gemeinsamen nähern: von außen (Außenwelt, Physik) und von innen (Innenwelt, Psychologie). Da wir uns damit aber einem unanschaulichen und nicht-lokalen Bereich nähern, können wir auch nicht mehr sinnvoll von deren Verschiedenartigkeit reden.

Leider wurde der Dialog, den der Psychologe Jung und der Physiker Pauli begonnen hatten, nicht lange weitergeführt. Um diesen Dialog wieder aufzunehmen, veranstalteten die Eidgenössische Technische Hochschule Zürich (an der Wolfgang Pauli tätig war) und das C.G. Jung-Institut (das Jung gegründet hat) 1993 eine gemeinsame Tagung am Monte Veritá, Ascona, *„um den durch Pauli und Jung begonnenen Dialog fortzusetzen und weiter fruchtbar zu machen".*[149] Heute müssen wir leider feststellen, dass dieser Dialog nicht weiter fortgesetzt wurde.

---

[148] Appendix 6, Briefwechsel, S. 204

[149] H. Atmanspacher, H. Primas, E. Wertenschlag-Birkhäuser (Hrsg.): Der Pauli-Jung-Dialog und seine Bedeutung für die moderne Wissenschaft. Springer Verlag 1995

Von der objektiven Welt zum „Erkennen"

Naturwissenschaft beginnt mit einer konstruierten Welt, die als Hypothese, als Frage an die Natur formuliert wird. Wir leben in einer objektiven Welt, in der Objekte als Objekte (wieder-)erkennbar sind, in der sogar Menschen als Menschen wiedererkennbar sind, obwohl sie sich ständig entwickeln, also verändern. Allerdings, beim Menschen (und letztlich auch bei den Objekten) hat dieses Wiedererkennen noch nichts mit erkennen zu tun. Naturwissenschaft erforscht das für alle in gleicher Weise Gültige. Ein Mensch (und in subtiler Weise auch ein Objekt) ist aber nicht für alle in gleicher Weise da. Er zeigt sich jedem Beobachter anders, obwohl dieses Anders auch am Beobachter selbst liegt. Das gilt zwar für jegliches Erkennen, für lebendige Wesen aber besonders, und im Speziellen natürlich für den Menschen.

Was lässt sich über einen Menschen objektiv sagen? Zunächst das, was naturwissenschaftlich erfassbar ist: Atome, Moleküle, Organe, Neuronen etc. Das lässt sich – wenn auch mit individuellen Unterschieden – über alle Menschen sagen. Das Einmalige eines Menschen ist jedoch naturwissenschaftlich nicht erfassbar. Wie können wir einen Menschen erkennen? Indem wir uns mit ihm beschäftigen, nicht nur damit, wie er vor uns steht, sondern auch mit seiner ganzen Biografie. Was sind seine Eigenschaften, womit beschäftigt er sich, was denkt er, was fühlt er, wie ist er dazu gekommen? Damit sind wir unversehens von der Physik, Chemie und (teilweise) Biologie in das Feld der Psychologie, Soziologie, Anthropologie usw. gewechselt – also von der Naturwissenschaft zur Kulturwissenschaft (früher Geisteswissenschaft).

Am Menschen wird klar, dass das unterschiedliche Zugänge oder Sichtweisen sind, die zusammengehören und nicht getrennt werden können. Wieder werden wir an das Teilchen- und Wellenbild der Quantenphysik erinnert. Wir machen uns ein Bild. Das kann auch den Charakter einer Hypothese haben, wenn wir projizieren, wenn wir unseren Projektionen, Wünschen und Vorurteilen mehr folgen als dem, was wir sehen. Das Subjektive am Erkennen lässt sich gar nicht extrahieren. Der Versuch zu sehen verändert bereits das zu Sehende, so wie das Messen in der Quantenphysik das Gemessene verändert.

Menschen erschließen sich nicht (nur) durch Fakten. Wir lernen einen Menschen erst dann kennen, wenn wir eine Beziehung zu ihm aufbauen. Diese Beziehung geht weit über die Fakten, die wir nennen (und wissenschaftlich erfassen) könnten, hinaus. Während Wissenschaft fragmentieren muss, ist Beziehung immer ein unteilbares Ganzes. Ich bringe mich ein, nicht als bloßes Ich, als meine Vorstellung von mir, sondern ganz – bewusst und unbewusst. In eine Beziehung mit dir, nicht als bloßes Du, nicht als bloße Vorstellung von dir, sondern mit deinem ganzen – bewussten und unbewussten – Wesen. Damit bilden „wir" ein Ganzes, das uns beide und viel mehr umfasst. Dieses „Mehr" hat nichts zu tun mit den Fakten, wie ich bin, wie du bist. Es geht weit darüber hinaus, ist ein Dazwischen, ein „Feld", das wir nicht „machen", sondern das da ist oder nicht ist. Wenn sich dieses Dazwischen vertieft, entsteht Inter-esse (Zwischen-Sein), Resonanz, Zuneigung und im besonderen Fall Liebe – wenn das Ganze real wird, erlebbar, aber nicht erkennbar oder greifbar wird. Das geht dann durch alle Dimensionen des Menschseins hindurch, erfasst alle Bereiche des Lebens, von einer Art spirituellem Leben bis hinein ins Körperliche. Dann sind wir ganz und Eins. Und daher heißt die körperliche Vereinigung biblisch „erkennen", weil sie sozusagen die Klammer dieses umfassenden Eins-seins ist.

Naturwissenschaft erfasst das, was wir begreifen können. Aber wir erleben mehr, als wir begreifen (Hans-Peter Dürr). Das naturwissenschaftliche Erfassen ist eine begrenzte Methode, um Fragmente klar erfassen zu können, das menschliche Erkennen oder Erleben betrifft den ganzen Menschen. Was bei der Begegnung zweier Menschen passiert, ist naturwissenschaftlich nur zu einem unwesentlichen Teil erfassbar. Da geht es um ein Dazwischen, um Beziehung, um Resonanz – um das Wellenbild des Menschen, um ein Feld, das beide umfasst. Das kann man nicht physikalisch (Teilchenbild, materiell), sondern muss es psychologisch (Wellenbild, feldartig) beschreiben. Die Beschreibung wird aber auch da nie vollständig sein können, weil immer Bewusstes und Unbewusstes mitspielen. Der Mensch ist immer mehr als Mensch (David Steindl-Rast) und die Psyche ist kein abgeschlossenes Fragment, sondern ein Übergang ins – unanschauliche und nicht-lokale – Unendliche.

Wie beim bewussten Sehen eines Hauses (Teilchenbild) alles, was mit Luftzirkulation und Energieaustausch (Wärmestrahlung) zu tun hat, und auch das Gewordene an dem Objekt (seine Geschichte, alles Dynamische, von der Idee und Planung über die Errichtung und eventuelle Umbauten und Renovierungen, bis hin zu Erosion und Verfall oder Abriss) unter den Tisch fällt und unbewusst bleibt, so ist es erst recht beim Menschen. Er hört nicht an der Hautoberfläche auf, es gibt Wärmestrahlung, Atmung, Empathie usw., und er ist letztlich auch nicht das, was wir (objektiv) vor uns sehen, sondern er ist seine gesamte (bewusste und vor allem unbewusste) Biografie. Alles, was ihn ausmacht, ist sozusagen in Superposition, als Summe aller möglichen Geschichten präsent. Durch die Interaktion mit einem Menschen (auch dieses Menschen mit sich selbst) „kollabieren" diese möglichen Geschichten zu dem aktuellen Bild der momentanen Realität.

Leben ist Rhythmus, dabei gibt es langwellige und kurzwellige Rhythmen, aber es gibt keinen Stillstand oder Ruhe. Selbst Gebirge sind in Bewegung, von der Auffaltung bis zur Erosion, die außerdem Hand in Hand gehen, doch ist uns deren Lebenszyklus nicht so gegenwärtig wie der von Pflanzen. Aber auch der Himalaya wurde aufgefaltet und erodiert, und selbst Sterne – eigentlich Sonnen – entstehen und vergehen. Auch das Universum als Ganzes, auch wenn wir da noch keine klare Vorstellung haben. Aus dem „panta rhei" des Heraklit gibt es jedoch kein Entkommen. Alles Seiende ist im Fluss. Das Feststellbare ist nie die Wirklichkeit.

Vom Entweder-Oder zum lebendigen Sein

Die europäische Logik (nicht die europäische Kultur insgesamt) steht unter dem Entweder-Oder des Aristoteles. Das ist keine Kritik, denn das war auch die europäische Erfolgsgeschichte, die über die Naturwissenschaft zur Technologie geführt hat, die unser heutiges Leben beherrscht und (nicht nur, aber auch) angenehm macht. Aber sie ist nicht die ganze „Wahrheit", und dieses fragmentierte Denken kann – wenn es zur Ideologie wird – zum Stillstand unserer Kultur führen. Das Zerlegen eines Films in Momentaufnahmen führt zu Standbildern, und der Film mit seiner Dynamik ist damit verloren. Wir können nicht den Film und die Standbilder gleichzeitig sehen (Komplementarität), sondern nur das eine oder das andere.

Die westliche Logik wird dann zur Ideologie, wenn sie nicht nur auf die „objektive „Welt", sondern auf das Leben angewendet wird, das ohne den Widerspruch in sich zu tragen (Hegel) nicht lebendig bleibt. Die Logik des Entweder-oder hindert uns daran zu sehen, dass unser Leben gar nicht dieser Logik gehorcht. Leben steht immer vor Entscheidungen, die gar nicht mit Entweder-Oder (und dem Satz vom ausgeschlossenen Dritten) zu lösen sind. Wir möchten uns für das Gute entscheiden und sehen dann schmerzlich, dass jede Entscheidung irgendjemandem schadet. Wer sich in der Liebe zwischen zwei Menschen entscheiden muss, wird dem einen oder dem anderen wehtun. Von solcher Art sind Entscheidungen im Leben. Mit der Schwarz-Weiß-Malerei des Entweder-Oder (oder den konstruierten Idealzuständen, mit denen die Naturwissenschaft rechnet, wie etwa dem Vakuum, auf das Newton seine Fallgesetze bezog) kann man keine Lebensprobleme lösen.

Im Leben gibt es nicht Schwarz und Weiß, Gut und Böse, sondern immer nur Grautöne. Man kann das auch sehen als Anwendung des Wellenbildes. Ich kann mich für den einen Weg entscheiden, aber das hat Auswirkungen auf das ganze Feld. Ich kann mich anders entscheiden, aber das ist nur punktuell anders, das Feld ist dasselbe, und wieder wirkt es auf das ganze Feld. Wenn ich die Situation isoliert betrachte (Teilchensicht), habe ich (annähernd) Klarheit. Anerkenne ich, dass es isolierte Situationen nicht gibt (Wellensicht), dann wird das Schwarz-Weiß zum Grau. Mit einer zweiwertigen Logik kann ich alles ausdrücken, Computer sind das beste Beispiel dafür. Es ist damit aber nicht möglich, einen Aufzug zu programmieren. Der würde beim Entweder (fahren) oder (stillstehen) im Keller zerschellen. Um ihn abzubremsen, braucht man die fuzzy logic, die nicht nur binär 0 und 1, sondern Grauwerte zwischen 0 und 1 kennt.

Das Entweder-Oder, 0 und 1, ist eine abstrakte Idealisierung, die im Leben nie vorkommt, da ist alles im Graubereich, immer nur ein Mehr oder Weniger. Daher ist auch die Wahrscheinlichkeit, die mit Werten zwischen 0 und 1 rechnet, dem Leben angemessener. Bei einem Film, der mit normaler Geschwindigkeit abgespielt wird, ist es unmöglich, einzelne Bilder festzuhalten, weil das den Film zerstören und zu Standbildern reduzieren würde, denen jegliche Dynamik fehlt. Es ist unmöglich, einen genauen Ort (Standbild) und die Dynamik (Film) gleichzeitig scharf zu sehen. Da gilt die Unschärferelation genauso wie in der Mikrowelt.

Im Leben geht es nicht um fixiertes (festgestelltes) Seiendes, sondern um Lebendiges (Platon), nicht um Statisches, sondern um ein

Werden (Heraklit). Das Sein (als das Ganze) umfasst beides, aber in Unanschaulichkeit. Es geht (mit Fichte) nicht um den Gegensatz von Einheit und Vielheit, sondern um die Einheit von Einheit und Vielheit. Wir können nur Einheit oder Vielheit denken, nicht aber die Einheit in der Vielheit und die Vielheit in der Einheit, auch nicht die Einheit von Einheit und Vielheit.

Wir glauben, auch das Werden, die Dynamik sehen zu können, weil wir z.B. ein Auto als fahrend erleben. Aber auch da kommt das Auto selbst in seinem Werden (Entstehen) gar nicht in den Blick; ist auch praktisch nicht notwendig. Das Werden des Autos, vom Entwurf über die Konstruktion, über die Verwendung bis zum Verschrotten, wird gar nicht gesehen und mitgedacht.

Wir kommunizieren mit dem Menschen, der uns gegenübersteht. Dabei sind wir uns gar nicht bewusst, dass da sein ganzes Geworden-Sein und Werden, seine Vergangenheit, alle Erlebnisse und Erfahrungen, alle seine Ängste, Wünsche, Hoffnungen und Träume ihn ausmachen, und nicht nur das Standbild, das wir abstrakt vor uns haben. Dieser Mensch ist nicht das „Teilchen", das wir glauben, vor uns zu haben, sondern eine sich über seine Vergangenheit bis in die Zukunft erstreckende Dynamik; und außerdem alle seine gegenwärtigen (und vergangenen) Beziehungen, in denen er/sie lebt. Wir sehen immer auch den Kontext, die Umgebung, genauer viele Umgebungen, ohne uns dessen bewusst zu sein. Das, was wir da punktuell vor uns sehen, ist eigentlich das Wenigste, das von ihm/ihr wahrgenommen werden kann. Wie viel davon mir oder ihm selbst bewusst ist, ist eine ganz andere Frage. Das Konkrete ist eigentlich das Abstrakte.

Wenn wir einen Menschen kennenlernen wollen, fragen wir ihn nicht nur nach dem Gegenwärtigen (Status, Beruf, Wohnort, Umfeld, Freunde, usw.), sondern auch nach seiner Vergangenheit (Kindheit, Schulbildung, Ausbildung, usw.). Damit reichern wir unsere Vorstellung über die Persona hinaus an und können ihn in einem Feld sehen, das weit über ihn als gegenwärtiges „Objekt" hinausreicht. Wenn wir ihn dann „sehen", ist das alles gegenwärtig. Er/sie ist kein „Massepunkt" (womit die Wissenschaft rechnen würde), sondern ein Feld von mehr oder weniger deutlich wahrgenommenen Beziehungen.

Mit anderen Worten: Bei den Menschen begnügen wir uns in den seltensten Fällen mit einem „Teilchenbild", sondern ein „Wellenbild" ist immer schon mit dabei und wird mehr und mehr verdeutlicht, ohne dass wir je an ein Ende kommen. Trotzdem haben wir mehrheitlich die Illusion eines naturalistischen Weltbilds, das nur Teilchen sehen kann.

Wir haben immer das Dilemma zwischen Teilchen- und Wellensicht. Auch die Physiker rechnen mit Teilchen, eigentlich Massepunkten (schon in der klassischen Physik), die es aber in Wirklichkeit gar nicht gibt, weil von der Form abstrahiert wird. Aber auch die Form wäre eine Abstraktion, weil kein Gegenstand an seiner Oberfläche endet und ein „Gegenstand" ohne Kontext, ohne Umgebung auch kein Gegenstand wäre.

Auch die Teilchen, mit denen in der Quantentheorie gerechnet wird, sind abstrakt und haben keine physikalische Realität, weil zunächst die Wechselwirkung vernachlässigt wird. In den Experimenten müssen die natürlichen Umwelteinflüsse und Wechselwirkungen technisch ausgeschaltet werden, was oft gar nicht so einfach ist. Im realen Leben gibt es aber nichts ohne Wechselwirkung. Die Physiker sind beim Begriff „Teilchen" geblieben, weil sie wissen, dass ihre Elementarteilchen keine klassischen Teilchen sind, sich jedenfalls nicht klassisch verhalten. Im Alltag reden wir von Objekten, ohne dass uns bewusst ist, dass es die so isoliert, wie wir sie uns vorstellen, auch nicht gibt, sondern nur in Wechselwirkung, im Zusammenhang mit anderen und mit uns. Dazu kommt noch, dass wenn zwei Systeme in Wechselwirkung treten, sie dann – frei nach Erwin Schrödinger – sofort aufhören, als isolierte Teilphänomene zu existieren, und an ihre Stelle tritt ein einziges Phänomen für das Gesamtsystem.

WELTBILDER

„Die Art, wie wir die Welt sehen,
erleben und in ihr agieren, hängt ab von einem ‚Denkrahmen'.
Er zeigt den für uns wichtig gewordenen,
gewohnten Ausschnitt der Wirklichkeit.
Er schließt ein und er grenzt aus.
In diesen Denkrahmen sind wir hineingewachsen.
Wir können aber auch über ihn hinauswachsen.“

Robert Harsieber

Der europäische Umgang mit Gegensätzen

Wir haben festgestellt, dass sich am Beginn der Philosophie ein statisches (Parmenides) und ein dynamisches (Heraklit) Weltbild gegenüberstanden, die Platon dialektisch zu vereinen suchte. Später standen einander im Nahen Osten zwei völlig gegensätzliche Kulturen gegenüber: die griechische und die jüdische. Und auf der einen Seite begann mit Aristoteles etwas Neues, und auf der anderen Seite mit dem Christentum. Es wäre interessant, diese Strömungen durch die europäische Geschichte zu verfolgen – eher eine Aufgabe für Historiker – und sie auch unter dem Aspekt der Komplementarität zu betrachten.

Wir blicken heute sozusagen vom anderen Ende der Geschichte auf diese Zeit zurück, mit der Brille des naturwissenschaftlichen Weltbildes und seiner Spaltung von Subjekt und Objekt. Um aber diese Entwicklung zu verstehen, müssten wir diese Brille ablegen, denn diese Spaltung gab es in der heutigen Form in der Antike noch nicht.

Zudem müssen wir vorab feststellen, dass die Komplementarität nicht von logischen, also formalen Gegensätzen (A und Nicht-A) ausgeht, sondern von inhaltlichen Unvereinbarkeiten. Die noch dazu nicht streng symmetrisch sind. Nach dem Kollaps der Wellenfunktion oder der Dekohärenz ist das Teilchenbild quasi „eindeutig", das Wellenbild zuvor ist es nicht. Da geht es streng genommen nicht um eindeutige Wellen (wenn auch nicht im klassischen Sinne), sondern um Teilchen (wieder nicht im klassischen Sinne), die ein Interferenzmuster bilden, wie wir es von Wellen erwarten.

Auch der antike Gegensatz von Sein (Parmenides) und Werden (Heraklit) ist kein symmetrischer Gegensatz. Parmenides leugnet jegliche Bewegung und bleibt beim reinen Sein. Nach Heraklit fließt alles im andauernden Logos des Seins. Grob gesagt ist das statische im dynamischen Weltbild enthalten, aber umgekehrt gilt das nicht so ganz. Das dynamische Weltbild ist meist umfassender als ein statisches. Aber in der Antike sind diese Weltbilder wohl nicht so getrennt, wie wir das heute sehen.

Was die Begriffe der antiken Welt betrifft, müssen wir aufpassen, diese nicht in die heutigen Vorstellungen dieser Begriffe zu „übersetzen". Das wäre eine Übersetzung, die das grundlegend verschiedene Weltbild missachtet. Descartes hat im 17. Jahrhundert Materie und Geist unterschieden, und diese Unterscheidung ist später immer mehr zu einer Trennung geworden, bis schließlich der Geist überhaupt geleugnet oder als Epiphänomen der Materie aufgefasst wurde.

Diese Vorstellung einer Trennung von Materie und Geist oder Immanenz und Transzendenz wird üblicherweise in die Vergangenheit projiziert und auch der Antike unterschoben. Damit werden Materie oder Natur (phýsis) und Seele (psyché) zu zwei Welten erklärt, die sie damals nicht waren. *„Platon wird als Denker der Ideen vorgestellt, die – wie man meist fälschlich glaubt – in irgendeiner jenseitigen, transzendenten Welt verortet sind [...] So werden Klischees geboren und verewigt. So werden Irrtümer verbreitet."*[150]
Diese Zweiteilung ist dem Mythos der Antike fremd. Selbst die Götter sind nicht in einer transzendenten Welt, sie sind Teil dieser Welt. Ebenso die platonischen Ideen. Es geht Platon nicht um zwei Welten, sondern um *„eine Philosophie des Werdens vor dem Hintergrund der Metaphysik der Lebendigkeit"*[151]. Den Griechen vor Aristoteles ging es nicht um eine Welt der seienden Objekte, sondern die Welt im Ganzen (des kósmos und der kosmischen psyché) ist vor allem für Platon ein Lebewesen, ist lebendiges Sein im Werden und Vergehen. Die „Welt" ist insofern mehr als das, was wir heute unter Welt verstehen, als sie lebendig gedacht wird. Selbst das Göttliche wird in der Antike nicht als transzendent erlebt, sondern als Dimen-

---

[150] Christoph Quarch: Platon und die Folgen. J.B. Metzler Verlag 2018, S. 34

[151] Ebda., S 35

sion des Kosmos selbst. Diese Sicht ist uns deshalb so fremd, weil wir im mechanistischen Weltbild alles Lebendige ausgeklammert und bestenfalls zum Epiphänomen erklärt haben.

Interessant in unserem Zusammenhang ist auch der Begriff der Grenze (péras) und des Unbegrenzten (ápeíron). Letzteres ist wieder kein transzendentes Sein, sondern das Mögliche, reine Potenzialität. Und das Begrenzende – Sinn und Maß jedes Seienden – sind die Ideen. Diese sind damit auch nichts Außerweltliches! Es gibt keine Welt der Ideen, sondern eine Welt durch die Ideen. Wollte man den Begriff ápeíron „übersetzen" in eine moderne Sprache, könnte man es mit der Nicht-Lokalität der Quantenphysik vergleichen, der Überlagerung aller Möglichkeiten. Mit péras ist das gemeint, was dem Seienden Gestalt und Identität verleiht, aber nicht im Sinne eines definierten Objekts, sondern einer Symbolgestalt.

Wenn wir die neuzeitliche Trennung von Subjekt und Objekt, aber auch die Trennung von Philosophie und Naturwissenschaften bedenken, dann haben wir vor uns etwas, das in der Antike so noch nicht gegeben war. Die Frage war nicht, wie Materie und Geist, wie Körper und Seele, wie Diesseits und Jenseits zustande kommen oder zusammenhängen, sondern wie aus Potenziellem Konkretes wird. Dies entspricht eher dem, was wir heute als Dekohärenz bezeichnen. Wie aus der Nicht-Lokalität (Quantenphänomene haben keine Eigenschaften, auch keinen Ort, solange sie nicht gemessen werden) konkrete Teilchen und Wellen werden. Was wir Teilchen, Dinge oder Objekte nennen, sind Abstraktionen, weil das Ganze durch die Messung oder durch das Wahrnehmen verloren geht.

Aristoteles richtete sein Augenmerk auf die vom Mythologischen „befreite" Außenwelt, in der seine fragmentierende Logik gilt. Das aus dem Jüdischen entstandene Christentum verband sich in seiner Enkulturation zunächst mit dem dialektischen platonischen Griechentum. Aristoteles verschwand aus der europäischen Geschichte, wurde aber durch die Araber wieder zurückgebracht. So konnte Thomas von Aquin das Christentum mit dem Aristotelischen verbinden. Damit wurden der Platonismus und Neuplatonismus aus dem Christentum zurückgedrängt – und damit das eigentliche dialektische Christentum. Von da an war das Christentum geprägt von der thomasischen Scholastik und damit von Aristoteles. Kirche und (später) Naturwissenschaft bewegten sich seither auf demselben Gleis.

So war auch das kopernikanische Weltbild gar nicht so sehr dem Dogmatismus der Kirche im Weg (die brauchte es sogar für ihre Kalenderreform), sondern dem aristotelischen Dogmatismus der Pariser Universität. Aristoteles unterschied die Welt oberhalb und unterhalb des Mondes, und da passte das heliozentrische Weltbild nicht mehr dazu. Die Feinde Galileis saßen nicht im Vatikan (Papst und Großinquisitor waren seine Freunde und seine erste Publikation erschien mit der päpstlichen Imprimatur ein Jahr vor seinem Prozess), sondern in der Pariser Universität. Im Prozess gegen Galilei ging es auch gar nicht um das kopernikanische Weltbild, sondern um „Ungehorsam", weil sich der Papst durch eine Karikatur in einer Schrift Galileis persönlich angegriffen fühlte. Außerdem war er politisch gezwungen, weil man ihm (dem Papst) vorwarf, dass er sich mit Naturwissenschaft befasste, während die Feinde (die Schweden) sich Rom näherten.

In der Folge fiel zwar die aristotelische Trennung der Welten, sie wurde aber nur verschoben. Die Grenze war nicht mehr der Mond, sondern sie verlief nunmehr zwischen Materie und Geist, Diesseits und Jenseits. Die aristotelische Logik dominierte aber bis hin zur klassischen Physik, die seit der Aufklärung eine religionsähnliche Rolle spielt(e). Herbert Pietschmann zitiert immer wieder gerne den Brief Voltaires an den Physiker Maupertuis aus dem Jahre 1732, der ihm die neue Wissenschaft Newtons und damit einen neuen Glauben näherbrachte: *„Ihr erster Brief hat mich auf die Newtonsche Religion getauft. Ihr zweiter hat mir die Firmung gegeben. Ich bleibe voller Dank für Ihre Sakramente. Verbrennen Sie, bitte, meine lächerlichen Einwürfe. Sie stammen von einem Ungläubigen. Ich werde auf ewig Ihre Briefe bewahren, sie kommen von einem großen Apostel Newtons, des Lichts zur Erleuchtung der Heiden."*[152]

Die Zweiteilung der Welt stammt jedenfalls nicht von Platon, sondern von seinem Schüler Aristoteles, dem es nicht mehr um das Leben und den Menschen ging, sondern um die Welt des Seienden. Das fiel insofern immer weniger auf, weil Descartes diese Zweiteilung zum Prinzip erhob. Auch wenn es für ihn nur eine Unterscheidung war, im 19. Jahrhundert wurde es bereits als Trennung aufgefasst und später wurde ein „Teil", das Geistige, eliminiert und verdrängt und als reines Epiphänomen der Materie aufgefasst. Das

---

[152] Zit. in: Erich Hamberger, Herbert Pietschmann: Energie. Die Essenz von Sein und Leben. Herder 2020, S. 197

ist bis heute so geblieben, obwohl das Entweder-Oder und der mechanistische Denkrahmen seit fast 100 Jahren obsolet sind.

Die Absolutsetzung von Raum, Zeit und Materie im Anschluss an Isaac Newton wurde vorbereitet durch die Unterscheidung von Wahrheit und Hypothese durch die Kirche (!) im Zusammenhang mit dem kopernikanischen Weltbild, das sie für ihre Kalenderreform brauchte. Für die Kirche war die Wahrheit des Glaubens auf das Ganze bezogen, während sich Hypothesen nie auf das Ganze beziehen und daher ihrer Natur nach falsch sind. Galilei ging es darum aufzuzeigen, dass Hypothesen nicht falsch sind, sondern mittels der Methode des Experiments geprüft zu gesichertem Wissen werden. In dieser Umdeutung der Differenz zwischen Wahrheit und Hypothese zur Differenz zwischen Wahrheit und Wissen liegt nach Pietschmann die Geburtsstunde der Naturwissenschaft.

Wissen in diesem Sinne bezieht sich nur auf die Voraussagbarkeit. Experimente können von jedem nachvollzogen, reproduziert werden, mit einem verlässlichen Ergebnis – und zwar unabhängig von einer inhaltlichen Beschreibung. „*Absolut verlässlich ist [einzig] das voraussagbare Ergebnis von Handlungsketten, unabhängig von der zum jeweiligen Zeitpunkt gültigen, theoretischen Beschreibung! Damit meine ich, dass das Ergebnis einer Handlungskette immer dasselbe sein wird, unabhängig davon, mit welcher inhaltlichen Fassung der Naturgesetze diese Handlungskette beschrieben wird.*" Kriterium ist nicht das Denken, sondern das Experiment. Die theoretische Beschreibung kann variieren. Was Newton mit der Schwerkraft beschrieb, erklärte Einstein mit der Raumzeitkrümmung. Aber beide begründeten damit, warum ein Gegenstand zu Boden fällt.

Die non-dualistische Fraktion ist aber auch in Europa nie ganz ausgestorben. Abgesehen von den Mystikern aller Zeiten: Newton hatte beispielsweise einen Gegenspieler in Leibniz, der die dialektische Sicht in seiner Monadenlehre wieder aufnahm. Jede Monade ist das Ganze in individueller Perspektive. Für die Kommunikation wäre die prästabilierte Harmonie gar nicht notwendig. Damit ist der Gegensatz von Ganzem und Einzelnem dialektisch oder komplementär aufgehoben. Durchgesetzt hat sich aber die fragmentierende Sicht der Naturwissenschaft.

Eine Wende brachte der Beginn des 20. Jahrhunderts. Die Relativitätstheorie und endgültig die Quantentheorie überschritten den auf

Aristoteles und der klassischen Physik basierenden Denkrahmen der Moderne. Niels Bohr für die Physik und C.G. Jung für die Psychologie prägten zeitgleich den Begriff der Komplementarität – von Gegensätzen, deren Widerspruch nicht eliminiert werden kann, weil beide für die Beschreibungen der Wirklichkeit notwendig sind, auch wenn sie einander ausschließen. Damit ist die platonische Lebendigkeit der (inneren und äußeren) Natur wiederhergestellt. Nach Pauli und Jung sind auch Materie und Psyche, Physik und Psychologie komplementär aufeinander bezogen. Die Trennung ist nicht „objektiv", sondern liegt in der Wahrnehmung. Es wird allerdings noch einige Zeit vergehen, bis das in ein allgemeines Weltbild eingeht.

Die Naturwissenschaft wurde im 17. Jahrhundert nicht zuletzt dadurch ermöglicht, dass René Descartes zwischen res cogitans und res extensa unterschieden hat. Allerdings war für ihn das denkende Subjekt das eigentlich Unbezweifelbare. Im Laufe der Entwicklung wurde die ausgedehnte Materie zur einzigen Realität. Und für Herbert Pietschmann ist auch das „cogito ergo sum" eine bloße Abstraktion oder Momentaufnahme. Durch die Gewissheit des „cogito" wird außerdem der Andere zum Problem, der sich ja auch nur selbst gewiss sein kann. Doch Denken setzt Sprache voraus, und Sprache setzt Kommunikation voraus. Von daher müsste der Satz des Descartes nach Pietschmann anders lauten, nämlich „communico ergo sumus", ICH kommuniziere, also sind WIR – oder komplementär: „communicamus ergo sum", WIR kommunizieren, also bin ICH. „In der Kommunikation setzt jedes Ich sich selbst zugleich mit seinem Gegenüber und gemeinsam werden sie zum WIR. Ein Mensch allein ist eben noch kein Mensch! ... Das solipsistische Ich des ‚cogito, ergo sum' ist ... weder lebendig noch liebesfähig![153]

Auch dies hat seine Entsprechung in der Quantenphysik, erläutert in der Fußnote zu diesem Zitat: „Der Begriff des Teilchens ist eine Abstraktion (analog zum Descartes'schen cogito, ergo sum), die wir zwar zur widerspruchsfreien Beschreibung brauchen, die aber in der Welt gar nicht vorkommt. [...] Nur in Wechselwirkung stehende Teilchen (Aporons) sind mathematisch und physikalisch ‚vernünftig'. [...] Physikalische Teilchen tragen gewissermaßen den Widerspruch in sich, einerseits selbständige Objekte zu sein, andererseits

[153] Gerhard Schwarz (Hrsg.): Philosophphysik. Festschrift für Herbert Pietschmann zum 80. Geburtstag, Ibera / European University Press 2016, S. 66

ohne Wechselwirkung keine Existenzberechtigung zu haben. In diesem Sinne möchte ich sie Aporons nennen."[154]
Nichts in der Welt existiert als isolierte Entität, vom Elektron bis zur Galaxie, vom Virus bis zum Menschen. Kein Ding, kein Objekt, kein Mensch hört an seiner Oberfläche auf und existiert für sich allein. Es gibt nur Felder mit konzentrierter Feldstärke, alles geht in die Umgebung und ineinander über. Alles existiert nur in Wechselwirkung und Kommunikation. Aber – und das ist der Widerspruch, den man nicht eliminieren kann – um zu kommunizieren, müssen wir unterscheiden und von abstrakten Dingen und Objekten und Menschen reden. Nur beides zusammen ergibt ein vernünftiges Bild des Ganzen.

Von der Antike über die Quantenphysik zur Wahrnehmung

Wer auf die Menschheitsgeschichte blickt, sieht die Entwicklung entsprechend dem heutigen Weltbild als lineare Entwicklung, hin zu immer mehr „Fortschritt". Das ist so klar, dass kaum jemand fragt, was denn dieser „Fortschritt" sei. Wir sind am meisten fortgeschritten, und alle Früheren waren auf einem „primitiveren" Stand. Das passt zur Arroganz der Ich-Gesellschaft.

Man kann die Geschichte aber auch als ewige Wiederkehr des Gleichen (Nietzsche) sehen. Weltreiche kommen und gehen, die Geschichte wiederholt sich, die Namen (Alexander der Große, Caesar, Napoleon, Hitler, …) sind austauschbar. Da wird die Frage, was denn – abgesehen von der Technologie – „Fortschritt" sei, schon schwieriger. Ist die griechische Polis unterentwickelter als die heutigen Demokratien? Oder umgekehrt? Denken wir uns Sokrates am Marktplatz von Athen, mit den Passanten diskutierend – und stellen wir uns einen Philosophen am Naschmarkt im heutigen Wien vor. Würde ihm jemand zuhören? Wo ist da der Fortschritt in 2.500 Jahren? Oder ist das nicht eher ein Rückschritt?

So kann man die Frage nicht stellen. Wir denken heute in einfachen, linearen Zusammenhängen – wie uns das die Naturwissenschaft gelehrt hat –, aber so ist die Wirklichkeit nicht. Wenn wir eines sagen können, dann das, dass sie nicht einfach und linear, son-

---

[154] Ebda, S. 66 (Fußnote)

dern komplex ist. Und wenn wir ehrlich sind, müssen wir zugeben, dass unser „modernes" Denken nicht in der Lage ist, diese Komplexität zu begreifen. Linear heißt auch, in isolierten Entitäten, Dingen oder Objekten zu denken, immer nur einen Ausschnitt der Wirklichkeit zu betrachten. In einer komplexen Welt lässt sich aber nichts isolieren, Komplexität bezieht sich immer auf ein Ganzes, letztlich auf die ganze „Welt", weil es nirgends eine Grenze gibt, die wir definieren (eingrenzen) könnten.

Die Naturwissenschaft – beginnend im 17. Jahrhundert bei Galilei, Descartes und Newton – war/ist der Höhepunkt dieses fragmentierenden Denkens, das schon bei Aristoteles begonnen hat. Er repräsentiert damit den Beginn einer neuen Zeitrechnung. Es war eine Zeit des Übergangs – vom Mythos zum Logos – und sein Lehrer Platon war noch ein Repräsentant von beidem. Die Welt – oder ist es die Sicht des Menschen? – ist immer dual. Wir müssen immer in Gegensätzen denken. Das war vor und genauso nach Platon immer so. Platon ist deshalb so missverständlich, weil er beides vereinigt.

Es gibt im Wesentlichen nur zwei Weltbilder: das statische und das dynamische. Wer von einem abstrakten Sein ausgeht, der sieht die konkrete Welt nicht mehr. Wer die Dynamik der Welt sieht, tut sich damit schwer, das Bleibende im Wandel zu sehen. Modern würden wir das als „top down" (vom Sein zum Werden, vom Abstrakten zum Konkreten) und als „bottom up" (vom Konkreten zum Allgemeinen, vom Wandel zum Bleibenden) sehen. Damit ist gleich ersichtlich, dass der zweite Weg der pragmatischere ist, weil er vom Ist-Zustand ausgeht und sich einem Ziel annähert.

Diesen Weg hat Europa – zumindest das moderne Europa, aber das beginnt bei Aristoteles – nicht gewählt. Wir denken (pseudo-) naturwissenschaftlich, und wir denken statisch. Und das wird der konkreten Welt nicht gerecht. Herbert Pietschmann hat gezeigt, dass Naturwissenschaft nicht die Welt beschreibt, sondern eine Welt konstruiert, die nicht unserer Lebenswelt entspricht. Dass diese Konstruktion aber Voraussagen ermöglicht, die im Experiment überprüft werden können. Damit wird die „Welt" manipulierbar, was zu den erstaunlichen technischen Errungenschaften der modernen Welt geführt hat, ohne die unser Leben gar nicht vorstellbar wäre. Aber auch dazu, die konkrete, „natürliche" Welt aus den Augen zu verlieren.

Platon vereinigte die beiden Strömungen Mythos und Logos. Wir neigen heute dazu, den Mythos als längst vergangen und überwunden zu sehen – was so falsch ist, wie es nur sein kann. Mythos und Logos gehören komplementär zusammen wie Welle und Teilchen in der Quantenphysik, oder wie Bewusstes und Unbewusstes in der Analytischen Psychologie C.G. Jungs. Der Mythos beschreibt in Symbolen dunkel und vieldeutig ein Ganzes, unsere Ratio beschreibt in Begriffen klar und eindeutig immer nur Teile, Fragmente. Daher ist die mythische Symbolsprache dem rationalen Denken gar nicht zugänglich, nicht weil diese Sprache längst überwunden ist, sondern weil wir sie nicht mehr verstehen. Dem fragmentierenden Denken bleibt das Ganze verschlossen. Wir verstehen damit aber auch unser eigenes Inneres nicht mehr. Träume, Fantasien, Imaginationen bedienen sich dieser Symbolsprache, wie auch die alten religiösen Schriften. Und wir verstehen beides nicht mehr.

Das ist nämlich die nächste duale Situation: Wir haben uns die Außenwelt in Begriffen erschlossen, am deutlichsten in der Physik, aber unter Ausschluss des Subjekts, und damit letztlich unter Ausschluss des Menschlichen. Daher werden wir bald wissen, wie es auf dem Mars aussieht, aber unser Inneres ist uns ferner denn je.

Aber diese unnatürliche Trennung zwischen Subjekt und Objekt wurde ausgerechnet durch die moderne Physik der ersten Hälfte des 20. Jahrhunderts aufgeweicht. Es gibt keine bloß objektive Wahrnehmung ohne Beteiligung des Subjekts. Das hat weitreichende Folgen dahingehend, dass es keine isolierten Objekte und kein isoliertes Ich gibt. Wahrnehmung umfasst immer beides. Was wiederum bedeutet, dass das, was wir als Dinge oder Objekte bezeichnen, nichts als grobe Vereinfachungen oder Abstraktionen sind. Auch eine Konsequenz: Unsere klar definierten Begriffe sind auch nur Abstraktionen. Begriffe haben eine bestimmte Bedeutung, die im Vordergrund steht, sind aber quasi umgeben von einer Bedeutungswolke, die den Zusammenhang mit dem Kontext, der Umgebung widerspiegelt, die im definierten Begriff vernachlässigt wird.

Ein sehr altes philosophisches Problem – das es erst im beginnenden fragmentierenden Denken gibt – ist das von Substanzen/Dingen und deren Eigenschaften/Qualia. Das bedeutet nichts anderes, als dass wir z.B. eine Substanz „Auto" nennen, das eine bestimmte Form, Farbe, usw., also Eigenschaften hat. In der gängigen Ontologie heißt das, dass das Auto objektiv real ist und die Eigenschaften subjektive Merkmale sind. Ein Auto ist ein Auto, egal welche Form es hat, egal ob es rot, blau oder gelb ist. Das ist völlig einleuchtend – bis man fragt, was denn ein Auto ohne Form und Farbe ist? Ist das Auto dann überhaupt noch da? In unserer gewohnten Logik – die immer noch die des Aristoteles ist – reden wir entweder von der Substanz oder von der Farbe. Das Auto ist nicht Farbe und die Farbe ist nicht das Auto. Aber das eine ist nicht ohne das andere. Da gilt gar kein Entweder-Oder. Ein Auto ohne seine Eigenschaften ist nicht.

Genau diesen seit der Antike bedachten Problemen begegnen wir wieder in der Quantenphysik als Komplementarität von Teilchen und Welle. Was wir Teilchen nennen, hat Welleneigenschaften, die untrennbar damit zusammenhängen, auch wenn wir sie gar nicht zusammen denken können. Aber so unverständlich die Quantenphysik ist – nach Richard Feynman versteht niemand die Quantenphysik –, es gab auch in der klassischen Physik Phänomene, die eigentlich unverständlich sind. Was elektromagnetische Wellen sind, kann niemand erklären, sie sind einfach das, was die Gleichungen beschreiben ...

Ein Quantenphänomen hat keine Eigenschaften, bevor diese nicht gemessen werden. Konkret: Bevor ein Elektron nicht an einem bestimmten Ort gemessen wird, hat es keinen Ort. Vorher ist es sozusagen nicht in unserer lokalen Welt, sondern ist unbestimmt in der Nicht-Lokalität – also quasi überall und nirgends. Das nennt man Superposition aller Möglichkeiten. Oder potenzielles statt konkretes Sein.

Wir könnten das Verhältnis von subjektiv und objektiv auch in dieser Weise bedenken. Das Auto ist zweifellos objektiv vorhanden, jeder kann es sehen. Wir können aber gar nicht sagen, wie es der andere sieht. Es hat eine Farbe, und das Rot wird der eine als aggressiv empfinden, der andere als schön. Das ist völlig subjektiv. Aber selbst das subjektive Farbempfinden hat einen objektiven Hintergrund, nämlich Farben sind elektromagnetische Wellen, deren Wellenlänge wir als Farbe empfinden. Objektiv reflektiert dieses Auto Licht mit einer bestimmten Wellenlänge. Was wir wahrnehmen ist aber Farbe. Wir sehen, was man objektiv beschreiben kann, aber wir sehen es subjektiv. Was heißt, wir unterscheiden zwischen subjektiv und objektiv, ohne es trennen zu können. Solche zusammengehörenden Gegensätze nennt man (in der Wissenschaft seit Niels Bohr und C.G. Jung) komplementär – etwas, das in der gewohnten aristotelischen Logik nicht vorkommt.

Ganz deutlich wird das im sogenannten Teilchen-Welle-Dualismus der Quantenphysik. Teilchen (punktförmige Materiekonzentration) und Welle (ausgedehntes Energiefeld) sind unvereinbare Gegensätze, und doch ist das im Mikrokosmos dasselbe. Quantenphänomene sind teilchenartig oder wellenartig, je nachdem welches Experiment wir durchführen oder wie wir hinschauen. Im Doppelspaltexperiment haben „Teilchen" Wellencharakter, was sich daran zeigt, dass sich die Teilchen in einem Interferenzmuster anordnen. Sobald wir aber den Weg messen, den diese Teilchen genommen haben, zeigen sie sich nur noch als Teilchen, und das Interferenzmuster ist weg. Oder mit anderen Worten: Die Messung verändert das Gemessene.

Die Mikrowelt funktioniert eben ganz anders als unsere Lebenswelt. Oder doch nicht? Die Messung im Doppelspaltexperiment ist nichts anderes als physikalische Wechselwirkung. Sobald wir messen, ist es mit dem Ausgebreitet-Sein des Quantenphänomens vorbei und es „wird" zum (begrenzten) Teilchen. Oder wir sehen nur noch diesen Teil der Wirklichkeit. Nun ist aber das Hinschauen in unserer Lebenswelt auch nichts anderes als Messung (Austausch von Lichtteilchen). Was, wenn auch unser Hinschauen auf die „Welt" das Gesehene verändert? Wir nehmen dann nur noch Teilchen, Objekte, Dinge wahr, und nicht mehr die (wellen- oder feldartigen) ausgedehnten, vernetzten Zusammenhänge des Ganzen, die im Gegensatz zu isolierten Dingen stehen.

Wir gehen hier von der erweiterten Logik der Quantentheorie, aber auch der Analytischen Psychologie C.G. Jungs aus. Weil aber Naturwissenschaft nicht eine Beschreibung der Welt ist, sondern unseres Sehens der Welt, geht es letztlich immer um den Menschen, und ein Umdenken in der Wissenschaft ist ein Umdenken, was unsere Wahrnehmung betrifft. Wahrnehmung betrifft aber nicht nur die Wissenschaft, sondern auch die Wahrnehmung im Alltag. Daher müssten wir den Satz von Richard Feynman, „niemand versteht die Quantenphysik" (nämlich im herkömmlichen Weltbild) umdrehen, um zu sagen, dass niemand seine Welt wirklich versteht ohne das Instrumentarium der Quantenphysik oder der Analytischen Psychologie.

Wandel der Weltbilder

Es gibt Umbrüche in der Kulturgeschichte, die als Revolutionen oder Evolutionen des Weltbilds bezeichnet werden können. Die letzten beiden dieser Revolutionen sind die Entstehung der modernen Naturwissenschaft im 17. Jahrhundert und die Entstehung der Quantentheorie Anfang des 20. Jahrhunderts. Als kulturelles Ereignis wurde Erstere von der Gesellschaft aufgenommen, Letztere (noch) nicht.

Es gibt Übergangszeiten und Übergangspersönlichkeiten. Für die naturwissenschaftliche Revolution war das Johannes Kepler (1571–1630). Er war noch beseelt von einer inneren, religiösen Welt (Trinität, Sphärenmusik, Weltseele), aber bereits fasziniert von einer extravertierten Eroberung der Außenwelt, der Messbarkeit, die später zur Machbarkeit führte. Er stellte sich die Trinität als Kugel vor, sodass der dynamische Aspekt bereits verloren war, und in seinen Spätwerken trennte er den Schöpfer vom Geschaffenen, ersetzte er das Wort „Seele" mit „Kraft" und dachte sich die Welt als ein harmonisches Uhrwerk.

Damit stand Kepler zwischen den Welten der Einheit und Verbundenheit einer beseelten Natur und einer entseelten, aber dafür messbaren objektiven Welt. René Descartes vollendete diese Unterscheidung, die später zur Trennung führte, Galilei lieferte die Methode des Messens und des Experiments und Newton führte dann die Mathematisierung der Welt durch. Alle drei waren noch im Religiösen verankert, aber die Außenwelt war bereits abgespalten und zur Erforschung freigegeben. Die Innenwelt wurde abgetrennt und zunehmend marginalisiert. Soweit die äußere Beschreibung dieser Entwicklung.

Der Ausschluss der Innenwelt, des Subjekts hatte auch zur Folge, dass die Zeit, die Dynamik aus der objektiven Welt verdrängt wurde. Naturwissenschaft beschreibt eine objektive, statische Welt. Daran ändert auch die Kosmologie nichts, das Universum ist das Gegebene. Vor allem schmilzt die Innenwelt zum abstrakten mathematischen Punkt des Subjekts. Mit der Innenwelt verschwinden auch die Entwicklung und Entwicklungsfähigkeit des Menschen. In der Frage, was kann ich wissen, geht der dynamische Erkenntnisprozess verloren.

Dreihundert Jahre später, im 20. Jahrhundert, kam es zu einer Reanimierung der Innenwelt. C.G. Jung beschrieb eine objektive

Innenwelt und die dynamische Entwicklung des Bewusstseins in der Beschäftigung mit dem Unbewussten, die er Individuation nannte.

Und in der Quantenphysik war es nicht mehr möglich, ein abstraktes Subjekt völlig aus der Theorie herauszuhalten. Die Beschreibung einer objektiven Welt ohne Angabe des eingesetzten Messapparats und des Messvorgangs war nicht mehr möglich.

Dieser Messvorgang verändert überdies das Gemessene, und wenn wir z.b. den Ort eines Teilchens messen, dann bleibt der Impuls unbestimmt. Es wurde damit unmöglich, alle Ausgangswerte einer Situation zu berechnen und Voraussagen für Einzelereignisse zu machen. Das mechanistische Denken musste aufgegeben werden, das Bild der Welt als Uhrwerk wurde auf den wissenschaftlichen Schrotthaufen geworfen. Die durchgehende Kausalität kam ins Wanken durch die Einführung des objektiven Zufalls. Kausalität wurde zur Bezeichnung für hohe Wahrscheinlichkeit.

Nur wenige Naturwissenschaftler beschäftigt die Frage, wie wissenschaftliche Erkenntnis zustande kommt. Für diejenigen, die es (nach 1900) doch tun, wird die Innenwelt wieder interessant, denn an der Theoriebildung sind die Intuition und Kreativität beteiligt (Einstein), und damit der nicht-rationale Teil der Psyche (C.G. Jung). Das bestätigt nicht nur Einstein, sondern vor allem auch Wolfgang Pauli, der sich am intensivsten mit der Psychologie, mit der Innenwelt auseinandersetzt. Die Spaltung in Außenwelt und Innenwelt ist nicht mehr aufrechtzuerhalten, mit der Quantentheorie ist wieder ein Moment der Ganzheit in die Physik eingezogen.

Dem Physiker Wolfgang Pauli ist es dadurch möglich, den beschriebenen Entwicklungsweg auch aus psychologischer Sicht zu reflektieren. Sowohl Jung als auch Pauli beschäftigten sich mit der Alchemie, die vor allem deshalb so interessant ist, weil noch nicht zwischen außen und innen, zwischen Materie und Psyche unterschieden wurde. Eine psychophysische Einheit wurde in symbolischen Bildern beschrieben und „Wissenschaft" war noch Arbeit an sich selbst. In der Psyche sind Gottesbild und Selbst nicht zu unterscheiden (Jung). In der Entwicklung zur Naturwissenshaft wird das Gottes- und Selbstbild zurückgedrängt und eine abgespaltene Außenwelt erforscht.

Nun kann aber das Zurückgedrängte nie eliminiert werden – Ganzheit bleibt Ganzheit –, sondern wird nur verdrängt und unbewusst. Das bedeutet, dass das Innere nach außen projiziert wird, ohne dass man sich dessen (des Subjektiven im Objektiven) bewusst ist. Bleibt die Projektion aber unbewusst, dann trägt das Außen die Charakteristik des Innens mit. Daher wird von Wissenschaftlern, denen das nicht bewusst ist, ihr Fach oft mit demselben religiösen Fanatismus vertreten wie vorher die Religionen. Naturwissenschaft – die Methode, einen Teilbereich der Natur zu erforschen – wird zur Welterklärung, zur Ideologie und zur alleinigen Wahrheit.

In der Quantenphysik und Tiefenpsychologie tauchte zeitgleich der Begriff der Komplementarität auf. Damit wurde das Entweder-Oder (Satz vom ausgeschlossenen Dritten) des Aristoteles überschritten. Auch deshalb, weil durch die Hereinnahme des Subjektiven die Logik nicht mehr bloß formal sein kann. Gegensätzliche Anschauungen wie Teilchen und Welle sind nicht gleichzeitig denkbar, auch nicht im selben Experiment demonstrierbar, beide sind aber notwendig, um die Wirklichkeit zu beschreiben. Quantenphänomene – auch wenn sie noch immer als Elementarteilchen bezeichnet werden – sind weder Teilchen noch Welle, sondern etwas anderes, für das wir keine Anschauung haben. Wir können sie aber nur entweder als Teilchen oder als Welle beschreiben. Hilfsbegriff ist das Feld mit seiner unendlichen Ausdehnung, dessen lokale Feldstärke wir behelfsmäßig als „Teilchen" beschreiben. Eigentlich hat die Quantenphysik den Begriff eines isolierten Teilchens (Ding, Objekt) aus der Physik eliminiert.

Die Physik ist damit (wieder) an die Erkenntnistheorie herangerückt. Das Problem liegt ja nicht in der Natur, die so ist, wie sie ist, sondern in unserem Denken, das sich an der Außenwelt der Makrowelt entwickelt hat. Die Quantenphysik ist letztlich der Hinweis, dass wir in der klassischen Physik und Naturwissenschaft das „Teilchendenken" verabsolutiert und das „Wellendenken" völlig verdrängt haben. Dadurch wird das bewusste Erleben von Objekten mit der Wirklichkeit (des Ganzen) verwechselt und verabsolutiert. Das Wellenhafte der Wirklichkeit, der Feld- und Beziehungscharakter sowie die Potenzialität sind verloren gegangen.

Es wäre heute an der Zeit, sich von den wechselnden gegensätzlichen Ideologien (Realismus – Idealismus, Empirismus – Rationalismus, Naturwissenschaft – Religion) zu verabschieden und endlich einzusehen, dass wir immer beide gegensätzlichen Anschauungen und Beschreibungen brauchen, wenn wir Wirklichkeit erfassen wollen. Wir müssen immer noch Teilchen und Welle oder Feld, Außenwelt und Innenwelt unterscheiden, weil es ohne Unterscheidung gar kein Bewusstsein, kein Wissen und keine Kommunikation gibt. Wir müssten aber einsehen, dass deren Trennung eine Illusion ist. Die Wirklichkeit ist untrennbare Einheit und Ganzheit. Das Fragmentieren ist notwendig, aber nur eine mentale Konstruktion, die dem Wissenserwerb dient. Damit werden Physik und Psychologie zur Außen- und Innensicht der Wirklichkeit, die als Ganzheit des Lebendigen immer nur in komplementären Gegensätzen und in Paradoxien zu beschreiben ist.

Eine neue Sprache?

Im Briefwechsel zwischen C.G. Jung und Wolfgang Pauli ging es vor allem um die Komplementarität von Physik und Psychologie, von Materie und Psyche – um die Außen- und Innenseite ein und derselben Wirklichkeit. Die von Jung als „psychoid", also „nicht wirklich psychisch" bezeichneten Archetypen scheinen sich in der Psyche wie auch in der Physik auszuwirken. Wolfgang Pauli sprach von einer „neutralen Sprache", die auf beide Gebiete anzuwenden wäre.

Wie könnte eine solche neutrale oder gemeinsame Sprache aussehen? Die Quantenphysik erfordert bereits eine neue Sprache, die Begriffe der klassischen Logik gelten im Mikrokosmos nur noch eingeschränkt. Das war in der Geschichte der Physik ein längerer Lernprozess und teilweise ein denkerischer Gewaltakt. „Materie gibt es nicht" sagte Hans-Peter Dürr in seinen Vorträgen. Er meinte damit, dass Materie nicht das ist, was wir uns bis dahin darunter vorgestellt haben. Es gibt keine „kleinsten Bausteine", die die Physiker gegen Ende des 19. Jahrhunderts noch zu finden glaubten. Das wirklich Elementare sind keine Teilchen. Dürr konkretisiert: Im Mikrokosmos gibt es keine Teilchen, „sondern nur Beziehung, aber nicht Beziehung von etwas, sondern nur Beziehung".

Das ist natürlich unanschaulich wie alles in der Quantenphysik und überfordert unsere Auffassungsgabe. Vor allem aber deswegen, weil unsere Sprache an der Mesowelt gewachsen ist, in der es – grob gesprochen und auch nur annäherungsweise – Dinge und Objekte gibt. Daher haben unsere Sätze Subjekt und Objekt. Diese Sprache ist nicht dafür geschaffen, mit einer Welt zurechtzukommen, in der es so etwas wie isolierte Subjekte und Objekte nicht gibt.

Die Naturwissenschaft von Galilei, Descartes und Newton ist angetreten, die Welt zu erforschen und das Subjektive dabei völlig herauszuhalten. Das war zunächst ein Siegeszug sondergleichen. Bis sich in der Quantenphysik herausstellte, dass ein gewisses subjektives Moment – nämlich zumindest die Art des Experiments, mit dem sich dann ein Quantenphänomen entweder als Teilchen oder als Welle zeigt – gar nicht aus der Wissenschaft herauszuhalten ist. Man kann die Mikrowelt nicht beschreiben, ohne die Versuchsanordnung in die Beschreibung mit einzubeziehen. Es gibt daher keine vom Beobachter unabhängige Außenwelt und es gibt auch kein isoliertes, kontextunabhängiges Subjekt.

Ein Quantenphänomen zeigt sich entweder als Teilchen oder als Welle, es ist aber ein Phänomen, das weder Teilchen noch Welle ist, sondern etwas anderes. Der Begriff „Feld" scheint es noch am besten zu beschreiben, weil damit sowohl die unendliche Ausgedehntheit als auch die lokale Konzentration – ohne angebbare Grenze – ausgedrückt werden kann, und das sogar in einem Bild.

Und dann darf man sich fragen, ob wir nicht auch unsere „klassische" Lebenswelt ganz anders sehen müssten. Auch die Objekte unserer Lebenswelt sind, wenn man genau hinschaut, keine abgegrenzten Teilchen, sie hören nicht an der Oberfläche auf – auch der Mensch nicht –, sondern gehen mehr oder weniger kontinuierlich in die Umgebung über, ohne die sie nichts sind. Sind Subjekt und Objekt nicht Abstraktionen, die nur eine sehr grobe Näherung an die Wirklichkeit ermöglichen? Brauchen wir nicht eine andere Sprache, wenn wir mehr erfahren wollen?

In der Innenwelt der Psyche – und nur in dieser erfahren wir auch unsere Außenwelt – gibt es keine Teilchen, keine Dinge, sondern Gedanken, Gefühle, Symbole und Archetypen. Letztere sind nichts Abgegrenztes, sondern eine „Wolke von Bedeutung". Eine große Ähnlichkeit mit dem Feldbegriff der Physik drängt sich auf. Ein Symbol ist nie eindeutig, und auch durch noch so sorgfältige Deutung nicht auszuschöpfen. Das Bild ist wie die lokale Feldstärke, die das klassische Teilchenbild ersetzt hat, und es ist nicht scharf begrenzt, sondern vieldeutig.

„Wir erleben mehr als wir begreifen" ist ein Buchtitel von Hans-Peter Dürr. „Begreifen" kann man immer nur eine Oberfläche. In die

Tiefe oder nach innen führt nur das Erleben. Dieses erkennt viel mehr, wenn auch nicht exakt und nicht eindeutig, als eine Art „Wissenswolke", die ins Unanschauliche übergeht. Die Individuation bei C.G. Jung führt vom (bewussten, aber oberflächlichen) Ich über Anima/Animus, Schatten und verschiedene Archetypen zum (alles umfassenden) Selbst, gleichzeitig Zentrum und Umfang der Psyche. Die Psyche ist aber nicht auslotbar, sie mündet im Unbewussten, das nie bewusst wird. Das Selbst ist eine Art Überintelligenz, die den (das Ich des) Menschen weit übersteigt. Dabei handeln die Archetypen, und natürlich auch das Selbst, unabhängig vom Ich quasi wie eigenständige Intelligenzen. Jung nennt das das *„absolute subjektlose Wissen, das aus Bildern besteht"*[155], lebendigen Bildern, müsste man fast sagen.

In Analogie zu Hans-Peter Dürr (*„Beziehung, aber nicht Beziehung von etwas, sondern nur Beziehung"*) könnte man im Hinblick auf C.G. Jung und das Selbst (und die Archetypen) sagen: Wissen, aber nicht Wissen von jemand (einem Ich) oder etwas, sondern nur Wissen. Es müsste eine Sprache geben, die solche Subjekt- und Objektlosigkeit auszudrücken imstande ist.[156]

Dass die Tiefenpsychologie – außer von ein paar Modebegriffen – genauso wenig wie die Quantenphysik in ein allgemeines Weltbild eingegangen ist, ist verständlich. Das „allgemeine" Weltbild ist angelehnt an die Physik, aber an die klassische Physik des ausgehenden 19. Jahrhunderts. Dass die Physik seit Anfang des 20. Jahrhunderts bereits ganz woanders ist, wurde noch nicht allgemein registriert. Es ist aber wichtig, dass die Physik, die uns dieses materialistische Weltbild eingebrockt hat, inzwischen ganz andere Wege geht. Sie hat ja im 17. Jahrhundert alles Subjektive aus der Wissenschaft verbannt und die heilige Kuh der Objektivität hervorgezaubert. Daher gehen seither alle Argumente der Psychologie und aller Geisteswissenschaften ins vermeintlich Leere. Nun beginnt aber die Physik selbst, das Subjektive wieder in die Wissenschaft hereinzuholen und zu erkennen, dass man es gar nicht ausschließen kann. Das ist nichts weniger als der Anfang vom Ende der Subjekt-Objekt-Spaltung.

---

[155] Marie-Louise von Franz: „Psyche und Materie", Daimon Verlag 2003, S. 365

[156] Gehen wir in den Osten, dann gibt es so eine Sprache, die in der Meditation bewusst wird, die aber von unserer gewohnten Sprache gar nicht verstanden werden kann.

In der Sprache der Quantenphysik ist unser Weltbild eine Teilchensicht, die das Wellenbild ignoriert, verdrängt oder gar nicht sehen kann. Dieses Weltbild müssen wir durch eine Wellensicht ergänzen. Damit wird aus unserem statischen Weltbild ein dynamisches, das nicht mehr in isolierten Objekten und Dingen, sondern in Prozessen denkt und den Kontext immer mit einbezieht. Was wir dann brauchen, ist eine Feldsicht, die Teilchen und Welle, Subjekt und Objekt zwar immer noch unterscheiden muss, aber nicht mehr trennen kann. Damit fällt die Grenze zwischen Ich und Außenwelt, zwischen Objekt und Umgebung. Die Welt ist nicht „objektiv", sie ist immer unsere Welt, wir sehen sie so, wie wir sind, sie ist überlagert durch Projektionen von innen. Ich ist Welt und Welt ist Ich.

Wir können nur entweder nach außen (Teilchensicht) oder nach innen schauen (Wellensicht), eine materielle Welt oder die Psyche beschreiben. Das sind unvereinbare Gegensätze, die aber komplementär aufeinander bezogen sind. Um die Wirklichkeit zu beschreiben, brauchen wir beide Sichten. Wir müssen außen und innen, Materie und Psyche unterscheiden, können sie aber nicht mehr trennen.

Dabei kommt uns entgegen, dass unsere Sprache ohnehin keine naturwissenschaftliche, sondern eine psychosomatische ist. So kommt das Wort „Faktum" (der Inbegriff des „Objektiven") von facere = machen. Fakten sind also immer gemacht, kommen nur in der Sicht eines Menschen vor, der sieht und projiziert zugleich. So ist das (sonst völlig abstrakte) Objektive immer auch subjektiv und das Subjektive, das die Psychologie untersucht, durchaus objektiv.

Eine neue Sprache müsste auch vom Fragmentieren wegkommen. Naturwissenschaft fragmentiert, zerlegt in immer kleinere Teile, die man dann erfassen kann. Das Ganze kommt dabei nicht mehr in den Blick. Daher kann die Naturwissenschaft auch nicht die Natur oder die Wirklichkeit als Ganze beschreiben. Die Natur kommt aber nur als Ganze vor.

Eine neue Sprache muss sich von der Exaktheit und Eindeutigkeit verabschieden, wäre damit aber näher an der Natur. In der Natur ist nichts eindeutig, nichts exakt, schon weil alles zusammenhängt und nichts isoliert werden kann. Einen Teil zu benennen, heißt ihn zu begreifen, aber nicht zu erkennen oder zu erleben. Ein wichtiges Moment der Quantentheorie ist die Unbestimmtheitsrelation. Wenn wir den Ort eines „Teilchens" exakt bestimmen, dann ist die

Geschwindigkeit unbestimmt und unbestimmbar. Wenn wir exakte Begriffe wollen (und natürlich brauchen wir die), dann ist ihre Beziehung zum Ganzen völlig unbestimmt, dann haben diese Begriffe aber auch wenig mit der Natur zu tun. Wollen wir wirklich beschreiben, was ist, dann werden diese Begriffe nicht eindeutig, nicht exakt sein, sondern vieldeutig und vage – nicht mehr Begriffe, sondern Symbole – sein und trotzdem mehr über die Natur aussagen können.

Seit jeher hat die Philosophie versucht, Regeln für das Denken zu finden, und damit ist die Logik entstanden, genauer die formale Logik. Formal deshalb, weil Regeln nicht mit Inhalten identisch sind. Was logisch richtig ist, entscheidet nicht darüber, ob auch die Inhalte richtig sind, nicht einmal darüber, ob es diese Inhalte überhaupt real gibt. Auch Romane müssen logisch aufgebaut sein, real sind sie meist trotzdem nicht. Mehr noch, die Sprache der Logik ist exakt, im Idealfall ist das die Mathematik. Allerdings: Je exakter wir etwas ausdrücken, desto weniger hat es mit der Natur zu tun. Und das ist auch das Problem der Quantenphysik. Wir haben keinen anschaulichen Zugang zur Quantenwelt, daher sagt Niels Bohr, dass es so etwas wie eine Quantenwelt nicht gibt. Wir können sie nur in der Sprache der formalen Mathematik ausdrücken. Die ist exakt und sogar widerspruchsfrei. Aber damit ist es nicht getan, wir wollen ja wissen, wie z.B. ein Elektron „aussieht". Was aber unmöglich ist, weil noch niemand eines direkt gesehen hat. Weshalb Wolfgang Pauli auch lapidar feststellte: „*Ein Elektron schaut nicht aus.*"

Wir haben also das Problem, dass wir auf der einen Seite die exakte formale Sprache der Mathematik haben und auch beim schönsten Ergebnis noch nicht wissen, was das inhaltlich und physikalisch bedeutet. Damit ist ja nicht die Natur beschrieben, sondern unser Sehen der Natur, was auch heißt, unser (logisches) Denken über die Natur. Das heißt, wir müssen die Natur mit etwas beschreiben, das noch nichts mit der äußeren Natur zu tun hat. Das ist der Grund, warum wir Experimente brauchen. Physik bedient sich seit Newton exzessiv der Mathematik, aber Physik ist nicht Mathematik. Da braucht es schon mehr. Newtons Schwerkraft ist ein (logisches) Bild der Naturereignisse, hat aber nichts mit der Wirklichkeit zu tun. Albert Einstein hat gezeigt, dass es so etwas wie die Schwerkraft nicht gibt, sondern dass was Newton als Schwerkraft beschrieben hat, durch die Raumkrümmung entsteht. Der Apfel fällt so oder so unbeirrt vom Baum – die wissenschaftlichen Interpretationen wandeln sich.

Zunächst kann das Ergebnis von Messungen nur in der Sprache der klassischen Physik dargestellt werden, also in der Sprache, die wir im Alltag verwenden, die in der Physik nur präzisiert wird. In der Quantenphysik wird das zum Problem, weil die Verbindung immer unklarer wird und nicht einmal klar ist, was „verstehen" (mehr noch als in der Relativitätstheorie) bedeutet. Die mathematischen Formulierungen der Quantenmechanik enthalten Terme, die nichts mit der physikalischen „Wirklichkeit" zu tun haben. Womit schon die Frage, was das bedeutet, keinen Sinn ergibt. Paul Dirac ging es beispielsweise nur um die Schönheit seiner mathematischen Formeln, was das in der physikalischen Realität bedeutet, interessierte ihn nicht.

Das wissenschaftliche Kriterium der Exaktheit, das nur die Mathematik erfüllen kann, ist eines der Probleme. Exakt ist nur der reine Formalismus. Die Natur, die wir damit ergründen wollen, widerspricht jeglicher Exaktheit (und damit auch der Reproduzierbarkeit). Und unsere Sprache, die an der von uns wahrgenommenen Natur gewachsen ist, ist alles andere als exakt. Mehr noch: Sie erfüllt ihre Funktion nur dadurch, dass sie unscharf ist. Die Frage ist also: Was bedeuten die Formeln? Oder mit anderen Worten: Wie übersetzt man die exakte Sprache der Mathematik in die unscharfe Sprache, die wir im Leben verwenden und die uns befähigt, uns in der Welt zurechtzufinden?

Wieder können wir sagen: Wir brauchen beide. Die Welt der Mathematik (der mathematischen Gesetze) und die Welt, in der wir leben und die wir nur unscharf ausdrücken können, gehören komplementär zusammen wie alle Gegensätze der Welt, in der wir leben. Was wir Naturwissenschaft nennen, ist nicht Mathematik, sondern etwas dazwischen, das beide Welten umspannen soll und muss. Wir müssen die mathematischen Gesetze (er-)finden und diese müssen wir dann aber auch interpretieren. Die Interpretation muss mit der Unschärfe der „Wirklichkeit" zurechtkommen, daher werden sich die Physiker auch nie einig sein über die Interpretation der Quantenphysik – und sei die Mathematik noch so exakt. Wir brauchen die Exaktheit der Mathematik und die Unschärfe der natürlichen Sprache. Anders ist Wissenschaft nicht möglich. *„Das Beharren auf der*

Forderung nach völliger logischer Klarheit würde wahrscheinlich die Wissenschaft unmöglich machen."[157] Das würde nämlich heißen, nur mathematisch zu „denken" und nicht mehr zu interpretieren. „Shut up and calculate!", wie ein Physiker formulierte. Aber das wäre reine Mathematik und nicht mehr oder noch nicht Physik.

Drastischer wird es, wenn wir nicht nur die Sprache, mit der wir uns in der Außenwelt orientieren, sondern auch die Sprache der Psyche reflektieren. Da geht es nicht mehr um Begriffe, die möglichst exakt sein sollten (es aber auch nicht sind), sondern um Bilder oder Symbole, die aus einem ebenso unanschaulichen, weil unbewussten Bereich kommen und immer mehrdeutig sind. „Objektiv" ist – in der Sprache C.G. Jungs – der Archetypus, der aber nur in den archetypischen Bildern auftaucht, die diese objektive Struktur immer subjektiv wiedergeben, die mehrdeutig, vieldimensional sind und deren Bedeutungen sich auch überlagern. Das ist unserer Lebenswelt näher als die Naturwissenschaft. Die archetypischen Bilder sind wie die Felder in der Quantenfeldtheorie, sie sind nicht abgegrenzt oder möglichst definiert wie Begriffe. Sie haben eine Hauptbedeutung, die von einer Wolke von Bedeutungen umlagert ist, die wie Ober- und Untertöne mitschwingen. Der Begriff der Exaktheit wäre hier völlig sinnlos, weil er das Lebendige eliminiert.

Somit gibt es quasi eine Klaviatur der Sprache – von der exakten Sprache der Mathematik (die nichts mit der Natur zu tun hat) über die Alltagssprache (die mehr oder weniger exakte Begriffe und unscharfe, lebendige Bilder enthält), wobei die wissenschaftliche Sprache zwischen beiden oszilliert, bis hin zur Sprache der Innenwelt (der Psyche, die mit Bildern und Symbolen arbeitet). In anderer Hinsicht ist es ein Gefälle von der „toten" Materie über die Welt, in der wir leben und die alles umfasst, bis zur Lebendigkeit der Psyche, auch wenn diese zum größten Teil unbewusst ist.

Zu einer gemeinsamen Sprache kommen wir erst dann, wenn wir den Zahlen nicht nur einen numerischen Wert zusprechen, sondern

---

[157] Werner Heisenberg: Physik und Philosophie. Ullstein 1970, S. 65
Siehe auch Carl Friedrich von Weizsäcker: Die Einheit der Natur. Hanser Verlag, 5. Aufl. 1979, S. 65 f.: „Die sogenannte exakte Wissenschaft kann niemals und unter keinen Umständen die Anknüpfung an das, was man die natürliche Sprache oder die Umgangssprache nennt, entbehren. […] Und eben deshalb ist die Vorstellung einer vollkommen exakten Sprache zumindest für solche Wissenschaften, die sich, wie man sich ausdrückt, mit realen Dingen beschäftigen, eine reine Fiktion. […] Es gibt nicht so etwas wie ‚exakte Realwissenschaft'."

auch einen symbolischen. Zu dieser Hypothese gelangt Wolfgang Pauli im Briefwechsel mit Jung. Letzterer vertrat in einer Stelle die Ansicht, dass die Psyche zum Teil stofflicher Natur sei. Dem entgegnete Pauli: *„Ich ziehe es vor zu sagen, dass Psyche und Stoff durch gemeinsame, neutrale ‚an sich nicht feststellbare' Ordnungsprinzipien beherrscht werden."* Und weiter: *„Ich glaube in der Tat, nicht als Dogma, sondern als Arbeitshypothese, an die Wesenseinheit (Homo-usia) des mundus archetypus und der Physis, wie Sie das in p. 6 Ihres Briefes formuliert haben. Wenn diese Hypothese zutrifft – und die Möglichkeit paralleler physikalischer und psychologischer Sätze spricht dafür –, so muss sie aber begrifflich zum Ausdruck gebracht werden. Dies kann m.E. nur durch solche Begriffe geschehen, die in Bezug auf den Gegensatz Psyche-Physis neutral sind."*[158] Solche Begriffe, so Pauli, gibt es schon, nämlich die Zahlen. Auch Zahlen können Symbole oder Archetypen sein. Diese ermöglichen einerseits ihre Anwendung in der Physik, andererseits ihre Beziehung zur Psyche. Damit wäre die Mathematik zwar als formale Logik an einem Ende des genannten Spektrums, als archetypische Symbolik wären die Zahlen aber Archetypen, also Bilder von Strukturen, die sich in Materie und Psyche ausdrücken können. Somit wäre der Kreis geschlossen.

Auf etwas sei noch hingewiesen: Für C.G. Jung ist die Psyche das Einzige, das uns unmittelbar zugänglich ist. Das scheint auch für die Sprache zu gelten. Die Begriffe und Symbole, die wir verwenden, haben keine statische Bedeutung, sondern sind historisch bedingt, was heißt, sie machen einen Bedeutungswandel durch. So ist der Begriff Körper in der Antike noch der lebendige Körper, Descartes reduzierte diese Bedeutung auf das Ausgedehnt-Sein, Newton übernahm diesen Begriff, aber später wurde in der Physik der Begriff des Massenpunktes eingeführt, der nichts mehr mit der Erfahrung zu tun hat, aber berechenbar ist.

Begriffe sind immer vor ihrem historischen Kontext zu verstehen. Bei den Symbolen ist das etwas anders, weil sie eine konstantere Bedeutung haben, insofern die (unanschaulichen) Archetypen zu verschiedenen Zeiten zumindest ähnlich sind. Sprache bezieht sich auf die Erfahrung, wobei sie das unmittelbar Gegebene immer schon überschreitet. Womit die Beziehung der Sprache zum unmittelbar Gegebenen angesprochen und zugleich problematisiert wird: *„Aber*

---

[158] Briefwechsel, S. 107 f.

wenn Sie mich fragen: Was ist denn eigentlich unmittelbar gegeben, so wäre die These sehr vertretbar, dass das Einzige, was uns unmittelbar gegeben ist, eben die Sprache ist.[159] Die Grenzen unserer Sprache sind nicht nur die Grenzen unserer Welt (Wittgenstein), sondern die Sprache kreiert unsere Welt, genauer unsere Vorstellung der Welt. Die Antike ging noch weitgehend von der Erfahrung aus. Zum Beispiel entsteht Ortsveränderung durch eine Kraft, die auf den Körper einwirkt. Ohne Kraft bleibt er an dem Ort, an dem er ist. Ohne Kraft keine Bewegung oder Veränderung. Newtons Trägheitsgesetz geht dagegen davon aus, dass ein Körper in Ruhe oder einer gleichförmigen geradlinigen Bewegung „verharrt", solange er nicht von einer Kraft dazu bewegt wird, seinen Zustand zu verändern. Drückte vorher der Ort eines Gegenstandes seinen Zustand aus, so ist jetzt die Bewegung das Charakteristikum des Zustands. Eine völlig ungehinderte gleichförmiggeradlinige Bewegung hat jedoch noch niemand gesehen. Die ist im Grunde eine Idealisierung oder eine Fiktion, genauso wie die Ellipsenform der Planetenbahnen oder die gleich schnell fallenden Körper. Jedoch wird das so nicht Erfahrbare damit berechenbar und dann auch auf die Realität anwendbar. Problematisch ist nur, dass „gleichförmig-geradlinig" nur in Newtons absolutem Raum gilt, den er für diese Definition brauchte und den Einstein später wieder aus der Physik eliminierte.

Der Erfolg der Naturwissenschaft gibt dieser Art der Begriffsbildung recht. Für von Weizsäcker zeigt sich aber noch mehr: *„Es werden Begriffe gebraucht, die erst durch den Erfolg einen Sinn bekommen, d. h. einen so eindeutigen Sinn, als der jeweilige Erfolg es gestattet."*[160] Womit auch gesagt ist, dass die Sprache der Physik ihre „Eindeutigkeit" nicht für immer garantiert hat, sondern nur bezogen auf die jeweilige historische Situation. Sprache lebt, müsste man hier noch sagen, womit sie dem natürlichen Wandel unterliegt, aber unser jeweiliges Weltbild mitbestimmt.

Wir leben sozusagen nicht in der Welt, wie sie an sich ist, sondern in jenem Bereich der Welt, der uns bereits erschlossen ist, und zwar – nicht nur, aber weitgehend auch – durch die Sprache. In diesem Erschließen bildet sich die Umgangssprache. Diese ist die Voraus-

---

[159] Carl Friedrich von Weizsäcker: Die Einheit der Natur. Hanser Verlag, 5. Aufl. 1979, S. 79

[160] Ebda, S. 80 f.

setzung für weitere Erkenntnisse und die Ausweitung des erschlossenen Bereichs durch die (in der Wissenschaft) genaueren Begriffe. *„Verschärfung der Begriffe heißt aber: Korrektur der Umgangssprache. Und so ist diese Sprache ein Mittel, das uns immer von neuem Wirklichkeit erschließt und uns anhand der erkannten Wirklichkeit gestattet, jenes Mittel selbst zu korrigieren."* [161] Durch diese Wechselwirkung zwischen Umgangssprache und Sprache der Wissenschaft wird auch unser Weltbild mitgestaltet. Die Sprache der klassischen Physik hat zu einer Revolution auch des Weltbilds geführt und ist allmählich im allgemeinen Weltbild und damit unserer Sicht der Welt aufgegangen, so dass uns diese Sprache heute selbstverständlich erscheint. Demgegenüber ist die Sprache der Quantenphysik dermaßen unanschaulich, dass wir noch weit davon entfernt sind, diese Sprache allgemein zu übernehmen. Ähnliches gilt für die Analytische Psychologie, die ebenfalls neue Begriffe einführen muss und auch in einen ganz anderen, nach innen erweiterten Wirklichkeitsbereich führt.

Die Unschärferelation im Leben

Als Werner Heisenberg seine berühmte Unschärferelation formulierte, war das etwas völlig Neues, das so keine Entsprechung in der vertrauten Lebenswelt hat. Wenn wir z.B. den Ort eines Teilchens messen, dann ist die Geschwindigkeit unbestimmt. Wenn wir umgekehrt den Impuls, die Geschwindigkeit messen, dann ist der Ort unbestimmt.

In Bezug auf die Mikrowelt gibt es zwei Anschauungen, die eine führt zur Wellensicht, die andere zur Teilchensicht der einen Wirklichkeit. Es wäre daher absurd, nach der Grenze zwischen Teilchen und Welle zu fragen. Eine bessere Näherung ist der Begriff des Feldes. Die Ausdehnung des Feldes entspricht der Welle; die konzentrierte Feldstärke an einem „Ort", der aber nicht klar umgrenzt oder „definiert" ist, entspricht dem Teilchen. Aber es ist nur ein einziges Phänomen. Es gibt keine Grenze, sondern nur einen Übergang, denn es geht nicht um zwei Entitäten, sondern um zwei Anschauungsformen.

---

[161] Ebda, S. 82

Die entscheidende Frage ist vielmehr: Ist das in unserer (makroskopischen) Lebenswelt wirklich so anders? Seit Aristoteles geht es in Philosophie und Wissenschaft um die Welt, um die Beschreibung und Eroberung der Außenwelt.

Die unerwartete Wende kommt überraschend aus der Physik, aus jener Wissenschaft, die sich der Erforschung der materiellen Außenwelt unter Ausschluss des Subjektiven – der Innenwelt – verschrieben hat. Es wird immer deutlicher, dass der subjektive Faktor nicht aus der objektiven Welt zu eliminieren ist. Die Welt, die wir erleben, erscheint in einem Wahrnehmungsfeld, in dem Subjekt und Objekt unterscheidbar, aber untrennbar enthalten sind. Wahrnehmen ist eine Aktivität der Psyche, die sozusagen die „Welt" in sich hineinnimmt oder Innen- und Außenwelt verbindet. Die objektive Welt der Naturwissenschaft ist eine konstruierte Welt zum Zweck der Beherrschung einer messbaren Welt.

Diese vermessene Welt, die nur durch diese Vermessung aus Teilchen – Dingen, Objekten – besteht, ist nicht unsere Lebenswelt. Wer die Lebenswelt beschreiben will, muss diese messbare Außenwelt um die nicht messbare Innenwelt ergänzen. In der Außenwelt müssen wir uns der exakten Beschreibung, der Eindeutigkeit und Reproduzierbarkeit annähern, um Technik und Technologie zu ermöglichen. In der Innenwelt (und in unserer Lebenswelt) ist nichts eindeutig, nichts wiederholbar, sondern alles mehrdeutig und einmalig. In der Außenwelt brauchen wir Begriffe, Definitionen und Messwerte, in der Innenwelt brauchen wir Symbole, Bilder und Bedeutungen. Auch die Psychologie als Empirik ist Wissenschaft, erfordert aber eine ganz andere Logik. Es gibt keine abstrakte „Wahrheit", aber bedeutungsvolle Stimmigkeit.

Leben wir wirklich in dieser von den Naturwissenschaften konstruierten Welt? Oder macht diese uns nur das Leben durch die – allerdings auch nur fragile – Beherrschbarkeit der äußeren Welt leichter? Lässt uns diese entseelte Welt nicht innerlich leer zurück, sobald wir sie mit der „wirklichen", nämlich wirkenden und lebendigen Welt verwechseln? Anders gefragt: Ist es nicht eine ungeheure Verarmung, wenn wir die Welt, in der wir leben, reduzieren auf eine Welt, die wir beherrschen? Das bedeutet nämlich umgekehrt, dass die Innenwelt und alles nicht Messbare verdrängt und marginalisiert werden. Dass Verdrängtes sich verheerend auswirken kann und das immer wieder auch tut, wissen wir aus der Weltgeschichte.

Wenn wir dem Feldbegriff (der Physik) und dem Symbol (der Psychologie) folgen – und das ist seit der ersten Hälfte des 20. Jahrhunderts nicht mehr vermeidbar, auch wenn es noch immer nicht in einem allgemeinen Weltbild rezipiert wird –, dann müssen wir die Teilchensicht der dinglichen, materiellen Welt durch die Wellensicht der psychischen Welt ergänzen, um zu einem Feldbegriff der Wirklichkeit zu gelangen. Diese Sicht ist keine Domäne der Quantenphysik, sondern ebenso der Tiefenpsychologie und kann und muss auf die lebendige Welt angewendet werden.

Die wünschenswerte Folge wäre das Ende des fragmentierenden Denkens, das überall analysieren (fragmentieren), definieren (begrenzen) muss und das zum Spezialistentum und zum Verlust des lebendigen Ganzen führt.

Im persönlichen Bereich führt dieses fragmentierende Denken zur Subjekt-Objekt-Spaltung, zur Abgrenzung des Ich vom Du und vom Wir, zur Egozentrik, zu Egoismus und Konkurrenz, zum Narzissmus und zu Machtspielen.

Im sozialen Leben führt dieses fragmentierende Denken letztendlich zu einem krankhaften und neurotischen „Wir-Gefühl", zum ausgrenzenden „Patriotismus", zu einem kleinkarierten Schrebergartendenken, das nicht imstande ist, über den Tellerrand zu schauen, zur Ausgrenzung, zur Diskriminierung und zum Fremdenhass.

Was wir als Weltbild oder Denkrahmen bezeichnen, ist keine bewusste Struktur, sondern reicht weit in die Kindheit zurück. Es ist damit im Unbewussten verankert, so weit, dass viele nicht einmal wissen, dass sie in einem bestimmten Weltbild denken und agieren. Und die es wissen, sind oft davon überzeugt, dass es nur ein Weltbild gibt, nämlich ihres. Und die wissen, dass es auch andere Weltbilder gibt, sind meist der irrigen Auffassung, dass nur das ihre und kein anderes Weltbild das richtige ist.

Niemand versteht die Quantentheorie (Richard Feynman) – das kann man auch als Auswirkung der Unbestimmtheitsrelation sehen. Wer die Gesetze der Makrowelt vor Augen hat, versteht die Mikrowelt nicht, die ganz anderen Gesetzen unterliegt. Die Physiker, die sich mit der Mikrowelt beschäftigen, verstehen die Gesetze der Lebenswelt nicht, die sich doch aus der Mikrowelt aufbaut. Beide Fragen sich, wo die Grenze liegt. Wenn wir aber den Feldbegriff oder die Symbolik zugrunde legen, dann kann es keine Grenze geben, obwohl wir auf Widersprüche stoßen, wenn wir die eine oder die andere „Welt" beschreiben wollen.

Es ist aber noch ein langer Weg dahin, bis wir die Welt quasi wie ein Kippbild sehen und von einer Sicht zur anderen willkürlich umschalten können, im Wissen, dass es nur ein Bild ist. Dazu gehört nämlich, dass wir auch Materie (Außenwelt) und Psyche (Innenwelt) als ein solches Kippbild sehen, das nur einer Wirklichkeit entspricht.

Von Objekten und Feldern

Wie wir die Welt sehen, ist abhängig davon, wie wir an sie herangehen. Die fundamentale Erkenntnis der Quantenphysik ist die Tatsache, dass Naturwissenschaft nicht die Natur beschreibt, sondern unser Sehen der Natur. Das gilt zwar auch schon für die klassische Physik, wird aber jetzt dadurch überdeutlich, dass man die Natur nicht mehr beschreiben kann, ohne die Versuchsanordnung mit einzubeziehen.

In der Quantenmechanik stieß man auf eine Reihe von Paradoxa, die es so in unserer gewohnten Sicht nicht gibt, was Richard Feynman dazu veranlasste zu sagen, dass niemand die Quantenphysik versteht. Mit unserem gewohnten Denken und der gewohnten Logik ist das auch nicht möglich. Es ist auch noch niemand gelungen anzugeben, wo die Grenze zwischen Mikro- und Makrokosmos liegt, bzw. wie der Übergang von der einen zur anderen verläuft.

Da aber ein subjektives Moment – die Art des Experiments – in die Physik eingeführt wurde, sind wir eigentlich schon mitten drin in dieser absurden Welt. Und weil es um unser Sehen der Natur geht, liegen die Absurditäten vor allem in uns, nämlich in unserer Wahrnehmung. So liegt denn auch die Logik der Psyche der Quantenphysik näher als die gewohnte Logik des Aristoteles und der klassischen Physik, die sich auf eine abstrakte materielle Außenwelt bezieht. Die Alltagssprache ist „psychosomatisch" und unterwirft sich dieser Logik auch nicht. Wenn wir unsere Wahrnehmung analysieren, dann treffen die Subjekt-Objekt-Spaltung und das Entweder-Oder dieser Logik im wirklichen Leben nicht zu, sondern wir müssen von einem Wahrnehmungsfeld ausgehen, in dem Subjekt und Objekt, in dem

Hirn, Körper und Umwelt nur verbundene Teilaspekte, aber nicht wirklich getrennt sind.

Was wir sehen, hängt auch nicht nur von den Objekten ab, sondern wesentlich auch vom Auge. Wir sehen aus dem gesamten Spektrum der elektromagnetischen Wellen nur den kleinen Ausschnitt des sichtbaren Lichts. Wir sehen also nur das, was mit dem sichtbaren Licht wechselwirkt. Könnten wir z.b. auch Wärmestrahlung sehen, hätten unsere Häuser keine scharfen Begrenzungen an den Außenmauern, sondern würden feldartig in die Umgebung übergehen. Wir würden keine Objekte, sondern Felder sehen, die ineinander übergehen und einander überlagern.

So bestimmt auch im Doppelspaltexperiment die Art der Messung (des Hinsehens mittels einer Prothese) das, was wir messen/sehen. Messen wir erst an der Fotoplatte hinter den Spalten, können die Quantenphänomene als das, was sie sind, durch die Spalte durchgehen, nämlich als Felder und nicht als Teilchen. So kann jedes ausgebreitete Feld tatsächlich durch beide Spalte gleichzeitig gehen, und es ist gar nicht so bedeutsam, wo die Feldkonzentration, die wir „Teilchen" nennen, lokalisiert ist.

Messen wir jedoch mittels Detektoren, durch welchen Spalt das Quantenphänomen „wirklich" hindurchgegangen ist, registrieren wir nur die Feldkonzentration, die wir Teilchen nennen, und vernachlässigen den übrigen Feldcharakter. Durch die Wechselwirkung mit den detektierenden „Teilchen" konzentriert sich die Gesamtsituation auf die durch den einen oder den anderen Spalt hindurchgehende Feldkonzentration, die damit „festgestellt" und zur wahrgenommenen (Teilchen-) Realität wird. Damit wird durch die Information, durch welchen Spalt die Feldkonzentration hindurchgegangen ist, das Phänomen auf seinen Teilchenaspekt reduziert. Wir „sehen" dann so, wie wir gewohnt sind zu sehen: Objekte – und nicht Felder.

Unser Sehen ist die Abstraktion vom Gesamtspektrum der elektromagnetischen Wellen mittels unseres eingeschränkten Sehvermögens. Wir sehen dadurch Objekte, wie sie durch die Wechselwirkung mit dem sichtbaren Lichtspektrum erscheinen. Wir können aber alles andere, das übrige Spektrum diesseits und jenseits des für uns sichtbaren Lichts, nicht sehen. Könnten wir es, würden wir wahrscheinlich nur wogende Felder sehen und keine Objekte.

Außerdem ist auch unser Sehen eine Wechselwirkung, durch die etwas, das eigentlich dynamisch ist, „festgestellt" wird. Durch unser feststellendes Sehen sind wir nicht imstande, die Dynamik unserer Welt wahrzunehmen. In der Welt „an sich" lässt sich nichts feststellen, sondern alles fließt (Heraklit). Sobald wir aber das Feldartige unserer makroskopischen Realität anerkennen, sind die Gesetze der Quantenphysik nicht mehr kontraintuitiv, sondern verständlicher als durch die Brille der gewohnten aristotelisch-naturwissenschaftlichen Sicht. Die Quantenphysik ist dem alltäglichen Wahrnehmen sogar näher als die klassische Physik und die Logik des Seienden, der abstrakten Außenwelt.

Alles, was wir messen (und nur das ist Naturwissenschaft), ist nicht DIE Welt, sondern eine festgestellte, konstruierte Welt. Nur die kann manipuliert und in Technik und Technologie übergeführt werden. Der „nicht feststellbare" dynamische Charakter der Wirklichkeit kommt weder in der Naturwissenschaft noch im alltäglichen Sehen und Wahrnehmen vor. Zumindest nicht in einem pseudonaturwissenschaftlichen Denkrahmen oder Weltbild. Richten wir allerdings unseren Fokus auf die Innenwelt – den „Gegenstand" der Psychologie –, dann verlassen wir die Welt der festgestellten Objekte und Dinge und wenden uns dem Feldartigen, nicht-Lokalen und Dynamischen unserer inneren Wirklichkeit zu. Diesen Weg ist die Tradition des Ostens gegangen, daher sind uns die asiatischen Weisheiten so unverständlich. Und bei der esoterischen Übernahme dieser Weisheiten in unser Weltbild geht das Wesentliche verloren.

Dass die Komplementarität nicht nur in der Physik zum Tragen kommt, sondern auch auf andere Wissenschaftszweige angewendet werden kann und muss, das war auch Niels Bohr und Max Born klar. Der einzige unter den am Entstehen der Quantenphysik beteiligten Physikern, der tatsächlich in beiden Welten zuhause war, war Wolfgang Pauli. Sein Briefwechsel mit C.G. Jung dokumentiert die Anstrengung der beiden, auch Physik und Psychologie, Materie und Psyche als komplementär zu betrachten. Den dynamischen Aspekt sahen sie in den (nicht psychischen, sondern psychoiden) unanschaulichen Archetypen, die Auswirkungen in beiden Feldern haben könnten.

So wie die Psyche das Bewusste und Unbewusste umfasst, die Spannung zwischen Ich und Selbst, so umfasst auch unser Weltbild Bewusstes und Unbewusstes. Das „moderne" Weltbild sieht sich einer rationalen naturwissenschaftlichen Sicht verpflichtet, aber die Sprache, die wir im Alltag verwenden und in der wir leben, ist nicht physikalistisch, sondern psychosomatisch. Etwas ist uns über die Leber gelaufen, etwas liegt uns im Magen und ist schwer verdaulich, wir legen unser Herzblut in eine Sache, etwas geht uns auf die Nerven usw. Damit ist keine Physiologie gemeint, sondern Psychophysiologie, keine Begriffe, sondern Symbolik, nicht Medizin, sondern Psychosomatik.

So wie das Leben immer Widerspruch und Gegensatzspannung ist und daraus seine Energie schöpft, so lebt auch unser Weltbild von dieser Spannung zwischen dem vermeintlichen physikalischen oder rationalen und dem psychosomatischen oder symbolischen Bild. Wir oszillieren zwischen diesen beiden Bildern, ohne uns dessen bewusst zu sein. Einerseits glauben wir, als isoliertes Ich eine objektive Welt vor uns zu haben, andererseits ist diese längst mit subjektiven Projektionen, Gedanken, Ideen, Vorurteilen und inneren Bildern „angereichert", so dass wir gar nicht mehr von einer objektiven Welt reden können. Denn längst sind Ich und Welt ineinander übergegangen beziehungsweise gar nicht zu trennen. Das bewusste Ich speist sich aus einer unbewussten und grenzenlosen Psyche, die „hinter" jeder bewussten Erfahrung steht. Die „Welt", in der Inneres und Äußeres ineinander greifen, speist sich im Innersten aus einem nicht-lokalen Feld, in dem man nicht mehr zwischen innen und außen unterscheiden kann. Was hinter der inneren wie der äußeren Welt steht, entzieht sich der bewussten Anschauung.

Messen und Wahrnehmen

Das Messen verändert das Gemessene, sagt uns die Quantenphysik. Auch Wahrnehmen ist ein Messen, somit verändert auch die Wahrnehmung das Wahrgenommene. Wer Letzteres nicht so recht glaubt, möge Zeugenaussagen vergleichen. Jeder hat etwas anderes gesehen. Die Frage, wie es wirklich war, ist eine Illusion, ist nicht wirklich sinnvoll. Die „Wahrheit" aus verschiedenen Zeugenaussagen zu extrahieren, ist eine statistische Aufgabe. Wo gibt es die meisten Übereinstimmungen? Dort kann man annehmen, dass diese Aussage dem, wie es abstrakt „wirklich" gewesen ist, am nächsten kommt. An das „wirkliche" Ereignis wird man nie herankommen, weil es das nicht „gibt". Zum Leidwesen der Juristen wie auch der Philosophen.

Jedem Faktum hängt eine Unbestimmtheit an. Das wissen wir auch von der Heisenberg'schen Unbestimmtheitsrelation. Wenn wir somit ein Ereignis als Faktum sehen wollen, dann bleibt immer auch etwas unbestimmt. Das Faktum ist nur eine Abstraktion aus dem Gesamtzusammenhang. Dies zeigt auch das berühmte Doppelspaltexperiment. Selbst wenn einzelne Photonen oder Elektronen durch den Doppelspalt geschossen werden, zeigt sich ein Interferenzmuster. Die Teilchen ordnen sich so an, dass sie insgesamt wie eine Welle aussehen. So als „wüsste" jedes einzelne Teilchen, dass der zweite Spalt auch offen ist. Wenn man aber misst, durch welchen Spalt die „Teilchen" gegangen sind, verhalten sie sich „wirklich" auch wie Teilchen. Das Messen verändert alles. Wie soll man das interpretieren? Das Ganze ist nicht bloß mehr als die Summe der Teile, sondern etwas anderes. Das Interferenzmuster wird nicht von Wellen, sondern von „Teilchen" gebildet. Von einer großen Zahl von Teilchen, die aber weder Teilchen noch Welle, sondern etwas anderes, Feldartiges sind.

In der Quantentheorie kann die Physik nichts über Einzelphänomene aussagen, sondern nur über eine große Anzahl statistische Angaben zur Wahrscheinlichkeit machen. Etwa über die Wahrscheinlichkeit, wo ein Teilchen gemessen werden kann, wenn gemessen wird. Eine Aussage darüber, wo das Teilchen ist, wenn nicht gemessen wird – also ohne Wechselwirkung –, ist sinnlos. Im Mikrokosmos kann man ein Teilchen nur messen, das heißt registrieren durch andere Teilchen. Das ergibt eine Wechselwirkung, die die Situation sofort ändert. Das Messen verändert das Gemessene. Das ist im Makro- oder unserem Mesokosmos genauso, nur ist die Größendifferenz zwischen z.B. den Photonen und einem gemessenen, wahrgenommenen Makroobjekt so groß, dass die Veränderung nicht ins Gewicht fällt und vernachlässigt werden kann. Die Veränderung liegt aber im subjektiven Faktor, der in der „objektiven" Situation durch das Wahrnehmen enthalten ist.

Was passiert also im Doppelspaltexperiment? Wenn wir nicht davon ausgehen, dass sich da entweder eine Welle oder ein Teilchen zeigt, sondern immer ein Feld vorhanden ist, dann ist die Frage, wie das einzelne Teilchen „weiß", ob der andere Spalt offen oder geschlossen ist, irrelevant. Durch den einen Spalt geht sozusagen die lokal konzentrierte Feldstärke, das Feld aber ist so ausgebreitet, dass es auch durch den anderen Spalt geht, wenn der offen ist. Daher

„weiß" das Feld über den Zustand des Gesamtexperiments. Es geht sozusagen nur schwerpunktmäßig durch den einen Spalt, „berührt" aber den anderen genauso. Als Feld ist es nie nur an einem lokalen Punkt. Es bedarf also auch keiner „Führungswelle" (David Bohm), um das zu erklären. Auch das ist natürlich nur ein Bild.

Wird nun gemessen, durch welchen Spalt das Phänomen gegangen ist, wird nur die lokale Feldkonzentration gemessen, nicht das Feld als Ganzes. Daher sieht es so aus, als wäre das Teilchen nur durch einen Spalt gegangen. Als Quantenkuriosität bleibt, dass diese Messung das Feldartige nicht nur ausblendet, sondern auch quasi eliminiert, so dass das Interferenzmuster wegfällt. Der Kollaps (der Wellenfunktion) ist nichts anderes als ein „Feststellen". Mit der Messung stellen wir fest, wo das Teilchen durchgegangen ist. Das in sich dynamische Quantenphänomen wird damit tatsächlich „festgestellt", d.h. seines Wellencharakters, seiner Dynamik beraubt. Was bleibt, ist dann tatsächlich so etwas wie ein Teilchen – ohne den feldartigen Aspekt des Quantenphänomens, der zwar immer da ist, aber durch die Messung sozusagen „ausgedünnt" wird.

Die Tatsache, dass das Experiment auch genauso abläuft, wenn kein Mensch im Versuchslabor anwesend ist – also niemand beobachtet und wahrnimmt –, ist nur auf den ersten Blick kurios. Es handelt sich noch immer um zwei Systeme: das zu messende mikroskopische und den Messapparat, der dem Mesokosmos angehört. Eine objektive Beschreibung ohne Messapparat ist nicht möglich. In der Quantenphysik ist der Messapparat immer Teil der Beschreibung. Der Messapparat zwingt das System – das, was letztlich gesehen oder gemessen wird – in seine Größenordnung. Die Wechselwirkung stellt etwas fest.

Wird nicht gemessen, durch welchen Spalt die Photonen oder Elektronen gehen, wird erst auf der dahinterliegenden Fotoplatte gemessen, bis dahin aber ist der Vorgang ungestört. Das Quantenphänomen kann als Feld und nicht als „Teilchen" durch die beiden Spalte gehen und wird erst an der Fotoplatte registriert und dort mehr oder weniger auf das Teilchenartige reduziert. Das Feld, das bis dahin ungestört war, bewirkt die interferenzartige Anordnung der Teilchen.

Genau genommen ist es in unserer Lebenswelt nicht anders. Wir zwingen der Natur – die eine ungeteilte Einheit ist, von den Elementarteilchen bis zum (äußeren und inneren) Universum – unser Sehen der alltäglichen Objekte auf. Wir zwingen dem ungeteilten Spektrum der elektromagnetischen Wellen unser Sehen des sichtbaren Lichts auf. (Und das ist nur die physikalische Seite.) Dadurch sehen wir begrenzte Objekte, die es so in der Natur eigentlich nicht gibt. Könnten wir das ganze Spektrum sehen, wäre die Welt ein ungeteiltes Kontinuum oder ein Feld, in dem zwischen den konzentrierten Feldstärken (die wir als Objekte wahrnehmen) keine deutliche Grenze festzustellen wäre. Aber die Welt wäre dann komplett „unscharf". Wir können die Welt nicht beschreiben, ohne auch unseren Messapparat (der uns zur Verfügung stehenden Sinne) mit einzubeziehen. Was wir als objektive Welt bezeichnen, ist ein Feld, das wir durch unser Hinsehen (Messen), das (im zweifachen Sinne) ein Feststellen ist, in eine Ansammlung von Objekten zwingen. Letztlich sind aber auch Objekte nur lokale Feldstärken und es gibt keine scharfe Grenze zum übrigen Feld oder zur Umgebung.

Das sogenannte Messproblem

Messen bedeutet, dass das Ereignis von der Sprache der Mikrowelt – und das ist die Sprache der Nicht-Lokalität – in die Sprache der Makrowelt „übersetzt" oder auf diese eingegrenzt wird. In der Sprache der Nicht-Lokalität gibt es keinen Ausdruck für so etwas wie den Ort, daher ergibt die Frage, durch welchen Spalt das Phänomen geht, in der Sprache des Phänomens selbst keinen Sinn.

In der Psychologie ist es ganz analog. Das, was C.G. Jung als Archetypen bezeichnet, hat keinen „Ort" in der Psyche, sie sind nicht psychisch, sondern „psychoid". Sie können als Archetypen gar nicht bewusst werden. Es sind psychoide Strukturen, die als solche unanschaulich sind. Das entspricht der Nicht-Lokalität in der Physik. Träume, Fantasien oder Mythen „übersetzen" jedoch diese nicht-lokalen oder nicht-psychischen Phänomene in die Sprache der Psyche. Sie treten dann als konkrete Bilder in unsere psychische Welt – in Mythen, Träumen, Fantasien. So werden diese unanschaulichen Archetypen sozusagen gemessen (wahrgenommen), womit sie teilchenartig (konkrete Bilder oder Vorstellungen) werden.

Wenn Richard Feynman sagt, dass niemand die Quantenmechanik versteht, dann heißt das, dass es mit unserem gewohnten Denken nicht möglich ist. Wir leben einfach in einer anderen, der makroskopischen Welt und nicht in einer nicht-lokalen Welt. Unsere Sprache hat sich an der Auseinandersetzung mit dieser unserer makroskopischen Welt gebildet. Und doch können wir von der Quantenphysik lernen, dass diese der gewohnten Sprache und Erfahrung nicht zugängliche Nicht-Lokalität die Grundlage unserer lokalen Welt ist.

Naturwissenschaft heißt, Berechnungen anzustellen und die sich daraus ergebenden Voraussagen mit den Messungen (im Experiment) zu vergleichen. Beim Messen haben wir das Problem, dass dieses das zu Messende verändert. Bei den Berechnungen können wir uns fragen, was wir da denn berechnen wollen? Nehmen wir als klassisches Beispiel die Flugbahn eines abgeschossenen Pfeils. Viele kommen noch heute nicht damit zurecht, dass Niels Bohr postulierte, dass es so etwas wie Teilchenbahnen nicht gibt. Und auch die Heisenberg'sche Unbestimmtheitsrelation ist noch immer nicht allgemein akzeptiert. Das widerspricht dem naiven „Realitätssinn".

Was ist denn die (völlig klassische) Flugbahn eines Pfeils anderes als eine Abstraktion, die es „real" gar nicht gibt. Was wir tun ist: Wir verfolgen mit den Augen den fliegenden Pfeil und stellen uns die „Flugbahn" vor. Und dann können wir berechnen, wo der Pfeil zu jedem Zeitpunkt war. Dann haben wir den jeweiligen Ort, eine Ansammlung von mathematischen Punkten – aber die Bewegung (der Impuls) ist weg. Stellen wir uns dagegen die Bewegung vor, dann ist es sinnlos, über einen bestimmten Ort zu reden. Der wäre im Moment der Messung schon nicht mehr aktuell. Die makroskopische Welt ist mitnichten anders als die mikroskopische. Auch was wir klassisch berechnen, bezieht sich nicht auf die „Realität", sondern auf einen fiktiven Raum, in dem wir uns so etwas wie eine Flugbahn vorstellen. Realität ist der fliegende Pfeil, und nicht Ort und Geschwindigkeit, die wir rational getrennt sehen und berechnen wollen. Das ist nicht so weit weg vom Teilchen-Welle-Dualismus und dem Feld, das beides in einem Bild umfasst und dem fliegenden Pfeil entsprechen würde.

Ort, Geschwindigkeit usw. sind Konzepte, mit denen wir die Welt zu begreifen versuchen, wie wir uns die Welt bewusst vor-stellen. Aber wenn wir etwas fest-stellen, geht immer auch etwas verloren, wir entkommen der Unbestimmtheitsrelation auch im Makrokosmos nicht. Was ich fest-gestellt habe, bewegt sich nicht mehr, ist nicht mehr lebendig. Lebendiges ist nicht „Gegenstand" der Physik. Lebendiges kann nicht der klassischen, mechanistischen Logik unterstellt werden. Schon der „fliegende Pfeil" ist keine „Realität" (res = Ding), sondern eine Erfahrung, die nicht objektiviert (vom Subjekt losgelöst) werden kann. In den nicht-naturwissenschaftlichen Kulturen in Ost und West nennt man das Meditation oder Kontemplation, was so viel heißt wie unmittelbare Erfahrung. Erfahrung, in der nicht getrennt wird.

Physik-Esoteriker behaupten immer, die Mikro- oder Quantenwelt hätte mit dem Bewusstsein zu tun. Es ist umgekehrt: Die Mikrowelt ist eine Welt völlig getrennt vom Bewusstsein, getrennt von jeder Anschaulichkeit. Die Nicht-Lokalität ist das „Unbewusste" der Physik. Hier gibt es keine Dinge, sondern sozusagen die unanschaulichen „Archetypen" oder Beziehungsstrukturen des Werdens. Durch Messen (in der Physik) oder bewusstes Hinschauen (in unserer Lebenswelt) entsteht erst das, was wir Teilchen oder Ding nennen und das bei genauerem Hinsehen noch immer kein Teilchen oder Ding ist. In der Psychologie sind das die Bilder oder archetypischen Vorstellungen, die bewusst werden können. Und wenn wir unsere Lebenswelt genauer ansehen, müssten wir feststellen, dass es auch da keine isolierten Dinge oder Objekte gibt.

Der fliegende Pfeil ist nicht irgendwo feststellbar. Dinge sind keine isolierten Objekte, sondern Felder. Subjekte sind keine isolierten Ichs, sondern (in der Sprache C.G. Jungs) Komplexe, die nicht definiert werden können, weil sie eine ganze Bedeutungswolke um sich herum haben, von der sie nicht zu trennen sind. Dabei geht die Ich-Wolke über sich hinaus und kontinuierlich in die Umgebung über. Daher können wir genau genommen auch in der Makrowelt nicht von einer objektiven Welt reden, weil wir die nicht unabhängig vom Messapparat (Sinnesapparat) beschreiben können, der wir in unserer Lebenswelt selbst sind.

Letztlich hat uns das sogenannte Messproblem der Quantenphysik nur darauf verwiesen, wie unsere Wahrnehmung funktioniert, dass Sprache und Subjekt-Objekt-Spaltung immer abstrahieren von einer immer schon verschränkten Welt als Ganzer. Zwar braucht Bewusstsein immer ein Gegenüber, zwar müssen wir Subjekt und Objekt, Teilchen und Welle, Ort und Geschwindigkeit usw. unterscheiden, müssen uns aber auch immer bewusst bleiben, dass dies Abstraktionen sind – oder die Werkzeuge, mit denen wir die Welt zu verstehen versuchen. Wir teilen die Welt ein, um sie überschaubar zu machen, aber wir können sie gar nicht fragmentieren, sie ist und bleibt ein Ganzes – das aber unanschaulich ist und bleibt.

Der Streit um die Realität

Einsteins Abwehr (nicht der Quantentheorie, sondern der) Interpretation der Quantentheorie ist bekannt, vor allem: „Der Alte würfelt nicht" und die „spukhafte Fernwirkung", die ihm ein Ärgernis war. Das basiert darauf, dass Einstein von einer unabhängig vom Subjekt objektiv beschreibbaren Realität nicht abgehen wollte. Begründet wird so etwas nicht durch Physik, nicht durch Philosophie, sondern durch das (primäre) Weltbild, das all dem vorausgeht.

Dieses naturalistische Weltbild – und damit dieselben Vorwürfe an Niels Bohr und Werner Heisenberg – besteht auch heute noch und wird noch heftiger verfochten als damals von Einstein. Sofern es sich um eine ernstzunehmende Diskussion handelt, geht es zunächst um die Sprache. Heisenberg wird vorgeworfen, die alte klassische Sprache zu verwenden, wenn er von Teilchen spricht. Damit wird Schrödinger als Verfechter des Wellenbildes, Heisenberg als Verfechter des Teilchenbildes bezichtigt. Dem kann aber nicht so sein, sagt doch Heisenberg: *„Wir tun so, als sei das elektrisch geladene Teilchen genauso ein Ding wie ein elektrisch geladenes Öltröpfchen oder ein Holundermarkkügelchen aus den alten Apparaten."*[162] Das heißt, er behielt den Begriff „Teilchen" bei – in Ermangelung eines neuen Begriffs, der auch nicht verständlicher gewesen wäre – im Bewusstsein, dass es sich eben nicht um Teilchen im klassischen Sinne handelt. Allenfalls könnte man sagen, dass er Teilchen in einem nicht-klassischen Sinne gemeint hat, die aber dann auch nichts mit Öltröpfchen oder Holundermarkkügelchen und damit auch nichts mit dem herkömmlichen Teilchenbild zu tun hätten.

Das sprachliche Problem sieht in der Kopenhagener Deutung so aus, dass man das Unanschauliche des Mikrokosmos in einem Experiment in der klassischen Sprache des Makrokosmos benennen muss. Die Messergebnisse betreffen die Versuchsanordnung und damit ein klassisch makroskopisches System. Diese Trennung ist inzwischen problematisch geworden, und wo der Heisenberg'sche Schnitt wirklich liegt, kann niemand so genau sagen. Aber zudem ist auch – und zwar schon bei Heisenberg – fraglich geworden, was das Wort „verstehen" in der Physik bedeutet[163].

---

[162] Werner Heisenberg: Der Teil und das Ganze. Gespräche im Umkreis der Atomphysik, dtv, 2. Aufl., S. 154 f.

[163] Ebda, S. 41

Der Vorwurf der spukhaften Fernwirkung ist eigentlich trivial, weil es sich dabei gar nicht um eine Wirkung handelt, sondern um Nicht-Lokalität. Zwei in unserer lokalen Welt noch so weit voneinander entfernte verschränkte „Teilchen" sind quantenphysikalisch nur ein System. (Man beachte, dass auch die Gegner von Heisenbergs „Teilchensicht" den Begriff „Teilchen" verwenden – und zwar in viel realerem Sinn als Heisenberg!) Im Nicht-Lokalen gibt es keinen Ort und daher auch keine Entfernung, womit es auch sinnlos wird, von zwei Teilchen zu reden.

Damit hängt der nächste Vorwurf gegen die Kopenhagener Deutung zusammen: der Kollaps der Wellenfunktion. Nach Ansicht der Gegner gibt es so etwas nicht. An seine Stelle tritt die (nicht instantane?) Dekohärenz. Die Frage ist, ob nicht auch das nur ein Problem der Benennung ist, nämlich für etwas, das es bisher nicht gegeben hat und für das man keine Anschauung hat. Es geht im Wesentlichen darum, den Übergang von der Nicht-Lokalität in die Lokalität zu erklären. Den Gegnern ist ein Dorn im Auge, dass die Wellenfunktion nach der Kopenhagener Deutung nur Wahrscheinlichkeiten für Messergebnisse angeben kann, während sie die Meinung vertreten, dass die Wellenfunktion eine Realität, wenn auch – und das ist wesentlich – nicht im Sinne der klassischen Realität ist. Fraglich ist also, wie verstehen wir Realität, wenn sowohl „verstehen" als auch „Realität" nicht im bisherigen Sinne verstanden werden können?

Die Frage Kollaps oder Dekohärenz mündet dann ebenso in die Frage, wie man sich den Übergang von der Nicht-Lokalität zur Lokalität denn nun vorstellen soll – wenn man sich das überhaupt vorstellen kann? Damit sind wir aber wieder beim Problem der Sprache in zwei verschiedenen Bereichen der Wirklichkeit. Reden wir über die Nicht-Lokalität in der Sprache der klassischen Lokalität, dann muss man das umschreiben mit „Superposition" oder „das Teilchen ist überall und nirgends". Nicht-lokal heißt ja „kein Ort"! Nicht-Lokalität heißt, wie wir aus der Verschränkung wissen, es ist da wie dort gleich oder besser eins. Und da es nicht um zwei (oder mehrere) Orte, sondern um gar keinen geht, ist „überall und nirgends" noch die beste sprachliche Annäherung dafür, dass es keinen bestimmten Ort gibt, weil es sich ja um Nicht-Lokalität handelt. Daher kann der „Ort" aus der Sicht der Lokalität nur unbestimmt sein.

So weit, so gut. Am anderen Ende kommt es zur Messung an einem bestimmten Ort. Wir reden ja von Lokalität. Der Übergang besteht darin, dass es aus Sicht der Lokalität zu einer Art Auflösung der Verschränkung verschiedener (aller möglichen) Orte kommt, wobei nur einer gemessen werden kann, und zwar nicht vorhersehbar. Was sollte auch aus der Nicht-Lokalität heraus vorhersehbar sein? Das Teilchen, das kein Teilchen ist, war ja quasi „überall und nirgends" und „überall und nirgends" kann keine Kausalität für einen bestimmten Ort liefern. Ist es nicht vielleicht doch nur Geschmackssache, ob man diesen Übergang als Kollaps oder als Dekohärenz bezeichnet?

Der Begriff der „Verschränkung" ist ja auch klassisches Reden, suggeriert er doch eine „Verbindung" zwischen zwei „Orten", die aber eins sind und es sich damit gar nicht um eine – spukhafte oder nicht spukhafte – Fernwirkung handelt. Und „instantan" ist auch nur ein Begriff für eine im klassischen Sinne kuriose Einheit. Verschränkung funktioniert auch nur in einer mühsam künstlich realisierten isolierten Situation, mühsam abgeschirmt von der Umgebung, sozusagen im Niemandsland zwischen Nicht-Lokalität und Lokalität. Jede Wechselwirkung würde sofort zur Dekohärenz führen und die Verschränkung aufheben.

Bleibt nur die Nicht-Lokalität, die wir uns, die wir nicht in ihr aufgewachsen sind, nicht vorstellen können – und natürlich die Frage nach der Realität. Da müssen wir wohl oder übel zwischen unserer dinglichen und objektiven Realität und einer nicht-dinglichen und nicht-lokalen Wirklichkeit – weil unsere Realität offenbar durch Dekohärenz daraus entsteht – unterscheiden. Diese Wirklichkeit nannte Heisenberg Potenzialität – was den Gegnern wiederum sauer aufstößt. Aber wie nennt man etwas, das etwas bewirken kann (wenn auch nicht im kausalen Sinne), das nicht nichts ist, das aber auch nicht da ist im Sinne eines lokalen Ortes? Heisenbergs Ansicht ist bekannt: *„Aber die Atome und Elementarteilchen sind nicht ebenso wirklich. Sie bilden eher eine Welt von Tendenzen oder Möglichkeiten als eine von Dingen und Tatsachen."*[164] Das beschreibt es ganz gut, auch wenn – wie immer bei quantenphysikalischen Phänomenen – die Anschaulichkeit fehlt. Interessant jedenfalls ist auch, dass der Begriff der Potenzialität schon in der Antike eine wesentliche Rolle spielte.

Bleibt noch der Frontalangriff auf Niels Bohr und seinen Begriff der Komplementarität. Diese widerspräche der Logik und sei über-

---

[164] Werner Heisenberg: Physik und Philosophie, S. 156

haupt eine „Ungeheuerlichkeit" und „das Unwort der Wissenschaft des 20. Jahrhunderts"[165]. Dabei wird übersehen, dass der Begriff aus dem Daoismus kommt und keinen logischen Widerspruch (im westlichen Sinne) beschreibt, sondern Gegensätze, die nur zusammen ein Ganzes, nämlich die Wirklichkeit, komplementär beschreiben können. Es ist wie bei den Kippbildern, z.b. das der alten und der jungen Frau. Es ist unmöglich, beide gleichzeitig zu sehen, obwohl das Bild physikalisch nur eines ist. Sehen kann man nur entweder die eine oder die andere Frau, nicht beide zugleich. Der Widerspruch liegt also im Sehen und nicht im Bild oder im Phänomen selbst.

Natürlich wird Bohr auch sein *„Es gibt keine Quantenwelt"* vorgeworfen. Gemeint ist allerdings damit, dass die Quantenwelt nichtlokal ist und das „es gibt" eine lokale Aussage meint, die einfach nicht zutrifft. Die Quantenwelt kann damit keine „Welt" im üblichen Sinne sein. Sie besteht nicht aus „etwas", sondern ist Nicht-Lokalität. Daher hat auch noch nie jemand ein Quantenphänomen „gesehen", sondern immer nur aus seinen Wirkungen (z.b. „Spuren" in der Nebelkammer) erschlossen. In diesem Sinne kann Physik keine Aussagen über die Wirklichkeit machen, sondern nur darüber, was wir über sie, gemessen an der Realität, (indirekt) wissen können. Für die Nicht-Lokalität haben wir kein Sensorium und können es auch nicht haben.

Für Heisenberg ist „klar", dass die Bahn eines Elektrons erst durch Beobachtung entsteht. Vorher – in der Nicht-Lokalität – kann es ja keine Bahn, keinen Ort und auch kein Teilchen geben. All das entsteht erst durch Wechselwirkung, und auch Beobachtung ist Wechselwirkung, wodurch die Nicht-Lokalität in die Lokalität „springt".

Das verbleibende Problem ist die Frage, wie kann eine klassisch lokale Welt aus einer nicht-lokalen (Nicht-)„Welt" aufgebaut sein? Wobei auch „aufgebaut" ein klassischer Begriff ist und damit nicht zutreffend sein kann. Also wie entsteht unsere drei- oder vierdimensionale Welt aus der Nicht-Lokalität? Der Schluss kann nur sein, dass das wirklich Elementare nicht „Teilchen" (oder kleinste Bausteine, wie man noch vor 1900 dachte) sind, sondern Wechselwirkung oder Beziehung. Aber – weil eben nicht-lokal – auch nicht

---

[165] H. Dieter Zeh: Physik ohne Realität: Tiefsinn oder Wahnsinn? Springer Verlag 2012, S. 39 und 51

Beziehung von etwas, sondern nur Beziehung (H.-P. Dürr). Anders formuliert: Wie kommt man von reiner Beziehung zur Wechselwirkung von Dingen? Dies geschieht wohl durch die sogenannte Dekohärenz, über deren Bedeutung man sich aber noch nicht einig ist.

Psyche und Welt

Von Albert Einstein bis Stephen Hawking waren und sind Physiker auf der Suche nach der einheitlichen Weltformel, einer „theory of everything". Dass dies innerhalb der Physik unmöglich ist, hat allerdings schon Wolfgang Pauli festgestellt, als er meinte, nicht die Quantentheorie sei unvollständig (wie Einstein gemeint hatte), sondern die Physik als Ganze innerhalb des Lebens. Die Rechnung kann nicht ohne den Menschen aufgehen – und eine Weltformel nicht ohne die Innenwelt, die Dimension der Psychologie. Somit kann es keine „theory of everything" als physikalische „Weltformel" geben, denn die physikalische Welt ist nicht „everything".

Albert Einstein war mehrere Male zu Gast bei C. G. Jung. Während aber Jung fasziniert war von den neuen Ideen der Relativitätstheorie, auch wenn er sie mathematisch nicht nachvollziehen konnte, so beschäftigte er sich doch ein Leben lang auch mit der modernen Physik. Umgekehrt schien sich Einstein nicht von der Analytischen Psychologie Jungs inspirieren zu lassen. Das lag wohl daran, dass er sich von einer unabhängig vom Subjekt beschreibbaren objektiven Welt nicht verabschieden wollte, wie es die entstehende Quantentheorie, zu der er selbst Entscheidendes beigetragen hat, nahelegte.

Einstein suchte nach der „Weltformel", weil für ihn die Quantentheorie unvollständig war, während für Pauli nicht die Quantentheorie, sondern die Physik als solche unvollständig ist und sein muss. Um zu den Naturgesetzen zu kommen, musste sich die Physik auf das Reproduzierbare und quantitativ Messbare beschränken.[166] Eine „theory of everything" kann keine Theorie der physikalischen Welt, sondern müsste eine Theorie des Lebens sein.

---

[166] C.A. Meier: „Wolfgang Pauli und C.G. Jung. Ein Briefwechsel 1932-1958", Appendix 3, Springer Verlag 1992, S. 192

So war Albert Einstein zwar fasziniert von der Idee einer einzigen Weltformel, ist an dieser Idee aber letztlich gescheitert, weil sein Weltbegriff offenbar zu eng war. Eine physikalische einheitliche Weltformel, selbst wenn sie gefunden wäre, könnte gar nicht die Einheit der „Welt" beschreiben, weil – wie auch Erwin Schrödinger sagte – die „Welt" mehr ist als Teilchen in Raum und Zeit, mehr als die Physik erfassen und beschreiben kann. Zur äußeren Welt gehört untrennbar die innere Welt, die physikalische Welt ist komplementär zur psychischen Wirklichkeit wie Teilchen und Welle. Wolfgang Pauli war fasziniert von der Idee einer – wie er es nannte – neutralen Sprache, die für Physik und Psychologie gleichermaßen anwendbar wäre. Er begründete dies mit der Annahme, dass die von Jung entdeckten Archetypen sich auch in der Materie, nicht nur in der Psychologie, sondern auch in der Physik ausdrückten. Womit erst so etwas wie Synchronizität möglich wird. Damit kämen wir wirklich zu einer einheitlichen Sicht, so dass die Psyche die Innenseite der Welt und die Welt die Außenseite der Psyche wäre.

Von der Gesellschaft unbemerkt eröffneten die Quantenphysik und die Analytische Psychologie eine völlig neue Sicht auf die Wirklichkeit. Die bisherige, im Wesentlichen aristotelische Logik wurde durchbrochen durch den nicht auflösbaren Welle-Teilchen-Dualismus und seine Komplementarität, durch eine grundlegende Nicht-Lokalität (Physik) und das Unbewusste (Psychologie). Damit verbunden ist die Heisenberg'sche Unbestimmtheitsrelation, die besagt, dass man von komplementären Werten nicht beide zugleich exakt messen kann. Das bis dahin statische Weltbild der klassischen Physik (und der Gesellschaft) wurde zu einem dynamischen. Man könnte sagen, dass Heraklit mit seinem „panta rhei" letztlich doch die Oberhand behielt. Es gibt keine isolierten Teilchen, sondern nur Wechselwirkung, es gibt nichts Statisches, sondern nur Dynamik. Die Objektivität wird aufgeweicht. Was in einem Experiment herauskommt, entscheidet die Versuchsanordnung. Statische Messwerte sind eine Abstraktion, weil das Messen das Gemessene verändert, den Film zum Standbild gefrieren lässt. Das Messen kreiert unsere lokalisierte Welt. Davor und hinter allem liegt eine Dimension der Nicht-Lokalität (und des Unbewussten), die zu so unanschaulichen Phänomenen wie die Verschränkung führt. Dies sind die wesentlichen neuen – für die gewohnte Logik absurden –Entdeckungen der Physik.

Diese haben aber auch Entsprechungen in der sich zeitgleich entwickelnden Analytischen Psychologie C.G. Jungs. Dass es in der Psyche nicht um Teilchen geht, ist noch selbstverständlich. Es geht um Beziehung – von Ich und Selbst, bewusst und unbewusst – und damit nicht um bloß Subjektives, sondern um durchaus objektiv „Gegebenes", das empirisch untersucht werden kann. Komplexe und Archetypen sind dynamische Faktoren, die nicht nur wirksam sind, sondern sich auch wandeln. Das Bewusstmachen, das Hinschauen – und auch das ist ein Messen – verändert die Situation. Die Archetypen entspringen einer unanschaulichen Dimension des Unbewussten, die nicht mehr psychisch, sondern psychoid ist, und werden in inneren Bildern und archetypischen Vorstellungen zur Welt der Psyche. Dies erklärt das Phänomen der Synchronizität der nicht kausal erklärbaren, aber sinnvollen Zusammenhänge von inneren Bildern und äußeren Ereignissen.

Damit geht es in beiden Disziplinen – Physik und Psychologie – um die Erweiterung unseres Weltbilds auf einen unanschaulichen Bereich (Nicht-Lokalität und Unbewusstes), um nicht mehr auflösbare Gegensätze, die aber nur zusammen die Wirklichkeit erklären können (Komplementarität – von Welle und Teilchen, von bewusst und unbewusst, männlich und weiblich, Ich und Selbst), wobei Niels Bohr ebenso wie C.G. Jung den Begriff „Komplementarität" aus dem Daoismus (yin – yang) entlehnen, der das Entweder-Oder-Denken nicht kennt. Es geht um eine neue Dimension der Ganzheit, die Verschränkung und Synchronizität möglich macht.

In beiden Disziplinen löst eine dynamische Sicht das bisherige statische Weltbild ab, wodurch auch die Subjekt-Objekt-Spaltung obsolet wird. Materie und Energie sind äquivalent, im Mikrokosmos lösen sich die „Teilchen" in nicht begrenzte Felder auf, fundamental sind nicht kleinste Teilchen, sondern Wechselwirkung und Beziehung – nicht Beziehung von etwas, sondern nur Beziehung. Komplexe und Archetypen sind nicht definierbare Entitäten, sondern feldartige Bedeutungswolken, nicht abgrenzbar und teilweise ineinander übergehend. Das Psychische ist Wirklichkeit, nur an Wirkungen erkennbar, dynamisch und wandelbar. Die „Landkarte der Seele" mündet in der Entwicklung der Persönlichkeit, die Jung Individuation nennt, die zur Lebensaufgabe wird, an deren „Ende" eine Ganzheit (das Selbst) steht.

Diese Entwicklung geht somit über das Psychische hinaus, auch die Psyche ist „feldartig" ohne Begrenzung. Die Archetypen sind dynamische Grundmuster, die im Außen (Materie) und Innen (Psyche) wirken. Zielvorstellung ist der unus mundus (die eine Welt des Ganzen, Jungs „theory of everything"), und das Selbst ist identisch mit der Gottesvorstellung, dem Archetypus der Ganzheit. Jung breitet somit die Psyche unbegrenzt zwischen Materie und Geist aus, sie ist keine dingliche Entität, sondern (in der Sprache der Physik) so etwas wie ein Feld. Der Mensch ist Endliches bezogen auf Unendliches (Jung), der Mensch („Feldkonzentration") ist bezogen auf ein Ganzes, auf Unendlichkeit („Feld"). Ein Feld hat keine „Außengrenze", ist unendlich – so wie die Monaden des G.W. Leibniz keine Fenster haben, nicht weil sie in sich abgeschlossen wären, sondern weil es gar kein Außen gibt.

Individuation ist Lebensaufgabe und Lebensprozess, den Jung in zwei gegenläufige Hälften teilt: In der ersten Lebenshälfte geht es um Ich-Werdung, in der zweiten um Selbst-Werdung, zuerst um Anpassung an die Außenwelt, dann um Integration der Innenwelt. Da es aber in der zweiten Lebenshälfte ums Ganze geht, geht es nicht nur um die Integration von bewusst/unbewusst, Anima/Animus, Ich/Selbst, sondern auch Innenwelt/Außenwelt – um die Vereinigung der Gegensätze und einen unus mundus.

Schon der Begriff der Archetypen übersteigt die Psyche. Der Prozess der Individuation erfordert eine Einsicht in die Grenzen des Ich und die Unbegrenztheit des Selbst; gleichzeitig in die Endlichkeit der fragmentierten Welt und die Unendlichkeit des Ganzen (das Selbst in seiner kosmischen Dimension). Das setzt aber auch eine Komplementarität von Materie und Psyche, Physik und Psychologie voraus, und das war auch das Thema der Zusammenarbeit zwischen Jung und Pauli. Die Psyche – das Einzige, das uns unmittelbar zugänglich ist – umfasst ein Spektrum, das einerseits in die Materie, andererseits in den Geist mündet. Damit wird das Leben zum Kontinuum und die Individuation zur Aufgabe, nicht nur männlich und weiblich, sondern auch oben und unten zu verbinden. Wobei das nie statisch, sondern immer dynamisch zu sehen ist.

Eine wichtige Funktion des Unbewussten ist für Jung die Kompensation. Dabei werden bewusste Haltungen oder Fehlhaltungen von den Archetypen aus dem Unbewussten her kompensiert und damit korrigiert. Die Archetypen sind dynamische Strukturen, die nicht psychisch, sondern psychoid sind, die in gewissem Sinne von außerhalb der Psyche kommen – auch wenn es keine konkrete

Grenze für das Psychische gibt. Jung hat die Beobachtung gemacht, dass diese Kompensationen nicht nur in Träumen oder Fantasien aufsteigen, sondern sich auch in äußeren Situationen manifestieren können. Das sind Ereignisse, die nicht kausal, aber sinngemäß mit dem Inneren zusammenhängen. So kann das Auftreten archetypischer Bilder in Träumen mit äußeren Ereignissen zusammenfallen, was Jung Synchronizität nennt. Das heißt, dass die archetypischen Muster nicht nur innen, sondern auch außen wirken können. Das „Jenseits" der Psyche muss also in irgendeiner Weise mit dem „Jenseits" der Materie zusammenfallen. Und so kommt auch Wolfgang Pauli zu dem Schluss, dass die Archetypen nicht nur in der Psyche, sondern auch im Bereich der Physik wirken. So ist es für Pauli nicht verwunderlich, dass einige *„wichtige Begriffe in der Psychologie und in der Physik zugleich angewendet werden, ohne dass dies besonders beabsichtigt worden ist, wie Gleichartigkeit (Ähnlichkeit), Akausalität, Anordnung, Korrespondenz, Gegensatzpaar und Ganzheit"*.[167]

Als Pauli dies schrieb, war die von Einstein vorhergesagte (und von ihm ungeliebte) „Verschränkung" noch nicht experimentell erwiesen, kann aber als Analogie zur Synchronizität gesehen werden. Beide Phänomene sind nur akausal, instantan und nicht-lokal zu erklären. Verschränkung besagt, dass Teilchen aus einem gemeinsamen Ursprung, auch wenn sie Lichtjahre voneinander entfernt sind, nicht zwei sind, sondern sich wie eines verhalten. Das ist kausal nicht zu erklären, weil es dabei gar keine Informationsübertragung gibt. Bei der Synchronizität sind es nicht Lichtjahre, die dazwischen und doch nicht dazwischen liegen, sondern die – in dem Fall nicht mehr unabhängig voneinander existierenden – Bereiche der Innen- und Außenwelt, des Unbewussten und der Nicht-Lokalität. Die Ereignisse hängen ebenfalls nicht kausal, sondern ihrer Bedeutung nach zusammen.

Jung fügte damit der Relativität von Raum und Zeit, die er mit Einstein diskutierte, die Relativität der Psyche hinzu. Eine Vereinheitlichung über die Grenzen der physikalischen Welt hinaus, womit Jung die Raum-Zeit Einsteins zur Raum-Zeit-Psyche erweiterte. Womit vielleicht der Grundstein für eine realistischere „theory of everything" gelegt wurde. Die Geschichte der Physik ist eine fortlaufende Vereinheitlichung von Theorien, die vorher unabhängig

---

[167] Pauli an Jung, Briefe, S. 67

voneinander existierten. Die Synchronizität setzt eine Vereinheitlichung von Innen- und Außenwelt, von Psyche und Materie – letztlich von Psychologie, Physik und Metaphysik voraus. Darum ging es in der Zusammenarbeit von Jung und Pauli.

Dabei geht es nicht um eine Parallele zur Äquivalenz von Materie und Energie ($e = mc^2$) – das wäre noch klassische Physik und Relativitätstheorie –, sondern um eine Komplementarität von außen und innen, Materie und Psyche, Physik und Psychologie. Die Psyche geht an ihren „Rändern" in einen nicht-psychischen Bereich über, dessen Muster auch in der Außenwelt wirksam sind. Die Psyche geht auf der einen Seite ins Somatische über (Instinkte), auf der anderen Seite ins Geistige (analog Platons Ideen). Stellt man sich dieses Schema als Kreis vor, dann haben wir einen archetypischen Bereich, der sich in Psyche und Materie gleichermaßen ausdrücken kann. Das besagt aber auch, dass die Psyche nicht an die Grenzen von Raum und Zeit gebunden ist.

Hier geht die empirische Psychologie in die Philosophie, Metaphysik und Theologie über. Damit wird eine Einheit von Selbst (die über die Psyche hinausgehende Ganzheit der Psyche) und Sein, von Selbst und (der Vorstellung von) Gott postuliert. In diesem Zusammenhang ist es stimmig, dass die Probleme von Menschen in der zweiten Lebenshälfte zu einem großen Teil religiöse Probleme sind (was nicht konfessionell gemeint ist, heute würde man von spirituellen Problemen reden). Allerdings lassen sich viele Menschen gar nicht auf diese Probleme ein, was auch ein Grund dafür ist, dass die Psychologie von C. G. Jung nicht die populärste ist. Wer in der Phase der Pubertät oder Adoleszenz stecken bleibt, hat diese Probleme nicht.

Sie können sich der Hybris der Ratio ergeben, sich der Religion Richard Dawkins' anschließen und die Fahne der Aufklärung vor sich hertragen, verdrängend, dass die Aufklärung das Irrationale nicht verdrängen konnte – siehe Französische Revolution! Diese Einstellung geht – zumindest nach Jung – an der Bestimmung der zweiten Lebenshälfte völlig vorbei, in der sich die Menschen bemühen sollten, *„ihr rationales Ich-Bewusstsein mit dem nichtrationalen kollektiven Unbewussten zu verbinden, ohne dabei freilich die rationale Position des Ich preiszugeben. Aus seiner [Jungs] Sicht besteht die psychologische Hauptaufgabe der zweiten Lebenshälfte darin, eine Weltanschauung, eine persönliche*

Lebensphilosophie, zu formulieren, die rationale und irrationale Elemente vereint."[168]

Das ist ganz im Zeichen einer neuen Logik, die auch durch die Quantenphysik notwendig wird und die das Entweder-Oder durch die Komplementarität ersetzt. Während in der aristotelischen Logik von zwei einander ausschließenden Gegensätzen immer ein Teil eliminiert werden muss (Satz vom ausgeschlossenen Dritten), bleiben die Gegensätze in der Komplementarität erhalten, es sind sogar beide Seiten notwendig, um die Wirklichkeit zu erklären. Dazu gehört der Teilchen-Welle-Dualismus der Quantenphysik genauso wie Außen- und Innenwelt, bewusst und unbewusst oder rational und irrational in der Sicht der Analytischen Psychologie. Wobei man hinzufügen muss, dass es bei der Komplementarität nicht mehr um eine bloß formale Logik geht, sondern um Inhalte.

Jung hat empirisch eine Landkarte der Seele erarbeitet, an deren Ende ein Bild der Wirklichkeit steht, die Psyche und Welt umfasst – womit die von den Physikern ersehnte „theory of everything" nun in der Analytischen Psychologie aufleuchtet. Es geht um ein Zusammenfallen der Grundmuster der Psyche mit Mustern und Prozessen der physikalischen Welt. Gemeinsam ist ihnen, dass sie aus einem unanschaulichen Bereich kommen, der sich in der Physik in der Dimension der Nicht-Lokalität zeigt, in der Psychologie im Bereich des prinzipiell Unbewussten. Die Archetypen sind sozusagen die Naturgesetze der inneren Welt, aber auch Bindeglieder zwischen der psychischen und der physikalischen Welt. Diese beiden Bereiche (die aus gegensätzlicher Sicht zugänglich wurden) gehören nach Jung und Pauli komplementär zusammen und können, um die Dimension des Sinns erweitert, zu synchronistischen Ereignissen führen.

An der Idee von Esoterikern und sogar einzelnen Physikern, Quantenwelt und Bewusstsein gleichzusetzen, kann man ermessen, wie schwer es ist, diese in Physik und Psychologie nahegelegte neue Logik zu „begreifen". Im Doppelspaltversuch wird deutlich, dass das Ideal der klassischen Physik, die heilige Kuh der Objektivität (die selbst Einstein nicht preisgeben wollte), nicht mehr aufrechtzuerhalten ist. Die Mikrowelt kann nicht mehr beschrieben werden, ohne die jeweilige Versuchsanordnung einzubeziehen, durch die sich entweder die Wellen- oder Teilchennatur zeigt. Allerdings, nach dieser (subjektiven)

---

[168] Murray Stein: C.G. Jungs Landkarte der Seele. Patmos Verlag, 10. Aufl. 2019, S. 240

Entscheidung, welche Art des Experiments zum Tragen kommt, läuft alles weitere objektiv (ohne weiteren Einfluss eines Subjekts) ab. Das Experiment wird nicht vom Bewusstsein beeinflusst – auch wenn niemand im Labor ist, läuft das Experiment in genau gleicher Weise ab. Das heißt, die Objektivität wurde aufgeweicht, aber noch nicht verabschiedet, und mit einem Einfluss des Bewusstseins hat das noch gar nichts zu tun. Auch in der Quantenphysik geht es um die materielle Welt.

Was allerdings wichtig ist: Das Messen verändert das Gemessene – und das gilt nicht nur für die Quantentheorie, sondern ganz allgemein. Auch die Wahrnehmung ist ein Messen und verändert das Wahrgenommene. Das heißt wiederum, dass es kein Wahrnehmen ohne Beteiligung des Subjekts gibt. Subjekt und Objekt sind im Wahrnehmen verbunden. Davon können Exekutive und Legislative ein Lied singen: Zeugenaussagen sind nicht ohne ein subjektives Element zu haben. Grob gesagt: Jeder hat etwas anderes gesehen. Die „objektive" Welt ist eine Abstraktion, diese Welt ist immer subjektiv gefärbt.

Aus dem bisher Gesagten können wir ableiten, dass eine Trennung von Außen- und Innenwelt unmöglich ist. Die Trennung (Subjekt-Objekt-Spaltung) ist Voraussetzung für das Bewusstsein, das immer ein Gegenüber braucht. Dahinter steht aber das Unbewusste, für das diese Trennung nicht existiert. Genauso wie es im physikalischen Bereich der Nicht-Lokalität keine Trennung (die nur für die Lokalität gilt) gibt. Diese beiden Bereiche (quasi einmal von außen, einmal von innen angesteuert) könnten zusammenhängen. Es wäre naheliegend, dass es auch hier keine Trennung gibt. Das wäre dann eine realistischere Basis für eine „theory of everything": die Raum-Zeit erweitert zur Raum-Zeit-Psyche. Die Mystiker aller Kulturen würden diesem Konzept wahrscheinlich zustimmen.

Was in der Physik noch unklar ist, wäre die Frage, wo die Welt des Mikrokosmos in die Welt des Makro- oder Mesokosmos der Lebenswelt übergeht. Es wäre aber falsch, diese Grenzen in der Welt zu suchen, hat sich doch auch die Grenze zwischen innen und außen aufgelöst. Der Übergang liegt in der Dynamik. Im Doppelspaltversuch wird durch das Messen, durch welchen Spalt das „Teilchen" gegangen ist, das feldartige Quantenphänomen zum Teilchen. Das nennt man im Standardmodell den Kollaps der Wellenfunktion, später Dekohärenz.

Man kann das Doppelspaltexperiment aber auch als Schlüsselexperiment für die menschliche Wahrnehmung sehen. Vor der Messung/Wahrnehmung sind Teilchen- und Wellenaspekt ununterscheidbar. In der Natur gibt es keine Grenzen, sondern nur Übergänge. Erst durch die Messung/Wahrnehmung zeigt sich die teilchenartige Realität. Vor der Wahrnehmung „gibt" es keine Dinge oder Objekte, sondern ein ungeteiltes Feld, das auch uns selbst enthält – und damit gibt es auch noch keine Subjekt-Objekt-Spaltung. Das entspricht historisch dem mythologischen Denken. Erst durch das rational messende/urteilende Wahrnehmen „entsteht" die wahrgenommene Welt der Dinge und Objekte und des Subjekts. Wir „schaffen" diese Welt nicht, aber wir geben ihr (unsere) Struktur. Das Strukturierende sind nach Jung und Pauli die Archetypen.

Die Frage, ob der Mond existiert, wenn niemand hinschaut, ist naiv. Bevor wir hinschauen, existiert die Welt als ungeteiltes Ganzes. Der Mond muss nicht um seine Existenz fürchten, wenn ihn niemand ansieht. Das bewusste Hinschauen kreiert erst unsere Welt. Diese ist „objektiv" (weil Struktur der einen und ganzen Welt) und subjektiv (weil immer von innen her gesehen) zugleich. Diesen subjektiven Faktor, der nicht zu eliminieren ist, nennt die indische Philosophie „Maya", Illusion – im Sinne von: Es ist, aber es ist nicht so, wie wir es sehen.

Jener Faktor, der den Schleier der Isis symbolisieren könnte und der zugleich der Schlüssel zur „wahren" Sicht der Welt ist, sind die Archetypen. Sie sind das Muster hinter der Innen- und Außenwelt gleichermaßen. Sie kristallisieren oder strukturieren das Ungeteilte in die Welt und in die Psyche. Sie sind damit „Maya" und zugleich der Weg aus der „Illusion", denn es geht letztlich nicht um die statische Frage, wie die Welt und der Mensch *ist*, sondern um die Entwicklung des Menschen, die dynamische Individuation, die am Ende wieder in die Vereinigung der Gegensätze mündet.

Anders gesagt: Erkenntnis führt über die Selbsterkenntnis – was ja auch schon in der Antike bekannt war. Erkenntnis ohne Selbsterkenntnis ist „Maya". Selbsterkenntnis, die im Innen hängenbleibt und nicht das Außen einschließt, ist beziehungsunfähiger Narzissmus. Nur die Einsicht in die innere Ordnung führt zur Einsicht in die äußere Ordnung. Murray Stein fasst die Conclusio von Jungs Analytischer Psychologie zusammen[169]: „*Denn der Archetyp ist nicht nur das Muster der Psyche, er reflektiert zugleich die Grundstruktur des Universums. ‚Wie oben, so unten‘, sagten die alten Weisen. ‚Wie innen, so außen‘, ergänzt der moderne Seelenforscher Carl Gustav Jung.*"

---

[169] C.G Jungs Landkarte der Seele, S. 257

Literatur

Arroyo Camejo, Silvia: Skurrile Quantenwelt. Fischer TB Verlag, 3. Aufl. 2011

Bohr, Niels: Atomphysik und menschliche Erkenntnis. Aufsätze und Vorträge aus den Jahren 1930 bis 1961. Springer Fachmedien, 1985

Chalmers, Alan F.: Wege der Wissenschaft. Einführung in die Wissenschaftstheorie. Springer Verlag, 5. Aufl. 2001

Dürr, Hans-Peter: Wir erleben mehr als wir begreifen. Quantenphysik und Lebensfragen. Verlag Herder 2001

Dürr, Hans-Peter: Auch die Wissenschaft spricht nur in Gleichnissen. Die neue Beziehung zwischen Religion und Naturwissenschaften. Verlag Herder, 2004

Dürr, Hans-Peter: Das Netz des Physikers. Naturwissenschaftliche Erkenntnis in der Verantwortung. dtv, 2. Aufl. 2005

Einstein, Albert; Infeld, Leopold: Die Evolution der Physik. Rowohlt TB Verlag, 1987

Esfeld, Michael (Hsg.): Philosophie der Physik. Suhrkamp TB, 4. Aufl. 2013

Essler, Wilhelm K.: Wissenschaftstheorie IV. Erklärung und Kausalität. Verlag Karl Alber, 1979

Farmelo, Graham: Der seltsamste Mensch. Das verborgene Leben des Quantengenies Paul Dirac. Springer Verlag 2018

Feynman, Richard P.: Vom Wesen physikalischer Gesetze. Piper Verlag, 14. Aufl., 2016

Fischer, Ernst Peter: An den Grenzen des Denkens. Wolfgang Pauli – Ein Nobelpreisträger über die Nachtseiten der Wissenschaft. Herder Spektrum, 2000

Fischer, Ernst Peter: Brücken zum Kosmos. Wolfgang Pauli zwischen Kernphysik und Weltharmonie. Libelle Verlag, 3. Aufl. 2014

Fischer, Ernst Peter: Die Hintertreppe zum Quantensprung. Die Erforschung der kleinsten Teilchen von Max Planck bis Anton Zeilinger. Fischer TB Verlag, 2. Aufl. 2013

Friebe, C., Kuhlmann M., Lyre, H., Näger, P., Passon, O., Stöckler, M.: Philosophie der Quantenphysik. Einführung und Diskussion der zentralen Begriffe und Problemstellungen der Quantentheorie für Physiker und Philosophen. Springer Verlag, 2015

Gabriel, Markus: Warum es die Welt nicht gibt. Ullstein Verlag, 8. Aufl. 2013

Gisin, Nicolas: Der unbegreifliche Zufall. Nichtlokalität, Teleportation und weitere Seltsamkeiten der Quantenphysik. Springer Spektrum 2014

Goldstein, Rebecca: Kurt Gödel. Jahrhundertmathematiker und großer Entdecker. Piper Verlag 2006

Greene, Brian: Der Stoff, aus dem der Kosmos ist. Raum, Zeit und die Beschaffenheit der Wirklichkeit. Goldmann Verlag, 5. Auf. 2008

Hamberger, Erich; Pietschmann, Herbert: Quantenphysik und Kommunikationswissenschaft. Auf dem Weg zu einer allgemeinen Theorie der Kommunikation. Verlag Karl Alber, 2015

Hamberger, Erich; Pietschmann, Herbert: Energie. Die Essenz von Sein und Leben. Herder Verlag 2020

Heisenberg, Werner: Physik und Philosophie. Verlag Ullstein, 1070

Heisenberg, Werner: Der Teil und das Ganze. Gespräche im Umkreis der Atomphysik. dtv, 2. Aufl. 1975

Heisenberg, Werner: Quantentheorie und Philosophie. Vorlesungen und Aufsätze. Reclam, 2003

Jung, Carl Gustav (Brigitte Dorst Hsg.): Schriften zur Spiritualität und Transzendenz. Patmos 2013

Jung, Carl Gustav: Erinnerungen, Träume, Gedanken. Edition C.G. Jung, 19. Aufl. 2016

Jung, Carl Gustav: Psychologie und Alchemie. Edition C.G. Jung, 12. Bd., 4. Aufl. 2017

Jung, Carl Gustav: Über die Entwicklung der Persönlichkeit. Edition C.G. Jung, 17. Bd., 4. Aufl. 2017

Jung, Carl Gustav: Das Rote Buch. Hrsg. Von Sonu Shamdasani. Patmos Verlag, 5. Aufl. 2019

Das Rote Buch. Der Text. Edition C.G. Jung, 2017

Knapp, Natalie: Der Quantensprung des Denkens. Was wir von der modernen Physik lernen können. Rowohlt TB Verlag, 6. Aufl. 2016

Mayr, Ernst: Konzepte der Biologie. S. Hirzel Verlag, 2005

Muller, Richard A.: Jetzt. Die Physik der Zeit. S. Fischer Verlag, 2016

Pauli, Wolfgang: Aufsätze und Vorträge über Physik und Erkenntnistheorie. Verlag Friedrich Vieweg & Söhne, 1961

Pauli, Wolfgang: Physik und Erkenntnistheorie. Springer Fachmedien, 1984

Pietschmann, Herbert: Erwin Schrödinger und die Zukunft der Naturwissenschaften. Wiener Vorlesungen, Picus Verlag, 1987

Pietschmann, Herbert: Die Spitze des Eisbergs. Von dem Verhältnis zwischen Realität und Wirklichkeit. Weitbrecht Verlag, 1994

Pietschmann, Herbert: Das Ende des naturwissenschaftlichen Zeitalters. Weitbrecht Verlag, 1995

Pietschmann, Herbert: Aufbruch in neue Wirklichkeiten. Der Geist bestimmt die Materie. Weitbrecht Verlag 1997

Pietschmann, Herbert: Eris & Eirene. Eine Anleitung zum Umgang mit Widersprüchen und Konflikten. Ibera Verlag, 2002

Pietschmann, Herbert: Phänomenologie der Naturwissenschaft. Wissenschaftstheoretische und philosophische Probleme der Physik. Ibera / European University Press, 2. Auf.. 2007

Pietschmann, Herbert: Die Atomisierung der Gesellschaft. Ibera / European University Press, 2009

Pietschmann, Herbert: Das Ganze und seine Teile. Neues Denken seit der Quantenphysik. Ibera / European University Press, 2013

Quarch, Christoph: Platon und die Folgen. J.B. Metzler Verlag 2018

Riedel, Ingrid: Die Welt im Spiegel der Seele. Gelebte Spiritualität. Patmos Verlag, 2017

Römpp, Georg: Philosophie der Wissenschaft. Böhlau Verlag, 2018

Rovelli, Carlo: Die Wirklichkeit, die nicht so ist, wie sie scheint. Eine Reise in die Welt der Quantengravitation. Rowohlt 2017

Rovelli, Carlo: Sieben kurze Lektionen über Physik. Rowohlt, 4. Aufl. 2017

Rovelli, Carlo: Und wenn es die Zeit nicht gäbe? Rowohlt TB Verlag, 2018

Rovelli, Carlo: Die Ordnung der Zeit. Rowohlt 2018

Scheibe, Erhard: Die Philosophie der Physiker. Verlag C.H. Beck, 2006

Scheurle, Hans Jürgen: Das Gehirn ist nicht einsam. Resonanzen zwischen Gehirn, Leib und Umwelt. Verlag W. Kohlhammer, 2. Aufl. 2016

Schwarz, Gerhard: Philosophysik. Festschrift für Herbert Pietschmann zum 80. Geburtstag. Ibera / European University Press 2016

Watzlawick, Paul: Wie wirklich ist die Wirklichkeit? Wahn – Täuschung – Verstehen. Piper Verlag, 13. Aufl. 1985

Watzlawick, Paul: Die Unsicherheit unserer Wirklichkeit. Ein Gespräch über den Konstruktivismus. Piper Verlag, 7. Aufl. 1999

Watzlawick, Paul: Die erfundene Wirklichkeit. Wie wissen wir, was wir zu wissen glauben? Beiträge zum Konstruktivismus. Piper Verlag, 8. Aufl. 2014

Weizsäcker, Carl Friedrich: Die Einheit der Natur. Hanser Verlag, 5. Aufl., 1979

Whitehead, Alfred North: Prozess und Realität. Suhrkamp TB, 7. Aufl. 2015

Wurmser, Léon: Die zerbrochene Wirklichkeit. Psychoanalyse als das Studium von Konflikt und Komplementarität. Vandenhoeck & Ruprecht

Bd. I: Die Suche nach dem Absoluten und das Finden des Maßes. 3. Aufl. 2001

Bd. II: Wert und Wahrheit in der Psychoanalyse. 3. Aufl. 2002

Zeh, H. Dieter: Physik ohne Realität: Tiefsinn oder Wahnsinn? Springer Verlag 2012

Zeilinger, Anton: Einsteins Schleier. Die neue Welt der Quantenphysik. Verlag C.H. Beck, 2. Aufl. 2003

Robert Harsieber:
www.robertharsieber.net
http://www.philopraxisrh.at/
http://welt3bild.wordpress.com/
http://brueckenbau.wordpress.com/
https://harsieberverst.wordpress.com/

*

Informationen zu unserem Verlagsprogramm:
www.ibera.at

Ibera

Herbert Pietschmann

Gott wollte Menschen
Die Genesis ist jeden Tag
ISBN: 978-3-900436-78-0
*

Vom Spass zur Freude
Die Herausforderung des 21. Jahrhunderts
ISBN: 978-3-85052-187-1
*

Phänomenologie der Naturwissenschaft
Wissenschaftstheoretische und philosophische Probleme der Physik
Überarbeitete Neuauflage – ISBN: 978-3-85052-229-8
*

Geschichten zur Teilchenphysik
Physiker sind auch Menschen
ISBN: 978-3-85052-235-9
*

Mythos Urknall: Ein interdisziplinäres Gespräch
(Herbert Pietschmann / Gerhard Schwarz)
ISBN: 978-3-85052-310-3
*

Die Atomisierung der Gesellschaft
ISBN: 978-3-85052-278-6
*

Das Ganze und seine Teile
Neues Denken seit der Quantenphysik
ISBN: 978-3-85052-316-5

„Das beste (zumindest das am besten aufbereitete) Buch von Herbert Pietschmann. Es gibt einen guten Einblick in den Unterschied zwischen naturwissenschaftlichem und dialektischem Weltbild und in die Theorie der Aporien mit praktischen, konkreten Beispielen. Ein echter Pietschmann für Einsteiger, das die Neugierde auf weitere Bücher aus seiner Feder weckt.“
*

Eris & Eirene
Anleitung zum Umgang mit Widersprüchen und Konflikten
Überarbeitete Neuauflage – ISBN: 978-3-85052-355-4
*

Demokratie in Gefahr
ISBN: 978-3-85052-397-4

*

Informationen zu unserem Verlagsprogramm:
www.ibera.at

HERBERT PIETSCHMANN

DEMOKRATIE IN GEFAHR

Ibera/European University Press

Herbert Pietschmann
Demokratie in Gefahr

Ibera

96 Seiten, geb.

ISBN: 978385052-397-4

Die großartigen Erfolge von Naturwissenschaft und Technik haben dazu geführt, dass in unserer Kultur die Meinung vorherrscht, alle Probleme seien ausschließlich mit diesen Methoden zu bewältigen. Dadurch werden Situationen, in denen ein echter Widerspruch (Aporie) wesentlich ist, einfach verdrängt oder vernachlässigt. Dazu gehört aber auch die Demokratie, deren Aufgabe es ist, mit Widersprüchen vernünftig umzugehen. Mit dem Fortschreiten der so genannten künstlichen Intelligenz wird dieses Problem noch verschärft.

In diesem Buch wird der Umgang mit Widersprüchen, der auch in unserer Kultur alte Wurzeln hat, neu dargestellt; schließlich wird am Beispiel des Begriffes „Energie" gezeigt, wie das Missverständnis des rein materiellen Denkens aufgehoben werden kann.

Herbert Pietschmann wurde 1936 in Wien geboren. Er studierte Mathematik und Physik und wurde nach seiner Promotion zum Doktor der Philosophie rasch „durch die Welt gereicht": Über nicht weniger als drei Kontinente und fast alle europäischen Länder erstreckt sich seine Lehr- und Vortragstätigkeit.
Seit 1968 Lehrstuhl an der Wiener Universität für theoretische Physik.
Daß es ihm keineswegs immer nur um Physik ging, beweist sein früher Bestseller: „Das Ende des naturwissenschaftlichen Zeitalters" (1980).
Unter seinen 290 Veröffentlichungen finden sich viele, die der suchende, denkende, gläubige Philosoph Herbert Pietschmann geschrieben hat und nicht der Wissenschaftler. Siehe Seite 305

Manfred E. A. Schmutzer

Eudoxias Traum

600 Seiten, Broschur

ISBN: 978385052-390-5

Eudoxia, Professorin für Philosophie an einer Anstalt höherer Bildung beginnt, die vorgefundenen Realitäten, die ihr Leben bestimmen, kritisch zu hinterfragen und nach anderen Konzepten zu suchen. Kompromisslos stellt sie dabei viele der als alternativlos präsentierten Denkweisen in Frage. Ihre Suche nimmt Leser und Leserinnen mit auf eine intellektuelle Reise, die, begleitet durch die Philosophie Martin Heideggers, auf ungewöhnlichen und verschlungenen Wegen, durch Zeit und Raum, durch Kultur- und Geistesgeschichte führt. Ihr Weg weist zurück in jene Zeit, bevor die olympischen Götter die autochthonen Erdgöttinnen verdrängt und so den bis heute vorherrschenden, von Männern dominierten hierarchischen Strukturen den Weg bereitet haben.

Manfred E. A. Schmutzer (Univ.-Prof. em., Dipl.-Ing., Dr. phil., PhD) ist Sozialwissenschaftler im Bereich Wissenschafts- und Technikforschung. Der Herausgeber der Quartalsschrift »Technik Kontrovers« und Mitbegründer des Instituts für »Technik und Gesellschaft« an der TU Wien hatte Gastprofessuren und Forschungsaufenthalte u.a. am Wissenschaftszentrum Berlin (WZB), der ETH Zürich, Universitäten in den USA, an der Akademie der Wissenschaften in Beijing und der TU Graz. Er ist Fellow u.a. der »Japan Society for the Advancement of Science«. Zu seinen Veröffentlichungen zählen u.a. »Ingenium und Individuum« (1994), »Die Geburt der Wissenschaften. Panta Rhei« (2011), »Die Wiedergeburt der Wissenschaften im Islam - Konsens und Widerspruch« (2015) und »UMwege zur UNwahrheit« (2017).